詹益政 著

現代旅館管理

毛治國 署

旅館實務

詹益政著

黃朝琴題

序

我國自民國四十五年開始倡導觀光事業以來，廿餘年間，在政府與民間積極的擘劃與推動下，已呈現一片繁榮蓬勃的景象，爲了迎接未來觀光時潮與日俱增的需求；觀光旅館有計劃的興建，管理與營運、市場的推廣、人才的培養、服務品質的提高、設備的改善，均有賴吸收專業新知，而修習現代旅館知識以適應日新月異的觀光旅館發展，更爲我國觀光旅館從業人員及學校觀光科系學生當務之急。

惟目前我國至今仍缺少一本有系統完整性的旅館實務專著，是以研習旅館，頗有無從著手之難。當此之時，詹益政先生以多年從事觀光事業的經驗與學養，本其敬業好學的精神，蒐集國內外最新資料編著「現代旅館實務」一書，自觀光旅館的源起與概念、行政與組織、各部門的實際作業與管理、市場行銷、現況與發展趨勢；以至於最新的旅館專門用語，兼容並蓄，無所不包。觀其取材的新穎，內容的豐富，而其流暢的筆觸，敍來栩栩如生，實爲國內觀光事業不可多得的佳作。

此書曾連續發行十九版，甚獲各界好評，此次二十版付梓在即，內容更爲充實豐富，切合需要，不僅對學校旅館教學及觀光從業人員的進修，提供一本極有價值的範本，尤對今後旅館的經營與發展，定多裨益，特誌數語以爲序。

前觀光局局長　虞　爲

序

觀光事業爲近代之新興企業，牽涉範圍至爲廣泛。舉凡衣食住行遊樂等行業均有包括在內。而旅館事業及供應行與遊樂之綜合體，實爲觀光事業之骨幹。人云：「無旅館即無觀光」，誠然不虛。

我國旅館事業經多年來之努力其成就雖屬可喜，但旅館從業人員之日益缺乏，訓練不易，殊令人可慮。在職人員苦於缺乏參考自修無門，養成教育又非一朝一夕立可奏效，尤以旅館作業迄無切實可用之成規，誠爲我旅館學術上之一大憾事。

詹益政君早年留學日本，並往歐美深造，力學不倦。曾任台北市觀光旅館公會總幹事、日本琉球香和大飯店總經理、高雄國賓大飯店負責人兼任中國文化大學觀光系主任、銘傳女子商專、淡水工商管理專校等觀光系副教授。現任凱撒大飯店總經理。實際從事旅館業務多年，編著「觀光英語」、「旅館實務」、「旅館接待導論」及「客房服務手册」等書貢獻於同業。

本書內容充實切合需要，誠爲旅館各級從業人員及學生必讀之書，同時亦爲發展觀光事業聲中不可多得之佳作。特爲鄭重推荐，凡我旅館同業，均宜人手一册供作進修與作業之參考。

中華民國旅館事業協會理事長

張　武　雄

序

詹益政先生著「現代旅館實務」一書，不數年間，已發行十七版，在出版事業並不景氣的今天，足可證明這是一本普受讀者歡迎的好書。

在我國觀光旅遊事業的興起，自第一次世界大戰之後已略見其萌芽，然普遍受到國人的倡導與注意，則僅是近二三十年的事，由於這一新興事業的觸角，無遠弗屆，因此它在文化交流、國際貿易、促進民族感情、繁榮社會經濟等方面，對國家的貢獻，早就被有識人士所特別重視。

我們知道任何一件新興事業的成長與發展，都必須有完美的制度，與不斷研究改進的精神，方足使其日新月異，光大而持久，何況觀光事業更具有多目標綜合性之事業。一家具有規模的現代觀光旅館，其龐大的結構、繁複的業務、最新科學技術的設備，均遠非傳統中所謂「旅店」的服務範圍所能想像，所以總統 蔣公曾指示：「辦理觀光事業，實爲現代知識與現代技能之綜合。其管理人才，必須具備此項條件，始能勝任，同時必須富有經驗，對其他國家之觀光設備，亦當多所觀摩與借鏡。」我所主持的西湖高級工商職校，首設觀光科，以及中華民國旅業管理學會都是基於此一訓示，爲滿足觀光旅遊事業迅速發展，而不斷從事著有關理論與實務、學術基礎的探討與鑽研工作。

詹益政先生自始就是本會最忠實，也最熱心的會友，一直擔任著常務理事的職務。他對觀光旅遊事業的成就，不僅是得自留學日本、歐美以及教學研究的心得，更是得自他從事實際工作的經驗。在他「現代旅館實務」這部精心巨著裏，我們可以發現他自旅館發展的歷史，以及衣帽間、服務台等作業之細微，都有源源本本的介紹、仔仔細細的說明，他把讀者帶進富麗的學術裏，也帶進現代旅館每一深邃的角落，讓讀者去觀摩、去研究、去認識、去體察，不務空談、不涉泛論，實是接受觀光教育或旅館從事人員最具體，也最完整的進修參考與作業依循的寶典。

在我國方興未艾的觀光事業中，倡導者有之、投資者有之、從事實際耕耘者有之，而對學術的研究與建立，經不少有心人士的呼籲，並從事孜孜不倦的探索與推廣，其成果更是日益精進而豐碩。詹先生此書的貢獻，將不僅是對觀光界的播種，而更是對國家開拓了觀光事業、物力、人力資源的無限遠景。值茲二十版即將付印，謹樂為之序。

中華民國旅業管理學會理事長

趙　筱　梅

Foreword toModern Hotel Operation

The book, Modern Hotel Operation, by James I.C. Chan, Manager of the Hotel Ambassador in Taipei, Taiwan, is an important contribution to education for careers in the hospitality industry.

It is doubly significant that an alumnus of the famed East-West Center for Cultural and Technical Interchange at the University of Hawaii has taken the time from his busy schedule as an operating executive in a major hotel to put some of his knowledge and insights into writing. This makes it possible to multiply the benefits of what Mr. Chan has learned through spreading the information to an ever larger number of people who will widen the benefits to travelers and guests from many lands.

With the rapid expansion of world travel to Taiwan, it is indeed fortunate to have this new textbook in Chinese. Mr. Chan is not only making his book available to students in his course at the University of Chinese Culture but will make it available to the purchase of all hotel people conducting their own management training programs. This is a great service to the entire community.

Dr. Edward M. Barnet, Ph. D.,

Dean,

School of Travel industry Management and College of Business Administration, University of Hawaii, HAWAII. U.S.A.

自序

臺灣的觀光事業日益蓬勃，而觀光旅館正是觀光事業的原動力，推動整個觀光事業的大巨輪。

近年來正像雨後春筍般地到處興建起來，然而最可惜的是尚未有一本旅館實務的書，可供進修及作業的參考。

本書是編者根據幾年來在國內外大飯店服務所得經驗與執教的心得，再加上前往歐美日進修及考察所網羅的理論與資料所編成的，可謂將中外的精華集於一爐的結晶品。

爲了給大專學生及從事旅館業的朋友們對旅館的全部作業有一個通盤明確的認識，儘量摒棄枯燥無味的理論，舉例務求實用，說明務求親切，層次有序，只要悉心學習，善加利用，對旅館業務必能駕輕就熟，這是編寫本書的目的與希望，惟個人學識有限，難免謬誤，盼望讀者們多多批評指教！

本書承蒙國賓大飯店黃創辦人朝琴先生觀光局毛局長治國先生賜題及前觀光局虞局長爲先生、中華民國旅館事業協會張理事長武雄先生、中華民國旅館管理學會趙理事長筱梅女士及美國夏威夷大學旅業管理學院院長巴納德博士賜序統此致最高謝意。

本書刊行後，深受旅業界同仁所歡迎，並爲各大專院校所重視，欣然採用爲教科書，且經教育部指定爲大專觀光科系主要參考書，籍此表示最高謝忱。

爲配合旅業界之新發展與各方迫切的需要作者在第二十二版盡量補充更新資料，充實內容，增加圖表，以酬謝讀者之愛護，尚祈不吝教正，是幸！

最後，願以此書獻給我最敬愛的雙親。尤其是當我正在修訂第九版時，家母突然因腦出血與世長辭，謹以此書作爲我永懷母愛之紀念。

作者謹誌

目次

第二十一章　如何經營民宿……四四八

第二十二章　休閒旅館發展過程與行銷……五一〇

第一章 概說

旅館——一個包羅萬象的天地，變化無窮的小世界，它是旅行者家外之家，渡假者的世外桃源，城市中之城市，文化的展覽櫥窗，國民外交的聯誼所，以及社會的活動中心。

旅館是一種綜合藝術的企業。在這一個小世界裏，到處充滿著魅力與活力，傳奇與不平凡的故事。不知有多少青年嚮往於這種多彩多姿與意義深長的工作。

旅館與戲台在很多方面極爲相似。它具有兩種不同性格的世界，一個是直接與公衆接觸的前台（業務部門）以及廚房、洗衣間及其他服勤地區，一個是不與顧客直接接觸的後台（管理部門）。雖然如此，二個部門卻不能分開單獨作業，而必須分工合作，相輔相成，匯合前後台爲一體。

旅館的工作人員必須像舞台上的演員一樣，能夠扮演各種不同的角色。惟一與其他行業所不同的是，這幕戲是永遠演不完的。爲服務顧客，它是廿四小時的營業，週而復始，不斷地將生命與活力灌輸給人生的舞台。

今日的旅館不論規模大小；他們的共同目標是一致的：爲大衆提供餐飲、住宿以及其他附屬的各種服務，故稱旅館企業爲「服務企業」原因即在於此。

我們知道影響人類的日常生活與社交活動最重要的推動力是教會與旅館。二者均爲人類提供服務，所不同的是前者偏重於精神的服務，而後者則注重物質。這就是爲什麼旅館除提供精神的服務外，更要以建築與設備等設施來加强物質的服務。

今天人類的旅行活動隨著交通工具的發達與經濟的改善日見頻繁。因之，旅館對社會所提供的服務項目也就包羅萬象，它的功能更加複雜，地位更顯得重要了。

過去旅館的經營大多數屬於家族式的小型事業，隨著時代的進步，旅館的經營不能故步自封，非採用企業管理方式不可。它所需要的工作人員也必須具備專業的知識與經驗，而經營技術也是日新月異。尤其是在餐廳供應方式、旅館管理會計、國際會議之籌備以及建築設備各方面，一切都在改革進步之中。惟一不變的是：旅館工作人員的工作熱忱，即抱著永遠為人類提供服務與親切的服務，使顧客能有賓至如歸的感覺，帶著盛情而愉快的心情回家。

如果你有志從事於此一行業，具備愛人的美德與為人服務的熱忱，充分發揮敬業樂羣的精神，眞誠處事，和氣待人。那麼你在這一行業的發展，前途是無可限量。

第一節　旅館發展簡史

早在四千多年以前的巴比倫時代，古埃及有了三大文化的興起，即：㈠象形文字，㈡貨幣及㈢宗教。象形文字的產生，吸引當時人們共聚於巴羅亞附近的墳墓，以欣賞碑文為嗜，而逐漸形成了濃厚的宴會氣氛——此即為宴會的起源。貨幣的流通，造成消費都市的興起，成羣的隊商不得不竭思找尋供給餐食的場所——此即為餐廳的起源。宗教的興起，更使建殿之風盛極一時，為供前往朝拜者之住宿，聖殿周圍有許多客棧，設立——此即為旅館的發祥。

在西洋，最原始的住宿設備可以溯源到古羅馬時代或更早的年代，但具有眞正現代設備之旅館的出現，則以一八五〇年在巴黎建成的Grand Hotel為始。由於十八世紀前半期發生了產業革命，促進了近代旅館的發展。在法國建成的現代式旅館竟擴展到歐洲各國甚至於美國。

旅館的黃金時代是在第一次世界大戰（一九一四——一九一八年）隨後在美國降臨的。由於資本主義的高度進化以及建築技術的進展，巨型的旅館漸次出現。到了一九二〇年單在美國國內就有數十間旅館擁有一、〇〇〇間以上的房間，而且其高度竟達到三十層以上。

馳名於世的New York Statler（二十二樓、二、二〇〇間），Sheraton（三十樓，一、五〇〇間），New Yorker（四十一樓，二、五〇〇間），Waldorf Astoria（四十七樓，二、二〇〇間），芝加哥的Palmer House（二十二樓，二、六二八間），Conrad Hilton（二十三樓，三、〇〇〇間）等大飯店均在當年建成的。

當時由於高度資本主義的要求以旅館的連鎖經營，來追求利潤的現象極爲盛行。因此有了Statler，Hilton或Sheraton等巨大的連鎖經營公司的出現。

可惜好景不常，一九三〇年代的世界恐慌帶來了黑暗時代，因此在美國約有八成以上的旅館宣告破產，流當合併。但一面由於汽車旅行之風行，取而代之者爲簡易的汽車旅館。

到第二次世界大戰（一九三九——一九四五年）後，光明再度降臨到旅館界。一九四四年在華盛頓有了八二五間房間的Statler Hotel，隨著以希爾頓爲中心的旅館不但在美國，即使在歐洲也有如雨後春筍，其盛況直至於今。以上是西洋旅館發展的簡史，至於我國，古代並沒有旅館之名稱，但秦漢時代，因交通發達，通都大邑均有「亭、驛」、「逆旅」與「私館」、「客舍」等之設備。唐代時各國使節代表、華僑、貴賓、顯要都住在著名的國家招待所——禮賓院和驛館，當時的「波斯邸」是專爲外客而建的。設備豪華，相當於今日國際觀光旅館。不過，當時只注意聯絡國際間的感情並不注重經濟觀點。第一次世界大戰後，在我國內之外國人，爲便利國人的交通往來，紛紛在我國通都大邑開設西式旅館。我國才有現代化旅館之設備。

臺灣光復前之旅館以臺北的鐵路飯店爲首家。自四十五年故總統　蔣公指示省府：「歐美與日本均注重旅館觀光事業，以應國際人士來往之需要，兼以吸收外資，我國實有仿效之必要。」近年來，經政府與民間之合作，到處興建旅館，加之來自世界各地的觀光客，摩肩接踵，使旅館事業大展鴻圖。

第二節　旅館的定義

何謂旅館？讓我們先研討一下歐美各國對旅館所下定義，然後就可以得到一個綜合的結論。

一、認爲旅館與一般的服務企業所不同，而强調其公共性者，可參照美國巴蒙德州的判例：

「所謂旅館是公然的、明白的，向公衆表示是爲接待及收容旅行者、及其他受服務的人而收取報酬之家。」

二、强調法律關係的，如美國紐約州的判例：

「對於行爲正當，且對旅館的接待，具有支付能力而準備支付的人，只要旅館有充足的設備，任何人都可以享受其接待。至於停留期間或報酬並無需成文的契約，只要支付合理的價格就可以享受其餐食、住宿，以及當做臨時之家使用時，所必然附帶的種種服務與照顧的地方。」

二、另外按英國人偉伯德對旅館所下定義：

「一座爲公衆提供住宿、餐食及服務的建築物或設備，稱之爲旅館。」

綜合以上英美各項之定義，我們可以得到左列的結論，即旅館是：

㈠提供餐食及住宿的設施。

㈡具有家庭性的設備。

㈢爲一種營利事業。

㈣對公共負有法律上的權利與義務。

㈤並且提供其他附帶的服務。

簡言之，「旅館是以供應餐宿提供服務爲目的，而得到合理利潤的一種公共設施。」所以經營旅館最重要的基本條件，應具備安全舒適的設備，衛生美好的餐食及殷勤週到的服務，使顧客享受賓至如歸之感。

美國旅館大王史大特拉謂：「旅館是出售服務的企業」，這是最透徹的定義。

目前我國按照政府的規定把旅館分爲兩大類：即「國際觀光旅館」及「觀光旅館」。

所謂「國際觀光旅館」是依照「新建國際觀光旅館建築及設備標準要點」興建的旅館。而「觀光旅館」則是依照「台灣地區觀光旅館輔導管理辦法」第五、六兩條所規定的建築設備標準設計並依同法第九條申請興建的旅館。

第三節　旅館的使命

十八世紀末在法國以「貴族旅館」開始發展的「ＨＯＴＥＬ」實爲重商主義者之產品，而成爲貴族與特權階級之旅館與交際所。因此產生了多彩多姿的餐飲服務方式以及日新月異的建築式樣，終於建立了今日旅館的設備與旅館之基礎。

由於旅館鼻祖律慈所奠定的旅館範形，今日已不但普遍地應用在旅館，即使在我們的日常生活中也廣泛地被接受採用。諸如音樂、舞蹈、建築式樣、傢具之設計等，旅館在文化方面之貢獻是不可忽視的。

因此旅館已成爲我們人類日常生活中的領導者，更有進者，由於我們經濟的長足發展，交通量的增加，都市人口的集中，所得之改善，提高了生活水準，增加休閒的時間，刺激人們的慾望以及生活的改變等之因素，使旅館更一般化、大衆化，終而使旅館業負起領導改善新時代的生活方式。

將旅館單純地解釋爲提供旅客住宿與餐飲，已屬歷史的陳跡。今日旅館所負之使命絕不止於此。

讓我們先探討一下，「HOTEL」的語源，按「HOTEL」一詞，來自法語，而法語的「HOTEL」又溯自拉丁語之「HOSPITALE」。在中世紀的封鎖經濟社會中旅行活動並不頻繁，當時宗教對社會之影響力，較爲深刻，人們前往寺院巡禮之風盛極一時，故有所謂「HOSPICE」（供旅客住宿的教堂或養育院）供參拜者之住宿，由此語發展出來的「HOSTEL」（招待所）亦即「HOTEL」的語源。同時「HOSTEL」一語也是「HOSPITAL」的語源，因此醫院的發祥也跟宗教具有密切的關係。

要知道經過千辛萬苦跋涉旅行的人們，總熱望著有一個地方能夠使他們疲勞的心身得到宗教上的安寧慰藉之場所；提供「HOSPITALITY」的休寢地方，接受餐飲與醫療的款待，使他們眞正能夠接觸到人類溫暖的「心靈」以及呼吸當地芬香的「土地味」，恢復體力與精神，再度繼續旅行。即所謂使旅客有「賓至如歸」之感。

在我國當我們在介紹親友赴他處旅行時，總會提起某某人因「人地生疏」、「請多賜照顧」等字樣，也是這個道理。我們在發展觀光的口號，所謂發揚「人情味」，介紹「當地的風俗習慣」，也是基於這種「HOSPITALITY」的精神。這種「HOSPITALITY」的精神後來也由歐洲的貴族旅館加以接受，並經過時代的變遷與環境的變化，逐漸成爲歐美中產階級旅館的服務方式。在瑞士的旅館這種精神演變爲以家庭方式款待客人，成爲馳名於世的瑞士「HOSPITALITY」。終於奠定了歐洲旅館服務的典範。故有旅館鼻祖律慈的名言：「客人永遠是對的」出現，繼而有美國旅館大王史大特拉氏的信條：「旅館是服務社會的」。更進而有寶典的座右銘：「以品格及敬意接待你的顧客吧！」最後還有霍諸的「旅館的服務注重人性的服務」，使「HOSPITALITY」一語成爲旅館歷史中經營者的基本哲學。

因此旅館對人類不斷創造著適合時代需要的「HOSPITALITY」，而我們以我們的「心靈」將「HOSPITALITY」再度表現於外。不斷創造新的「HOSPITALITY」才是旅館眞正的使命。

旅館發展過程表

特色／時代	利用者	投資者的目的	經營方針	組織形態	設備	典型的經營者	代表性的旅館
客棧時代（旅行行為發生時）	宗教及經濟動機旅行者	慈善事業	社會義務	小規模獨立經營	最低必要的條件		各種客棧
豪華旅館時代（19世紀後半）	特權及富有階級	社會名譽	迎合貴族嗜好服務至上	大規模獨立經營	豪華燦爛富麗堂皇	律慈氏	(1)巴黎 GRAND HOTEL (2)紐約 WALDORF ASTORIA
商務旅館時代（20世紀初期）	商務旅行者	追求利潤	注重規模成本控制價格觀念	連鎖經營	便利化 標準化 簡易化	史大特拉氏 希爾頓氏 威爾森氏	(1)HILTON HOTEL (2)HOLIDAY INNS
現代旅館	☆觀光旅行者 ☆本地旅行者 ☆商務旅行者	(1)多角經營 (2)大資本投資 (3)增加公共設備	重視市場開發活動 顧客至上 價值觀念	連鎖經營 注重獨立設備之共存	設備廣泛化 機能多樣化 重視開創新用途		

第四節　旅館的分類

旅館按其收取房租之方式，可分爲歐洲式旅館及美國式旅館。歐洲式的指其定價僅包括房租，所謂美國式旅館係在其定價中包括房租與餐費。其次，如按其房間數目之多寡，可分爲大、中、小三型；小型，即一五〇間以下者，中型，即一五一至四九九間者，及大型旅館五〇〇間以上者。

更按其旅客之種類，分爲家庭式、商業性等旅館。如再以旅客住宿之長短分類，可分爲短期、長期及半長期性等旅館。所謂短期者指住宿一週以下的旅客，除與旅館辦旅客登記外，可不必有簽署租約之行爲。長期者至少需住一個月以上，且必須與旅館簽署詳細條件，至於半長期者即介於上述兩者之間。

最後，更可根據旅館之所在地分爲休閒旅館、都市旅館或公路旅館等等。如按經營之時間，又可分爲季節性或全年性之旅館等類。

茲分述如左：

如按旅客的停留時間的久暫可分爲：

(1)Transient Hotel——短期住宿用旅館，大概供給住一週以下的旅客。

(2)Residential Hotel——長期住宿用旅館，一般爲住宿一個月以上且有簽訂合同之必要。

(3)Semi-residential——半長期住宿用旅館，具有短期住宿用旅館的特點。

如按旅館的所在地可分爲：

(1)City-Hotel——都市旅館

(2)Resort Hotel——遊憩旅館

按其特殊的立地條件又分爲：

(1)Highway Hotel——公路旅館

(2)Terminal Hotel——鐵路旅館或機場旅館

再按其特殊目的可分爲：

(1)Commercial Hotel——商用旅館

(2)Apartment Hotel——公寓旅館

(3)Hospital Hotel——療養旅館

旅館的房租計價方式

(1)European Plan——歐洲式計價

即房租內並沒有包括餐費在內的計價方式。

(2)American Plan——美國式計價

在歐洲又稱爲Full Pension，即房租內包括三餐在內的計價方式。

(3)Modified American Plan——修正美國式計價

在歐洲又稱爲Half Pension或Semi Pension，亦即房租內包括兩餐在內的計價方式。

(4)Continental Plan——大陸式計價

即房租內包括早餐在內的計價方式。

(5)Bermuda Plan——百慕達式計價。

即房租包括美式早餐。

除上述旅館的正式分類外，在外國尚有常用名稱，舉例於左：

一、MOTEL：汽車旅館。

二、BOATEL：汽艇旅館。

三、INN：客棧。
四、PENSION：供膳食的公寓。
五、YACHTEL：快艇旅館。
六、RYOTEL：日式與洋式的混合旅館。
七、FLOATEL：水上流動旅館。
八、AIRTEL：機場旅館。
九、GARNI：不設餐廳的旅館。
十、OFFICIAL-TEL：旅館兼辦公室。
十一、SEAPORT HOTEL：靠近港口的旅館。
十二、YOUTH HOSTEL：青年旅舍。
十三、MOUNTAIN HUT & SHELTER：爬山者專用簡易旅舍。
十四、HOLIDAY VILLAGE：渡假鄉間旅舍。
十五、VILLA：別墅式旅館。
十六、RESORT CENTER：休閒中心。
十七、CAMPING & CARAVANNING SITE：帳蓬營地。
十八、HOLIDAY CENTER：渡假中心。
十九、MOTOR INN：汽車旅館。
二十、LODGE：渡假旅舍。
二十一、COTTAGE：渡假旅舍。
二十二、RANCH：農場民宿。
二十三、B & B：簡易民宿。
二十四、GUEST HOUSE：賓館。
二十五、KUR HOTEL：溫泉旅館。
二十六、RELAIS：餐廳附設住宿。
二十七、GASTHOF餐廳附設住宿。
二十八、PUB HOTEL餐廳附設住宿。
二十九、AUBERGE餐廳附設住宿。

為便於對整個旅館名稱有個通盤了解，茲列出一覽表如下：

★TRANSIENT HOTEL短期住宿旅館

一、都市旅館CITY HOTEL

METROPOLITAN HOTEL 高級旅館（都市）

COMMERCIAL HOTEL 中級旅館（商用）
DOWNTOWN HOTEL 都市區旅館
SUBURBAN HOTEL 郊外旅館
TERMINAL HOTEL 終站旅館
STATION HOTEL 火車站旅館
AIRPORT HOTEL 機場旅館
SEAPORT HOTEL 港口旅館
CONVENTION HOTEL 會議旅館
BUSINESS HOTEL 日本式商用旅館
MOTEL 汽車旅館
HIGH WAY HOTEL 公路旅館
INN 客棧

★RESIDENTIAL HOTEL 長期住宿旅館

APART MENT HOTEL 公寓旅館
PENSION 歐式公寓旅館

二、觀光休閒旅館 RESORT HOTEL

★RESORT HOTEL 休閒旅館

MOUNTAIN HOTEL 山區旅館
LAKESIDE HOTEL 湖濱旅館
SEASIDE HOTEL 海濱旅館

HOTSPRING HOTEL 溫泉旅館

★TRAFFIC HOTEL 交通旅館

MOTEL 汽車旅館

HIGH WAY HOTEL 公路旅館

INN 客棧

★SPORTS HOTEL 運動休閒旅館

GOLF HOTEL 高爾夫旅館

SKI LODGE 滑雪小屋

MOBILLAGE 汽車旅舍

CAMP BUNGALOW 露營小屋

YACHTEL 游艇旅館

BOATEL 汽船旅館

★EUROTEL 歐式分租公寓

★CONDOMINIUM 美式分租公寓

註：以上的分類只供參考、正式分類仍以根據立地條件、利用目的、及經營型態分類較爲正確。

我國旅館正式分類

國際觀光旅館 INTERNATIONAL TOURIST HOTEL

觀光旅館 TOURIST HOTEL

其他俗用名稱：

旅館 民宿 客棧 別館

旅社	國民旅社（舍）	香舍	山莊
旅舍	活動中心	公寓	農莊
酒店	招待所	會館	別墅
飯店	賓館	學舍	家
旅店	休閒中心	俱樂部	露營地
	渡假中心	香客大樓	

Check-in-time, Check-out-time

旅館自其一定時間起到次日某一定時間止計爲一日，而將它當作房租界限，前者之一定時間即供旅客開始使用（遷入）之時間，稱爲Check-in-time；後者之一定時間即旅客停止使用（遷出）之時間，稱爲Check-out-time。至於何時爲遷入，何時爲遷出，則視該旅館所在地之各種情形而異，有以下午五點爲遷入，次日正午爲遷出，而其中間是清掃房間之時間，亦有以下午二時爲遷入，次日正午爲遷出或以正午十二時爲遷入及遷出。就後者而言，如果客人剛剛遷出(Check-out)，而新的客人又來，可請他在客廳稍候，待房間清掃後再讓客人遷入。若是超過了遷出時間，而客人尚留在房內，以致延誤了預訂房間之客人的遷入，故一般旅館有如下之規定。

超過遷出時間，尚留住房內：

三個鐘頭以內者　加一日份房租之三分之一

四個鐘頭以內者　加一日份房租之二分之一

六個鐘頭以上者　加計一日份房租

後者之所以加一日份之房租，意指當超過六個鐘頭即該房間已無法賣出之緣故。

第五節　客房的分類

DUPLEX

SUITE

STUDIO ROOM(SINGLE AND SOFA)

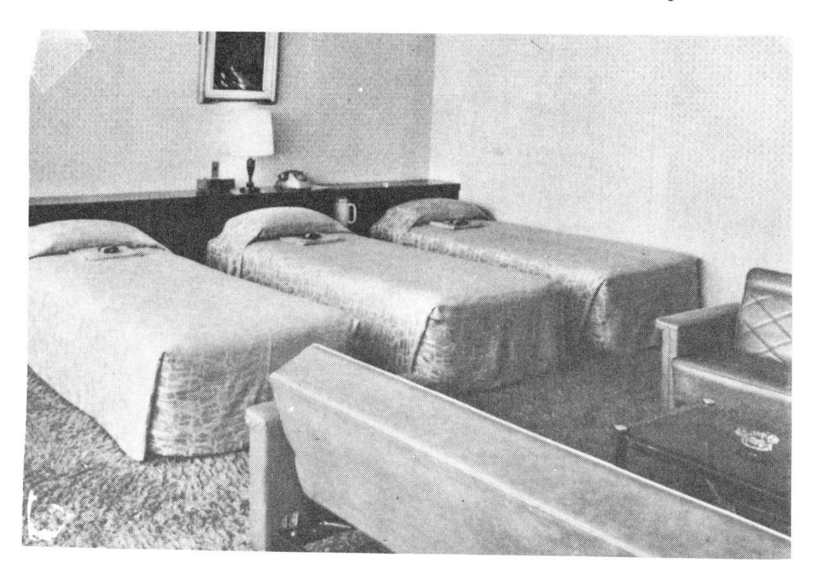

TRIPLE ROOM

典型的基本分類有下列六種：

一、Single Without Bath(SW／OB)
單人房不附浴室

二、Double Without Bath(DW／OB)
雙人房不附浴室

三、Single With Shower(SW／Shower)
單人房附浴室（淋浴）

四、Double With Shower(DW／Shower)
雙人房附浴室（淋浴）

五、Shingle With Bath(SWB＝SW／B)
單人房附浴室

六、Double With Bath(DWB＝DW／B)
雙人房附浴室

其他分類法：

(A)按床數及床型分爲：

一、Twin Bed Room：雙人房
二、Single And Sofa：單人房附沙發
三、Studio Room：沙發及床兩用房
四、Triple Room：三人房
五、Quad Room：四人房

按服務方式分爲：

一、FULL SERVICE
高級服務

二、ECONOMY
經濟服務

三、ALL-SUITE
套房式服務

四、RESORT
休閒服務

(B)按房間之方向分爲：

一、Inside Room向內的房間

二、Outside Room向外的房間

(C)按房間與房間的關係位置可分爲：

一、Connecting Room

兩個房間相連接，中間有門可以互通。

二、Adjoining Room

兩個房間相連接，但中間無門可以互通。

(D)按其特殊設備分爲：

一、Suite　套房

房間除臥室外附有接客廳、廚房、酒吧，甚至於有會議廳等齊全的設備。

二、Duplex　雙樓套房

與前述套房所不同的只是臥室在較高一樓，其他設備跟套房相同。

註：其他尚有：

一、Cabana：靠近游泳池傍的獨立房。

二、Efficiency：有廚房設備的房間。

三、Lanai：有屋內庭院的房間。

（遊憩地旅館較多）

四、Hospitality：舉辦酒會或宴會用房間。

第六節　旅館的特性

旅館的商品有它本身具有的特性，不能與其他商品相提並論。經營旅館者，不可不知，庶能尋出合理的經營法與新穎的推銷法。

首先，必須了解旅館的商品是什麼？換言之，旅館賣的是什麼？

第一、環境：我們都知道一般觀光客，出外旅行之主要目的，並非爲住旅館而來，而是慕名附近的自然環境之優美及濃厚的人情味而旅行，所以旅館必須擁有優美引人的環境以招徠遊客。

第二、設備：古時候旅行(TRAVEL)是很勞苦的(TROUBLE)必須千辛萬苦跋山涉水，但現代的旅客是爲享受而旅行，所以旅館之設備務要注意能使旅客感到輕鬆、清靜、整潔、方便及安全，尤應當尊重私人之隱居，不得隨意打擾。

第三、餐食：旅客前往異地旅行都懷有一種好奇感，欲嘗試該國的道地風味，比如到中國就渴望聞名於中外的中國菜，所以首先菜食必須別出心裁；第二是滿腹感，不但美味可口同時要顧到吃得飽；第三：是要有獨有的特色，加以無窮的變化及精彩演出，還要有溫柔優雅的氣氛，使旅客陶醉其中，留戀忘返。

第四、服務：服務是以得體的人之行爲來滿足客人的需要而求合理的利潤。所謂服務週到就是服務人員都能徹底完成自己所負之責任。爲達此目的，工作必須劃分清楚，責任分明，各單位必須協調，通力合作，而服務員要了解顧客之心理，先除去其不安感。公司方面應使員工無後顧之憂，使他們經常能露出自然的笑容，以期服務之週到。

至於旅館之商品（房間）則具有下列的特點：

一、這種商品只有一個地方買得到，因此它的推銷完全依賴著推銷技術高明與否，和特殊的用具，亦即旅館之簡介與直接郵寄等之宣傳品。

二、這種商品只能在當天賣出，不能留到第二天，故必須提早接受訂房，原則上前一個月之訂房必須超過百分之五十，否則很難預期得到百分之六十五以上之房間利用率。

三、商品之數量有限，亦即收容能力有限，無法臨時加班生產，所以必須設法推銷房間以外之餐飲娛樂方面之營業來彌補收入。

四、固定費用較任何商品爲高，因旅館的建築本身就是商品。

五、不買（不住房間）則不知其價值如何，必須等到旅客住過後，始能體味到它的價值與效能。

六、商品雖具有個性，但無形的部份較多，諸如環境、設備、菜食及服務等，旅客所能買回去的，只有滿意感和深刻的印象與話題。

七、從訂房到住宿的期間經過時間較長，普通在兩個月前就已訂房，因此在六個月前就要確定推銷計劃。

八、同業者集中在一處競爭性較濃。所以易於比較及批評，服務稍差即容易失去主顧，且不易挽回一旦失去之聲譽。

九、人與人的關係極爲濃厚，旅館既爲服務業，人的行爲亦即代表著商品，所以必須注意到人情味。

十、營業之好壞由立地條件與房間數之多少決定大半，所以事前之建築籌劃必須愼重就事。

十一、推銷方法尚屬落伍，與其他行業比較，旅館的推銷法缺少科學化，必須研究市場行銷，以提高推銷的技術，始能趕上時代的潮流，以期營業的繁榮。

第七節　旅館與服務

美國旅館大王史大特拉氏曾云：「旅館所賣的商品只有一種，那就是服務。」並云：「人生就是服務，凡能求進步的人就是能夠給他的同胞們更多一點，更好一點服務的人。」又云：「服務的素質可依賴努力予以提高，因此服務之好壞就決定旅館之優劣。」

旅館既以服務爲業，我們就必須了解服務的眞諦。服務可分爲靠物的服務及靠人的服務。所謂靠物的服務就是爲使客人感到快適、舒服而裝設之設備，諸如：冷暖氣設備、傢俱、電梯等不勝枚擧，但這些僅能夠補助「靠人服務」之不足，僅以此等設備是不能具備獨立性或完整的服務。服務是靠著人的行爲去形成的，然而如果能夠再進一步，以利用各種設備或氣氛去輔助的話，就更能使服務顯得圓滿而快適。所以服務是要使他人精神上或物質上均能感到快適所做的行爲，也就是要做到「賓至如歸」的美境。

旅館的服務，必須全體員工通力合作、密切配合，才能圓滿達成的，絕非單獨或個別就能負起服務的責任。例如：房間、浴室都整理得很清潔舒服，但如果電機部門，不開放冷氣或缺少熱水的供應，仍然避免不了顧客的抱怨。房間的寢具、臉巾、浴巾是洗衣工人的合作去完成的，但需要服務員將他們整理後才能供應客人使用，廚師們將餐食用心做好，還須餐廳的服務員送給客人，才能完成餐廳的服務，所以服務是具有連貫性的，任何一個部門有所脫節，均將使客人不滿而掃興。可見一個人服務的優劣，都能影響到整個旅館的信譽。

旅館的全體員工不管在那一部門，必須同心協力，彼此合作，不可有情感上的衝突，這樣才能爲顧客提供完美的服務。

國父曾云：「人生以服務爲目的」，而美國學者把服務的眞義解釋爲：「Give them what they want, not What we want to give them。」也正符合論語所說：「己所不欲，勿施於人。」可見古今中外的學者，對於服務的解釋不期而合。

旅館的服務是有一定的形式的。例如客房的服務形式，餐廳有餐廳特有的服務型態。而這些型態大部份係採自歐美先進國家的。再經過我們先進加以改進發揚，成爲每一個旅館不同的服務形式。當一個新進服務員要記住或做到這些服務形式，至少也要六個月，如果期能熟練，則需一兩年的時間，但等到他們熟練之後，對這些形式的定型的機械式服務自然會感到索然無味，而發生厭膩，甚至於產生惰性。這樣一來，不但對飯店是一大損失即使對個人而言，也是一種悲哀。所以眞正的服務並不只是形式上的或是定型的，必須還要加上由內心發出的眞情的、熱誠的服務。並應隨場所、時間的不同，不斷改變，並非永不變形的。至於如何隨機應變，全賴服務員的經驗以及當時的情況加以適當的順應罷了。

旅館建築形式

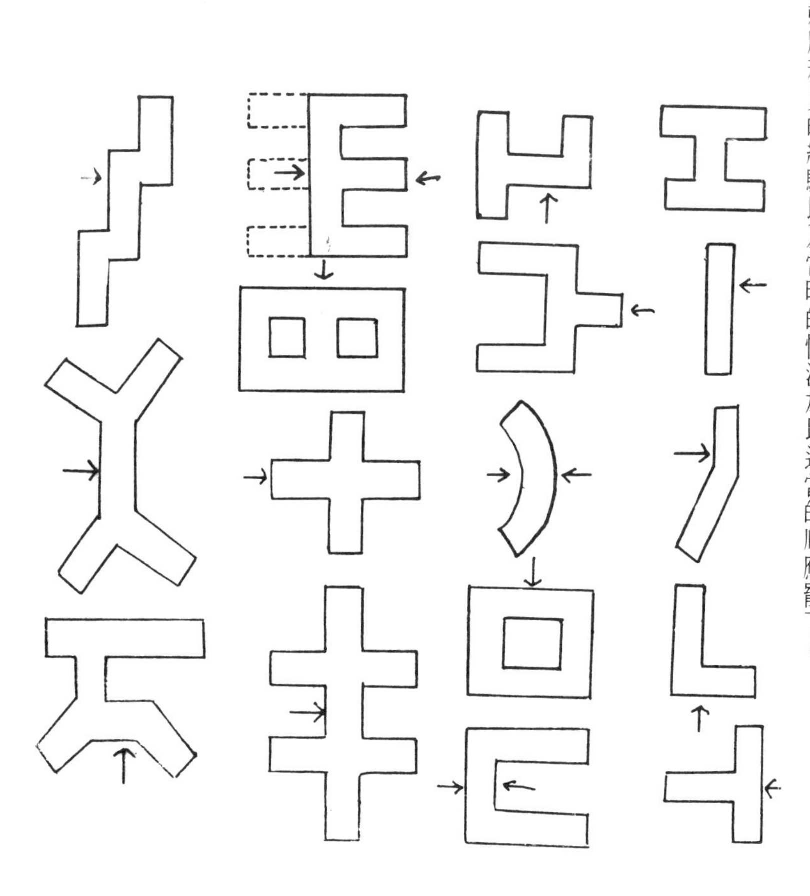

第八節　汽車旅館

爲什麼「汽車旅館」在美國有如此快速之發展而勢將凌駕一般旅館呢？

其理由不外：

一、由於汽車旅行者，不斷在增加。

二、想要追求安寧而幽靜之環境。

四、因爲汽車旅館能夠提供寬敞而免費之停車場。

五、旅客可以自己服務而不必被服務員所打擾。

六、客人可以隨地穿著較爲輕鬆的便服。

七、房租較一般旅館爲廉價。

八、不必爲小費或服務費困擾。

按所謂MOTEL，當初期美國開始正在流行時並不叫MOTEL，而叫CABIN或叫TOURIST COURT。它的全寫爲MOTORISTS MOTEL，亦即所謂汽車旅行者之旅館。其發祥地雖爲美國，但後來漸漸地普及於義大利、丹麥、瑞士、英國，最後及於挪威。

其所以如此發達，是因爲：

一、全國有整潔寬大之道路網，因此長途旅行至爲方便。

二、到處可以租車，同時出租車行爲服務旅客起見，可爲代訂旅館房間，給予旅客甚多便利。

三、有寬敞之停車場可供旅客免費停車。

四、旅館之建設費較爲低廉。

三種基本旅館比較表

旅館分類	都市	商務	遊憩
本質	注重旅客生命之安全，提供最高的服務	提供商務住客所需合理的最低限度之服務	注重住客的生命安全提供娛樂方面之滿足
推銷強調點	氣氛、豪華	低廉的房租服務的合理性	健康活潑的氣氛
商品	客房＋宴會＋餐廳＋集會	客房＋自動販賣機＋出租櫃箱	客房＋娛樂設備＋餐廳
客房與餐飲收入比率	4：6	9：1	6：4
旅行社與直接訂房	7：3	4：6	5：5
損益平衡點	55%～60%	45%～70%	45%～50%
外國人與本地人	8：2	2：8	3：7
客房利用率	90%	80%	70%
菜單種類	150～1,000種	30～100	50～200
淡季	12月中旬1月中旬	無變動	12月1月2月
員工與客房	1.2：1	0.6：1	1.5：1
資本週轉率	0.6	1.4	0.9
推銷費管理費	65%	40～50%	65%
用人費	24.7～26.4%	15%	27～29%

世界排名前十名大飯店

The Oriental
Thailand Bangkok

第一名

第二名

The Regent,
Hong Kong

Hamburg Germany
Hotel Vier Jahreszeiten

第三名

第五名

France Paris　Hotel Ritz

第四名

The Mandarin　Hong Kong

France Paris

Hotel Plaza-Athe'ne'e

第七名

Hotel Okura Tokyo Japan

第六名

The Connaught

London England

第八名

第十名

Peninsula

H. K.

第九名

Shangril a Singapore.

五、住用率較一般旅館爲高。

六、用人既少，自然節省不少人工費。

七、房租低廉。

由於MOTEL欲與一般旅館爭一長短，不惜花費充實他們之設備與服務，故欲想由其內容區別已確實很不容易。惟有在形式、設計與外觀方面來觀察，窺視其異同。

將要形成一般旅館化之MOTEL，在美國稱爲MOTOR HOTEL或GRAND MOTEL。

其立地條件與發展過程，初由公路而發展到療養地區而都市週邊甚而至於市內而又延展至飛機場。

今日美國之MOTEL約可分類爲：

一、公路上之汽車旅館：大都位於公路上，佔地寬大而廣闊，土地較廉，而普通爲一層或二層的木造建築，其旅客以公路汽車旅行者爲經營對象。

二、市內或市週邊之汽車旅館：位於市內土地較貴，普通爲三層以上，其經營以商用客爲主。

三、療養地之汽車旅館：專以休養或療養性之旅客爲營業對象。

四、飛機場邊之汽車旅館：因接近工業地區及住宅區，除以外來客爲對象外，也有該地區之住民常常利用此種旅館之餐飲或集會設備。

第九節　我國觀光旅館發展經過

我國的旅館如按其規模、特性、以及經營管理方式，可分爲國際觀光旅館、觀光旅館及旅館（或旅社）三種。

台灣自光復後旅館業的發展大概可以分爲四個階段加以說明。

一、傳統式旅社時代（自民國三十四年至四十四年）

台灣於三十四年光復，而政府於三十八年遷台時，因國家處境極爲艱困，百廢待舉，故無暇顧及觀光事業。當時的旅社在台北市只有永樂、台灣、蓬萊、大世界等旅社專供本地人住宿，以及圓山、勵志社、自由之家、中國之友、台灣鐵路飯店及涵碧樓等招待所可供外賓接待之用。其中圓山飯店可視爲現代化旅館之先鋒。全省旅社共有四八三家。

二、觀光旅館發軔時代（自民國四十五年至五十二年）

台灣觀光協會於四十五年十一月二十九日正式成立，實爲政府與民間重視觀光事業之開始。

民國四十五年四月民間經營的紐約飯店開幕，是第一家在房內有衛生設備的旅館。接著在四十六年石園飯店也正式獲得政府許可，由民間興建之飯店也出現了。繼而有綠園、華府、國際、台中鐵路飯店及高雄圓山飯店等接踵而來。民國四十八年高雄華園、民國五十二年則有台北市中國飯店、台灣飯店等一時欣起本省興建觀光旅館的熱潮，共興建二十六家觀光旅館。

因爲自民國四十六年起，觀光事業普遍受到重視，同時東西橫貫公路之完成，使太魯閣成爲聞名中外之觀光勝地。而政府又宣佈五十年爲中華民國觀光年，實施七十二小時免簽證制度。（自民國四十九年一月一日實施於五十四年八月一日取銷）

三、國際觀光旅館時代（自民國五十三年至六十五年）

民國五十三年我國首次代表性國際觀光旅館國賓及統一大飯店相繼開幕，使我國旅館經營堂堂邁進國際化及新紀元。

民國五十三年世運在東京舉行，而日本又開放國民出國觀光、政府爲吸引更多觀光客，將七十二小時免簽證延長到一二〇小時實施至十一月三十日。

民國五十四年四月廿五日中華民國旅館事業協會成立。

民國五十四年十一月故宮博物院正式開幕。

民國五十四年十一月起駐越南美軍來台渡假至六十一年四月結束共二十一萬人來台，消費高達美金五千二百八十三萬元。

由於以上多采多姿的觀光活動，再次促使民間投資觀光旅館的浪潮。

民國五十五年中泰賓館開幕，接著五十六年三月廿九日中華民國旅館管理學會成立。尤其是太平洋旅行協會第十七屆年會於五十七年二月分別在國賓及中泰舉行，提高我國觀光事業在國際上的地位與形象。

旋後，高雄華王及台南飯店相繼於五十八年開幕。

「發展觀光條例」在五十八年七月正式公布，使觀光事業獲得國家立法之肯定。

六十年高雄圓山飯店開幕，同年六月二十四日觀光局成立，接著六十二年台北希爾頓、六十四年十二月十六日台北市觀光旅館商業同業公會成立。

在這段期間觀光旅館增加九十五家，到了民國六十五年，全省共有一〇一家觀光旅館。從民國五十年至六十五年的十五年間，堪稱爲我國旅館業的黃金時代。

四、大型化國際觀光旅館時代（民國六十六年至七十八年）

自民國六十二年發生能源危機後，政府實施禁止新建建築物辦法（民國六十二年六月二十八日至六十三年十一月十四日）。因此直到六十五年這段期間並沒有觀光旅館的新建。但到了民國六十五年後，因經濟復甦，觀光客一批一批湧來，來華觀光客突破一〇〇萬人大關，終於發生嚴重的旅館荒。因而地下旅館應時而出，因爲自希爾頓（六十二年四月十五日開幕）後到財神、三普、美麗華等飯店出現前的六年間台北市除康華、芝麻外並沒有大型的國際觀光旅館出現。

但自政府於民國六十六年三月十六日及五月十八日相繼公佈「都市住宅區內興建國際觀光旅館處理原則」及「興建國際觀光旅館申請貸款要點」，突破建築基地難求及興建資金籌措不足二大瓶頸之後，第三次刺激民間興建旅館的濃厚興趣。大型觀光旅館的興建有如雨後春筍。如六十六年開幕的台北芝麻，六十七年開業的全省有十三家，如康華、三普等，六十八年有十一家，如美麗華，財神、兄第、亞都、高雄名人等，六十九年有十二家，如國聯、台中全國等而七十年有九家，如高雄國賓、台北來來等。

四年內共增加四十五家，房間數約一萬多間。七十二年開幕的有富都、環亞及老爺等。

當然促使投資興趣的另一個原因是政府於民國六十六年七月公佈「觀光旅館業管理規則」使觀光旅館之經營脫離了特定營業的範圍而六十九年夜總會也劃出特種營業，無形中提高其社會地位與形象。隨後在六十九年十一月二十四日修正公佈「發展觀光條例」再次認定觀光旅館專業經營的地位與特性。

然而好景不常，到了六十九年以後，世界性不景氣再度來臨，來華觀光客成長直線下降，由六十八年的百分之五•五、六十九年的三•九，七十年的一•二，七十一年的〇•七，而七十二年的二•七，加之大型旅館遽增，業者間之競爭更形惡化、激烈，賦稅大幅增加，人員待遇高漲，以及旅館維持費之高昂等等，使業者負擔更爲加重，同時地下旅館的叢生，住用率一蹶不振，迫使老舊，經營不善的旅館紛紛停業，轉讓，廢業等從六十二年到七十一年中間共有二十家關門，平均壽命十七年最短者十三年的慘劇。

因此旅館業者紛紛尋求減輕壓力的途徑，如提高房租，節約開支，爭取政府獎勵，加速折舊率，建議工業用電、或視同工業，便利融資，免簽證等措施並請政府加强取締地下旅館，在在顯示業者對當前的困境之突破。

政府有鑑及此，訂定各種加强發展觀光事業的方案，完成基本立法，包括特殊價値景觀，資源及史蹟之保育，積極從事風景名勝之整建與開發保護森林資源及稀有生物，對內推廣國民旅遊，加强旅館業之輔導與管理，對外加强國際宣傳與推廣。另一方面業者也與國外知名度較高的國際性連鎖旅館簽約，對內改善管理，對外參加國際性會議及推廣活動，在政府與民間密切合作，辛勤耕耘下，已奠下堅固的基礎。雖然民國七十四年間曾一度出現負成長，迄民國七十五年已獲得顯著改進。

七十五年觀光外匯收入創歷年來最高紀錄，達十三億三千三百萬美元，較七十四年增加三億七千萬美元，成長率高達百分之卅八點四，也是首度突破十億美元大關。來華觀光客一百六十一萬三百八十五人。

為使觀光客便於選擇旅館及鞭策業者致力設備更新及服務管理水準之提升，觀光局於七十六年二月二十五日公佈辦理第二次國際觀光旅館等級評鑑，經評定結果五朵梅花者二十二家，四朵梅花者十六家。

五、國際性旅館聯鎖時代（自民國七十九年開始）

自從凱悅、麗晶及西華等三家大飯店於七十九年分別開幕後，"台灣的旅館經營"已堂堂邁入國際化聯鎖的時代。對提升我國旅館業的地位與形象有很大裨益。

到了八十三年底，國際觀光旅館有五十一家，房間數一萬六仟四佰六十五間，觀光旅館則有二十七家，房間數為三千一百三十五間。

有趣的我國「旅館之最」

※ 台北圓山大飯店：第一家中國宮殿式，代表中華古色古香傳統的旅館。（45）

※ 中國之友社：最早設有保齡球館及歌星駐唱之招待所。（45）

※ 國際飯店：首家裝設電梯之飯店。（46）

※ 高雄華園飯店：高雄市首次附設游泳池之飯店。（48）

※ 第一大飯店：台北南京東路最早出現之最高建築。（51）

※ 中國大飯店：首先在頂樓設餐廳之旅館。（52）

※台北國賓大飯店：最初有頂樓游泳池直達電梯及國際會議設備之旅館。最先與日本連鎖之旅館。第一家故　蔣總統中正先生蒞臨之旅館。（53）
※統一大飯店：最先聘用美籍總經理。（53）
※中泰賓館：設有規模最大花園的旅館。（55）
※日月潭大飯店：第一次信託業參加旅館之經營。（55）
※華國大飯店：最早股票上市。（56）
※華王大飯店：旅館董事長吳耀庭當選十大傑出企業青年第一家。（58）
※中央大飯店：頂樓有旋轉餐廳之先河。（59）（現為富都大飯店）
※花蓮亞士都大飯店：東部最早出現之國際觀光旅館。（59）
※世紀大飯店：最早有三溫暖之設備。（61）
※希爾頓大飯店：我國參加國際性連鎖旅館之先鋒。（62）
※假期大飯店：首家實施建教合作。（67）
※財神大酒店：首家有中庭大廳。首次聘雇西德總經理。（68）
※亞都大飯店：最先聘雇義籍總經理。（68）
※來來大飯店：第一家擁有最多地下街商店。（70）
※高雄國賓大飯店：全省最高建築之飯店。外形最美而獨特，一家旅館同時與二家國際性連鎖旅館簽約。（70）
※環亞大飯店：餐廳設備最多的大飯店。（72）
※福華大飯店：最初中庭有瀑布之飯店。（73）
※凱撒大飯店：為台灣第一家由日本人投資的五星級休閒旅館。（75）

※凱悅大飯店：國內第一座國際會議旅館，游泳池內首次採用水中音樂。（79）

※麗晶大飯店：其國際連鎖旅館得獎最多，台北的客房面積最大（十五坪以上）（79）

※西華大飯店：客房用電梯與餐飲用電梯完全分開，動線明確。設計小巧精緻。（79）

※墾丁福華大飯店：國內最大五星級聯鎖休閒旅館（82）

※花蓮美侖大飯店：東台灣佔地最大，房間最寬舒的渡假旅館（83）

※高雄霖園大飯店：南台灣最精緻的五星級商務旅館（83）

※高雄漢來大飯店：古董最多，充滿藝術氣氛的豪華旅館（84）

※高雄福華大飯店：南台灣惟一中庭不但精緻豪華而且具有多功能用途的飯店（85）

※遠東大飯店：最具有複合功能的大飯店備有雙套健身房和游泳池（83）

※台中長榮桂冠酒店：爲長榮集團發展跨國性連鎖的首宗精緻酒店（83）

註：括弧內數字代表開業年度

第二章 旅館的組織

第一節 組織概要

旅館業是一個服務企業，而企業的成功有賴於機械力（資本力）與管理力（組織人才）兩者的良好結合，去推動業務提高生產而增加收入。尤以現代化的旅館更加注重管理，但在管理方面雖有優秀的人才，如果沒有健全的組織，怎能使人盡其才，物盡其用呢？可見組織之如何重要。

所謂組織是要決定及編配旅館內各部員工的職掌，並表示它們的相互關係，使每一個員工的努力和工作合理化而能趨向一個共同的目標。簡言之，就是要使旅館內的人與事適當的配合，以利推進業務而達到服務顧客及增加收入的目的。每一家旅館的組織當然依其規模的大小，歷史的長短，以及業務的型態，各有不同的組織，然而跟近代所有企業的組織一樣，其內部組織結構也可以大略分為：直線式LINE CONTROL、幕僚式STAFF（或稱職能式FUNCTIONAL）以及混合式LINE AND STAFF三種型態，而以第三種的混合式最為普遍採用。

一、**直線式**：直線式的組織下像軍隊的組織一樣，其指揮系統由上而下，一如直線，每人的任務與責任劃分非常明確，部屬應服從由上司發下的命令，不但要有執行的責任同時也有權限。

二、**幕僚式**：本組織的人員屬於顧問性的，他們只能提供專業的知識給各部門指導或建議，供做改進，但不能直接發佈命令。即使他們的建議與指導必須透過各級主管人員才能到達部屬。

三、**混合式**：就是將上述直線式與幕僚式縱橫交差即以直線參用幕僚機構相輔相成，爲近代旅館所最普遍採用者。

雖然每一個旅館各有不同的組織，但大而言之，可分爲兩大部門，即：外務（front of the house）與內務（back of the house）兩大部門。

外務部門包括客房部與餐飲部，二大主要營業部門，及附帶營業部門（電話、商店）。而內務部門則包括總務、人事、財務、採購等一般管理部門，及保養部門等輔助作業的部門。

外務部另稱營業部門，而內務部就是一般的管理部門。

在運用組織時必須嚴守左列原則：

一、命令與報告系統必須一線化。
二、監督範圍必須加以明確規定。
三、權責分明，信賞必罰。
四、各人的工作分配不可疊架重複。
五、管轄人數應有一最大限度。（主管人員直接管轄人數以五人爲宜，基層工作人員最多可管轄二十人。）

近代企業經營的三要素是單純化、分業化與標準化，爲使旅館的組織能運用靈活，順利達到服務顧客以及營利的最後目的，除應遵守上述三要素外，將來的旅館組織更應考慮如何加强並改進左列各點：

一、確立各部門的損益計算制度。
二、重視業務行銷部門。
三、加强企劃與管理會計部門。

四、實行工作標準化（如服務作業程序等必須加以統一化）。
五、厲行分權負責制度（即逐級授權、分層負責）。
六、設立各種委員會及主管或幹部會議以便協調及推行各種活動。

第二節　總經理的職責

一、統籌全局——要保持旅館的水準和增進旅館的聲譽，一切設備，要注意改進，不落人後，並為適應旅館業務的發展，作下列的檢討：

(1)旅館的設備是否配合都市發展計劃。
(2)旅館的本身條件是否適合時代的潮流。
(3)旅館的建築設計是否適合顧客的需要。
(4)旅館的設備及佈置是否完善。
(5)安全措施是否齊全，有備無患。
(6)營業狀況是否滿意。
(7)有無招待旅客的特色。
(8)旅客的身份是否適宜。

二、訂定計劃——接任時要訂定一年至三年的計劃，逐步付諸實施，並作下列的措施：

(1)聘派工程人員檢查旅館的全部建築。
(2)請設計師檢討佈置房間。
(3)增添必需用具及設備。

(4)檢討過去的開支，是否浪費？

(5)整理前後帳務。

三、審核工作報告：

(1)日報：包括——欠帳、總帳、食料、營業、概算、集會、抱怨、餐飲、收帳、臨時人員、出租房間、貴賓、儲藏、採購物品。

(2)週報：包括——員工薪津、營業狀況、工作比較預算、業務檢討、欠帳、廣告、財務、盈虧、旅客統計、人員分配、薪津發放、預定房間、各項帳目、開支比較、獎金分發、房務管理報告、外務報告。

櫃檯組織表

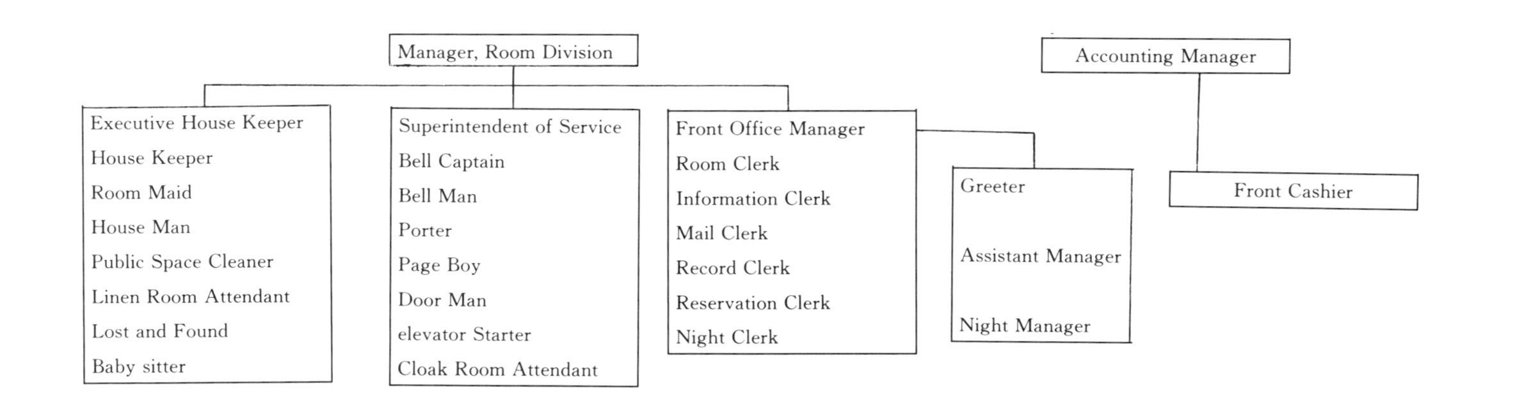
Manager, Room Division
Executive House Keeper
House Keeper
Room Maid
House Man
Public Space Cleaner
Linen Room Attendant
Lost and Found
Baby sitter
Superintendent of Service
Bell Captain
Bell Man
Porter
Page Boy
Door Man
elevator Starter
Cloak Room Attendant
Front Office Manager
Room Clerk
Information Clerk
Mail Clerk
Record Clerk
Reservation Clerk
Night Clerk
Greeter
Assistant Manager
Night Manager
Accounting Manager
Front Cashier

總經理的職務

JOB TITLE：GENERAL MANAGER

Specific Job Duties

Operates hotel or motel for greatest efficiency and profitability.

Provides comfort and hospitality for guests.

Directs and coordinates the activities of various departments and services of the hotel or motel.

Improves operations.

Establishes credit policies.

Decides on room rates and changes.

Keeps informed of lates trends in his industry.

Keeps informed of tourist attractions and seasonal travel involved within his locality.

Advertises and promotes his establishment for tourists and businessmen.

Screens or supervises the employment of all job applicants in order to mainatain a true "hospitality staff".

Trains or supervises the training of personnel.

supervises purchasing of supplies.

Makes equipment replacements.

Plans budgets of various departments.

Keeps informed about shifting highway traffic and relocation.

Maintains "origin of guest" records for future promotional possibilities.

Maintains and promotes facilities to attract banquets, meetings and conventions.

Plans advertising and sales promotion.

works with travel agencies.

Works closely with local Chamber of Commerce.

Shows and sells room acoommodations.

Participates in community efforts.

Offers facilities for meetings to community groups such as Boy Scouts and YMCA.

Tours and inspects the rooms and grounds.

Works closely with other hotels and motels for overflow business.

Maintains an inventory of supplies.

Decides on type of patronage to be solicited.

Authorizes expenditures.

Delegates authority and assigns responsibilities.

Processes reservations.

Adjusts guest complaints.

Determines type of services to be offered.

supervises dining facilities.

Arranges for outside services （ ex. -fuel delivery. laundry, maintenance and repair ）.

Supervises the collection of delinquent accounts.

Participates in local civic and social clubs or groups.

Related Job Duties-Sales Promotion

Develops lighting arrangements suitable to the lobby or other publicly-used rooms.

Sees that hotel or motel personnel are dressed neatly and attractively in clean, well-fitting uniforms.

directs customers attention to displays of maps and places of interest.

Displays posters of special events in the community for tourists to see.

Displays a listing of meetings being held in the establishment with date, time and location.

Calls guests attention to directional signs.

Decorates guest rooms attractively.

Decorates lobbies, convention or banquet rooms attractively.

Supplies guests information on advertised services and facilities.

Informs hotel or motel personnel involved about advertised services and facilities.

Reads own and competitors newspaper or trade jorunal ads.

Plans and conducts sales promotion campaigns and advertising.

Approves ad copy and artwork for newspaper, magazine or travel brochure ads.

Points out advertised services or facilities to customers.

Provides and advertises special facilities for children.

Places ads in local newspapers, bulletins, football programs and calendars.

Keeps informed of competitors prices and promotional campaigns.

Promotes the hotel or motel by giving immediate and courteous service to customers.

Offers customers free copies of community events brochures or entertainment brochures.

secures attractive outdoor signs.

Supplies, guests rooms with hotel or motel letterhead stationery and postal cards.

Advertises on billboards in effective locations.

secures newspaper publicity for unusual or special guests.

Promotes local interest stories.

Advertises hotel or motel facilities and services in rooms with appropritate tent cards.

希爾頓大飯店組織系統表

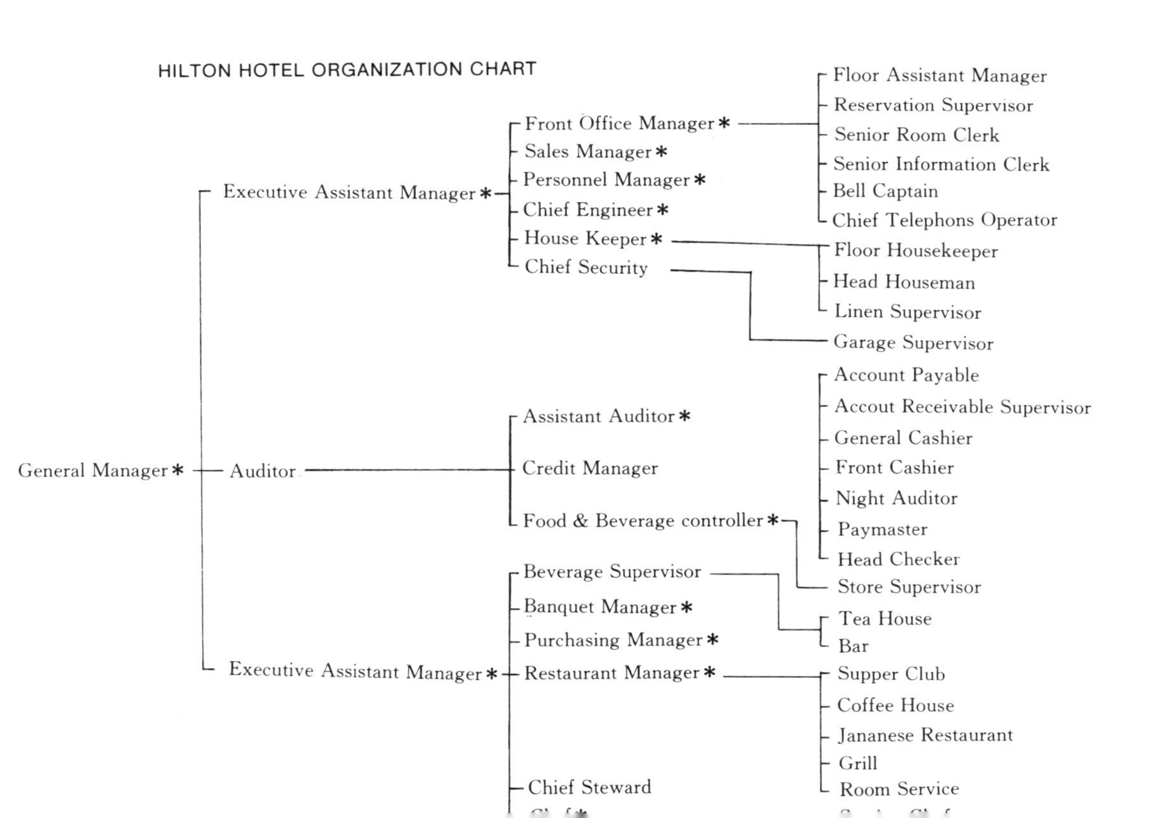

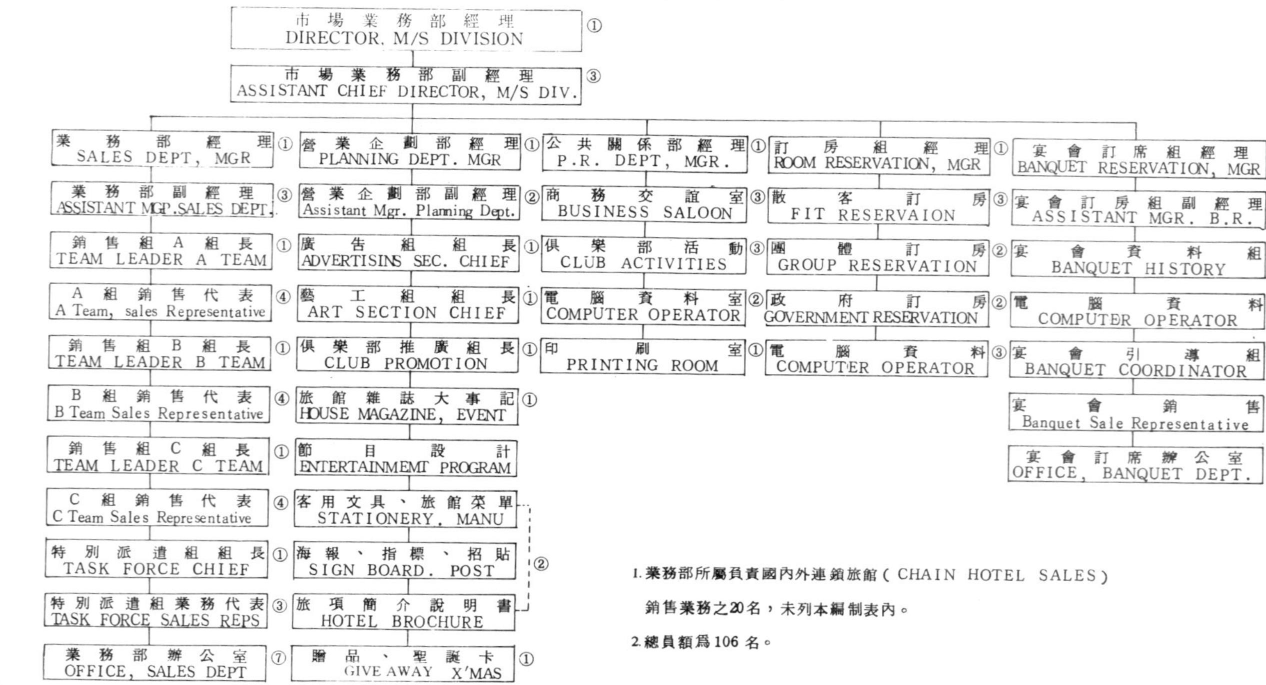

1. 業務部所屬員責國內外連鎖旅館（CHAIN HOTEL SALES）銷售業務之20名，未列本編制表內。

2. 總員額爲106名。

第三節　副總經理的職責

行政職責：向總經理報告，並與總經理以討論和交換意見的方式來協助總經理對餐飲部經理、業務部主管、會計部主管、公共關係主管、人事主管及客房部經理在業務上的管理。對工務主管、警衛組主管、洗衣部主管、停車場主管及房務管理部主管的業務有直接監督的責任，當總經理因故外出時，可代表其行使全部職權。

目標：提供給全體員工必需的方針、動機及領導，以確保顧客能獲得熱忱、愉快和週到的服務。

任務：

一、政策：

1.協助各單位發揮優良的服務態度和精神。

2.推行飯店的政策及作業程序。

二、計劃：

1.熟悉一切工作程序、待遇等級和工作分配計劃。

2.確使所有部門的主管對其個人的業務方針均能了解清楚，並備有各種必需的資訊以實行其方針。

3.協助總經理做財政上的策劃，並且協調和綜合每年財政上的預算。

4.確使整個飯店內沒有任何浪費開支，並了解主要及特殊的消費項目。

5.隨時準備應付特殊作業的緊急需要。

三、作業：

(一)客房部

1.與經理保持密切的工作關係，以便給予顧客最週到的服務。
2.按時檢查實際的工作範圍及工作流程。
3.必要時與經理商討主要幹部的工作效率。

㈡餐飲部

1.與餐飲部經理保持密切的工作關係，以便給予顧客最週到的服務及美好的餐飲。
2.與餐飲部經理商討關於食物、飲料及人事的成本。
3.與餐飲部經理商討關於食物採購手續及品質的控制。
4.協助菜單的策劃及訂價。
5.巡視餐廳、酒吧及娛樂場所。

㈢一般行政

1.與會計主任保持密切的工作關係，以確保完整的會計制度。
2.與總經理商討並分析每個月的盈虧統計表。
3.確保應收帳款均能按照既定的目標處理。

㈣工務部

1.與工務主管保持密切的關係，以便保養工作能達到最高的水準。
2.參加一切重新裝飾和翻修的計劃。
3.熟悉一切機械、電機、聲光、用水及污水等設備系統。
4.熟悉一切對外的修護合同。
5.依照總經理的指示，督導外面承包商的工作。
6.決定各部門主管所提特殊工作的先後次序。

7.確保修護計劃均按規定進行。

8.確保一切的盈利及開支均符合飯店的目標。

(五)警衛室

1.與警衛室主管保持密切的工作關係，以確保顧客和員工的安全。

2.設置完備的安全系統。

3.必要時在警衛室採取緊急行動。

4.與警衛室主管商討並指示如何處理特殊的事件。

(六)停車場

1.與停車場主管保持密切的工作關係，以便給予顧客最週到的服務。

2.熟悉停車場的工作程序。

3.熟悉管理人員及車輛調度的手續。

(七)人事組

1.與人事主管保持密切的工作關係，以羅致優秀的人才。

2.熟悉工作考核系統，在必要時指示各部門主管有關考核的注意事項。

3.與人事主管協調實施內部訓練的計劃及員工的各項福利。

(八)業務推廣部

1.協助總經理決定業務預算、政策及其他推廣計劃。

2.協助並檢討有關飯店內部的推廣手續。

(九)房務管理部

1.與房務管理部主管保持密切的工作關係，以確使飯店達到最高的清潔標準。

2.熟悉房務管理的一切方針、政策及手續。

3.按時檢查客房務及公共場所的清潔情形並加以改進。

㈩洗衣部

與洗衣部主管保持密切工作關係，以確保隨時有足夠的布巾供應。

四、人事：

與各部門主管之間建立良好的工作關係，俾能產生最高的工作熱忱。給予必要的建議，以幫助各部門主管完成目標及相互間的了解與合作，以便發揮各部門最高工作能力。

五、領導：

㈠以優良的態度代表總經理對待員工、顧客、朋友以及對外的一般活動，用以提高飯店之聲譽。

㈡在工作態度上，個人行為表現上應以身作則以期達到飯店管理上最高的目標。

六、決定策略：

實施「分權」制度，分層負責，儘量給予基層人員以決定的權力。

七、聯絡：

㈠與總經理保持懇切和睦的關係，並經常報告一切特殊的情況。

㈡執行聯絡事項，例如：告示、會議和工作程序應切實執行。

㈢代表飯店主管單位參加各部門的會議。

㈣代表飯店處理與地方及中央政府有關事務。

㈤與地方安全當局建立密切的聯繫，以確保安全措施。

㈥副總經理是執行委員會之一員，應協助確定作業上和管理上的決策。

客房部包括櫃台及接待服務處，爲會計處理方便計，房間管理及公共場所亦可認爲客房部之一部份。客房部爲旅館最重要之部門，茲分述之：

一、櫃台之主要任務爲

1.出租房間。

2.提供有關旅館之一切最新資料與消息。

3.處理旅客之會計帳目。

4.保管及處理信件、鑰匙、電話、電報、留言、及提供其他服務、爲旅客之連絡中心。

5.與各有關單位協調以維持旅館之水準而盡最滿意之服務。

二、接待服務處（即服務中心）

通常設一主任（或領班）爲該處主管，以便指揮行李服務員、大門服務員、電梯服務員及清潔員。其主要任務爲：

1.嚮導旅客至前臺登記。

2.搬運行李。

3.引導旅客至房間。

4.應付旅客之服務要求。

三、房務管理

通常以房務管理主任爲主管，除維持客房及設備之清潔衛生外，又保持公共場所及走廊之清潔，檢查客房並管理及檢點布巾供應，保養水電於良好之狀態。

在大型的旅館中又須管理洗染或協助選擇採購用品。房務管理通常隸屬副經理或直屬總經理。副經理之一般任務爲監督、指導、協調所有關於服務顧客之活動。他可以代表旅館，同時也處理旅客對旅館之抱怨，核准接受私人支票，調查意外事件之發生，婉拒不受歡迎之旅客。

四、櫃台主任之職責

1.對拒不付款擅自離店的旅客作成報告，通知有關部門加以追查。
2.有關旅客的郵電、函件、電話、留言或其他有關不滿意的責詢，應妥爲處理並予改善。
3.旅客的房租及帳款由稽核員負責但櫃台主任應負清理的責任。必要時他可以關閉客房，請旅客直接來前台清帳。但仍應以和氣的態度去催帳。
4.他有權決定接受團體旅客並可預留價廉的客房給老顧客。

五、訂房主任的職責

1.管理一切的訂房業務。
2.調整國際會議、團體訂房。
3.預測客房需要量。
4.調查及分析旅行市場。
5.將訂房預測聯絡各單位。

六、公共關係室主任的職責

1.對公衆闡明飯店的目標政策和營業方式。
2.對飯店說明公衆的態度及意見。
3.防止飯店內部之衝突。
4.與行銷、廣告部門密切配合，使顧客接受產品。
5.爭取顧客友誼，並改善服務，以提高飯店之地位。
6.協助管理單位，使飯店的業務朝向正確方向發展。

7.承辦非屬於其他單位之各種業務。

七、排房（ROOM ASSIGNING）的原則

爲求縮短旅客抵達時登記作業之時間，減少錯誤並方便作業，通常於旅客到達前已爲預先訂房之旅客排定了房間：

1.排房之時機：

原則上客房愈早排定愈佳，但在實際作業時多半於到達日當天上午進行；特殊狀況時可能提前至前一天或更早。

2.排房之原則：

各旅館因其內部隔局不同而各有考慮之重點，以下爲一般性之原則：

(1)散客在高樓，團體在低樓。
(2)同樓層中散客與團體分處電梯之兩側或走廊之兩廂。
(3)散客遠離電梯，團體靠近電梯。
(4)同行或同團旅客除另有要求外盡量靠近。
(5)除特殊狀況外儘量不將一層樓房間完全排給一個團體。（避免因工作量完全集中而造成操作上之不便）
(6)大型團體應適當分佈於數個樓層之相同位置房間中。（以免同團旅客因房間大小不同而造成抱怨）
(7)先排貴賓後排一般旅客。
(8)非第一次住宿之旅客盡量排與上次同一間房或不同樓層中相同位置之房間。
(9)先排長期住客後排短期住客。
(10)先排團體後排散客。
(11)團體房一經排定即不應改變。

第五節　客房部經理的職務

FRONT OFFICE MANAGER
JOB DESCRIPTION

REPORTS TO:

Excutive Assistant Manager

SUPERVISES:

Front Office Staff

a. clerks (junior, senior, reservations, night)

b. cashiers

RESPONSIBILITIES:

1. Processing Reservations.
   a. Proper handling of all guest communications regarding reservations.
   b. Coordination with various departments concerning special FIT guest requests.
   c. Coordination with Sales Department concerning all group reservations.
   d. Determines dates to be "closed out" and notifies reservation services and travel agents.
2. Register guests and assigns rooms.
   a. Coordination with Housekeeper on rooms conditions.
   b. Maintains room key inventory (four keys at all times per room).
   c. Notifies telephone department of all new arrivals.
3. Handles mail, telegrams, and messages for the guests.
   a. Special handing and forwarding of mails.
   b. coordination with PBX department delivering messages.
4. Publishes reports daily each evening.

a. Daily Rooms Report (past day).

b. Daily Arrival List (following day).

c. daily Departure List (following day).

d. Additions.

e. VIP List (following day arrival and in house).

f. Keeps record of "no-Shows" and dishonored reservations.

5. Provides Rooms Forecast Daily, Weekly, Monthly and Tre-monthly for Local use.

6. Provides all reports for Main Office

7. Provides information to the guests about the hotel, and community points of interest.

8. Schedules all employees.

   a. Submits daily payroll reports.

   b. Controls employee lunch hours and breaks.

9. Supervises employee dress, deportment and attitudes.

10. Distributes management notices for employees to read and initial.

11. Chairs monthly Front Office staff meeting for all employees.

    a. Reviews practices and procedures of the department.

    b. Discusses new policies and current problems.

    c. Discusses points to increase efficiency and ways to improve current jobs.

12. Orders supplies and maintains inventories of all items in use daily

業務經理的職務

JOB TITLE: SALES MANAGER

Specific Job duties

Solicits income-producing business of all type for the hotel or motel.

Directs promotional correspondence with travel bureaus, orgaizations, etc.

Obtains information on contemplated conventions, social functions, etc.

Contacts convention sponsors for their patronage.

Attends meetings of such groups as Rotary Club and Chamber of Commerce for developing promotional plans for attracting more people into the city or area.

Contacts executives of national or state-wide business enterprises to obtain their business.

Contacts local groups to promote facilites for local dances, banquets or luncheons.

Plans advertising for newspapers, brochures, postcards, billboards and national magazines.

Furnishes newspapers with interesting stories or tips on events about the hotel to obtain publicity.

Initiates and promotes events which contribute to be popularity and income of the hotel or motel.

Travels outside the city to promote the hotel or motel facilities and services.

Participates in professional associations to keep informed of changes in the industry, new techniques and approaches.

Establishes sales policies and procedures with the general manager.

Trains new personnel in his department.

Advises the manager pertaining to sales.

Helps form plans to promote the hotels facilities

Participates actively in local civic and social clubs and groups.

作者在世界排行第一名餐廳前留影

TRUFFLES

FOUR SEASONS HOTEL

TRONTO

第六節　客房部職員簡介

(一)櫃台主任（FRONT OFFICE MANAGER）：負責處理櫃台全盤業務，並訓練及監督櫃台人員工作。

(二)櫃台接待員（ROOM CLERK）：負責進店住客之登記及銷售客房及配房。

(三)詢問服務員（INFORMATION CLERK）：負責解答有關顧客對店內、市內以及旅行有關之詢問。

(四)郵電服務員（MAIL CLERK）：處理及保管住客郵件。

(五)記錄員（RECORD CLERK）：記錄及整理住客住宿資料（GUEST HISTORY）以爲將來推銷參考。

(六)訂房員（RESERVATION CLERK）：處理訂房一切事務。

(七)值夜接待員（NIGHT CLERK）：下午十一時上班至第二天八時下班，負責製作客房出售日報（HOUSE COUNT）統計資料。

(八)接客員（GREETER）：在大廳處理顧客有關疑問、抱怨，並代爲購買車票、機票及戲票等事項。

(九)副理（ASSISTANT MANAGER）：在大廳處理一切顧客之疑難，普通是由櫃台的資深人員提升而承擔此職，對旅館的全盤問題必須瞭如指掌。

(十)夜間經理（NIGHT MANAGER）：夜間之最高負責人，代理經理處理一切夜間之業務，必須經驗豐富，反應敏捷，並具判斷力者。

(十一)櫃台出納員（FRONT CASHIER）：負責向住客收款、兌換外幣等工作，如係簽帳必須呈請信用經理核准。

(十二)服務組主任（SUPERINTENDENT OF SERVICE）：係服務中心UNIFORM SERVICE的主管，負責監督BELL CAPTAIN, BELL MAN, DOOR MAN及ELEVATOR STARTER等人員之工作。

副理的職務

JOB TITLE: ASISTANT MANAGER

Specific Job Duties

Assumes responsibility in managers absence.

Promotes facilities to various groups to attract banquets, meetings and conventions.

Directly supervises hotel or motel employees.

Schedules employees hours and reliefs.

Trains new employees.

Handles and adjusts guests complaints.

coordinates necessary facilities and personnel, arranging for group meetings, parties and banquets.

Authorizes guests checks.

Purchases supplies and equipment.

shows and sells room accommodations.

Keeps informed of latest trends in his business.

Gives guests information or directions.

Handles special guest requests.

Inspects guest rooms.

Relieves registration desk.

supervises the front office.

Requisitions supplies.

Makes bank deposits.

Makes out daily managers report (breakdown of daily income)

Prepares a housekeeping report.

Does minor equipment repairs.

Supervises porters.

Supervises the bookkeeping for the entire operation

Sends bills to Gulf, American Express, Diners club and personal accounts.

Locates medical doctor when needed.

Related Job Duties-Sales Promotion

Arranges registration desk so that it is neat.

Develops lighting arrangements suitable to the lobby or other publicly-used rooms.

Sees that hotel or motel personnel are dressed neatly and attractively in clean, well-fitting uniforms.

displays candy, mints and cigarettes in a convenient place. Turns on electric signs or display lighting.

directs guests attention to displays of maps and places of interest.

Displays posters of special event in the community for guests to see.

Displays listing of meetings being held in the establishment with date, time and location.

Decorates guest rooms attractively.

Decorates lobbies, convention or banquet rooms attractively.

supplies guests information on advertised services and facilities

Informs hotel or motel or motel personnel involved about advertised services and facilities.

Reads own and competitors newspaper or trade journal ads.

Points out advertised services or facilities to guests.

Keeps informed of competitors prices and promotional campaigns

Promotes the hotel or motel by giving immediate and courteous service to guests.

Offers guest free copies of community events brochures or entertainment brochures.

櫃台接待員的職務

JOB TITLE:ROOM CLERK

Specific Job Duties:

Rents and assigns rooms to guests.

Greets guests and asks what type of room is desired.

Quotes prices of rooms, trying to rent more expensive ones first.

Assists guests in registering for rooms.

Writes room number on registration card.

Summons bellman and gives him room key.

Gives bellman any special instructions.

Keeps record of rooms occupied.

Reserves rooms for guests by consulting reservation file.

Arranges transfer of registered guests to other rooms, making out a transfer slip in duplicate.

Checks out guests.

Receives room key from guest.

Time stamps bill.

Collects payment.

Maintains records of guests accounts.

Sorts mail.

Informs guests of services available.

Makes future reservations.

Mails reservation acknowledgement to future guests.

shows and sells room accommodations.

Transmits and receives messages by phone, teletypewriter, etc.

Supervises porters in absence of assistant manager.

Sets up tours of guests.

Issues credit application forms.

Keeps track of reservations so the front office will not overlook them.

Trains new front office employees.

Related Job Duties-Sales Promotion

Arranges registration desk so that it is neat-never cluttered.

Wears clean, attractive uniforms in accordance with the policies of the hotel or motel.

Displays candy, mints and cigarettes in a convenient place.

Directs customers attention to displays of maps and places of interest.

displays posters of special events in the community for tourists to see.

Calls guests attention to directional signs.

Supplies guests information on advertised services and facilities

Informs hotel or motel personnel involved about advertised services and facilities.

Reads own and competitors newspaper or trade journal ads.

Points out advertised services or facilities to guests.

Keeps informed of competitors prices and promotional campaigns

Promotes the hotel or motel by giving immediate and courteous service to guests.

Offers guests free copies of community events brochures or entertainment brochures.

(十三)服務組領班（BELL CAPTAIN）：指揮及監督BELL MAN的工作。

(十四)服務員（BELL MAN）：主要工作是搬運行李並嚮導住客至房間。

(十五)行李員（PORTER）：負責搬運團體行李或包裝業務。

(十六)傳達員（PAGE BOY）：另稱MESSENGER BOY，負責店內嚮導、傳達，找人及其他零瑣差使。

(十七)門衛（DOOR MAN）：負責整理大門口交通、叫車、搬卸行李，以及解答顧客有關觀光路線之疑難。

(十八)電梯服務員（ELEVATOR STARTER）：另稱ELEVATOR GIRL，負責開電梯，特別注意客人的安全。

(十九)衣帽保管員（CLOAK ATTENDANT）：負責暫時保管客人的衣帽及行李等物件。

(二十)房務管理（HOUSE KEEPING）：負責管理客房清潔及安全，以便與櫃台連絡，隨時能夠出售。本部門分為①客房管理部門及②布巾管理部門。

(二十一)房務管理主管（EXECUTIVE HOUSE KEEPER）：客房管理最高主管，負責管理物品及人事。經常與櫃台取得密切連絡。

(二十二)房務管理員（HOUSE KEEPER）：普通一個人管理三十間房，負責客房之清掃，物品之管理，分配工作給ROOM MAID, HOUSE MAN，並訓練新進員工，必須經常注意住客之行動與安全。

(二十三)客房女服務員（ROOM MAID）：另稱CHAMBER MAID，在美國一個人負責清掃十四至十八間，在日本則約十間，以及補給房客用品。

(二十四)客房男服務員（HOUSE MAN）：協助MAID清掃房間，但負責較粗重的工作，如走廊及客房內之吸塵工作，移動床鋪或搬運寢具。

(二十五)公共場所清潔服務員（PUBLIC SPACE CLEANER）：負責清掃公共場所，如大廳、洗手間、員工餐廳、員工更衣室等場所。

㈡㈥被服間管理員（LINEN ROOM ATTENDANT）：管理住客洗衣、員工制服、客房用床單、床巾、枕頭套、臉巾等布巾及餐廳用桌布巾等。

㈡㈦拾得物管理員（LOST & FOUND）：負責保管及處理顧客之遺失物品。

㈡㈧嬰孩監護員（BABY SITTER）：負責看雇住客之小孩。

㈡㈨客房值勤服務員（BUTLER）：每一層客房有二十四小時值勤，客人只要按鈴隨時聽候差遣。

㈢㈩服務中心主任（歐式）（CONCIERGE）

作者在世界上房間數最多的美國M・G・M大飯店（共五千五百間房）前留念。

第三章　訂房作業

第一節　訂房之來源

觀光旅館訂房的來源可分爲四種：

一、運輸公司如輪船、航空等一般交通事業公司爲其旅客代訂客房。此類訂房常因旅客的到達日期有所變更，所以訂房不太確實。因此，旅館對此類訂房均不給佣金，而交通事業公司在慣例上，也不向旅館請求佣金。

二、旅行社爲旅客安排旅行日程、代售機票、代訂客房。此類訂房原則上得向旅館請求一成佣金，相反地，若客人未到旅館，旅館亦得向旅行社請求賠償。但，慣例上對於個別訂房之旅客若有取消未到者，旅館通常不會向旅行社請求賠償。

三、旅客直接向旅館訂房。此種訂房不會牽涉到佣金問題，但是旅客可能會要求折扣。對於折扣之是否應給視每一旅館的政策有所不同。個別訂房如係經朋友代訂者亦屬之。

四、公司、機關團體爲貴賓或爲開會所需而向旅館訂房。此種訂房視情況，或許可以享受特價優待或折扣。旅行社若爲開會所需而訂的房間，在慣例上不給佣金的，但亦有例外。至於旅行社所舉辦的旅行團體之訂房，大致上可享受某些程度的優待或折扣。

訂房的途徑：以書面訂房爲主。

最常見者爲旅行社的訂房單。旅行社在開簽訂房單之前，多半先用電話與旅館取得聯絡後再開簽。至於交通機構之訂房大部份是以電話聯絡，無須補開訂房單。此外，個人之訂房或是較大的外國旅行社爲團體旅行所訂者，有以普通書信方式訂房者。

口頭訂房。個人訂房有時由旅客本人或是其代理人到旅館來，以口頭申請訂房。旅館對上述各種訂房除有回簽訂單以外，得應訂房人之要求，開出訂房承諾書。如因時間迫切，旅館亦可用電報通知訂房人。同樣，訂房也有以電報方式代訂者。但，是否以普通的承諾書或電報回覆，則視需要情況而定。訂房是一種契約行爲。旅館對於所承諾之訂房，原則上，必須履行提供所承諾之房間。在慣例上，訂房承諾書上，須註明要求訂房人匯寄定金爲接受訂房之要件。因此，對於沒有匯寄定金之訂房如情況有變化時，旅館得拒絕該旅客之住宿。事實上，旅客匯寄定金之情況不多，所以習慣上，房間保留到每天下午六點爲止。六點以後來店之旅客，則視爲訂房失效。但是，承諾書上如有註明旅客到達時間或是班機號碼時，旅館應將房間保留到該時間或班機到達之後爲止。

訂房之程序：

當旅館的訂房員接到訂房資料之後，應做訂房資料卡。訂房資料卡所應注意的要件如下：

1. 旅客姓名。
2. 旅客來店日期。
3. 旅客離店日期。
4. 房間種類、數量及價錢。
5. 旅客出發地。
6. 班機到達時間。

7.旅客之人數。

8.訂房人或訂房機構。

9.訂房人的電話號碼。

10.付款方式或其他訂房要件，包括佣金及折扣等事項。最後必須註明接受訂房的訂房員簽名及訂房日期。訂房資料卡做成後，應將此卡編號，並將訂房資料摘要記載在訂房控制表。在此表上原來編有號碼，按此號碼記錄。再將房間之種類、數目在訂房控制圖表上劃去。

最後做成訂房標籤。按照旅客來店之日期，分別插在旅客一覽表。訂房資料卡則按英文字母之順序編列和旅客姓名英文字母個別存檔。訂房控制表由每一訂房員個別分開管理。訂房號碼則是每月更換一次。每一訂房號碼是以阿拉伯數字，1234……排下去，在每一號碼後面，加上訂房員的英文字母代號，如20A，30B等。

訂房取消：

訂房員接到從旅客或訂房者取消訂房之通知後，應將訂房資料卡抽出，加蓋取消圖籤，註明取消申請人，取消人日期及接受取消之訂房員之簽名。然後，再抽出訂房標籤在訂房控制圖表上，原訂房的備註欄上，加註取消日期，最後在訂房控制表上劃去。如此，取消訂房之手續便告完成。至於如遇取消訂房者有預付定金時，是否應退還，則視各旅館之政策而有所異。通常情況下，事先有通知者，可予全部或部份退還給旅客。有些飯店，對於個別的旅客，事先有取消訂房之通知者，則將定金之全部退還。但，對於在旅客來店日期過後再申請取消訂房者，則一概不予受理。訂房之取消應要求申請人以書面申請爲準，免日後發生糾紛。如果接到訂房申請時，已知客滿，訂房員則要塡發事先印妥之婉拒訂房書。但對特殊的顧客，則由訂房主任或經理另寫書信表示歉意。

有些旅館對於無法接受之旅客，可另作安排，即介紹旅客到其他旅館住宿以示服務之週到。

第二節　旅客進店前之核對

旅客未來店前，應做各種訂房的核對工作，以便確定訂房之確實性，如果遇到訂房有所更改時，在核對的程序中，一有發現，應即更正。在通常的情況下，旅客未住進之前，訂房須經過三次的核對手續。

首次核對工作是在旅客住進前一個月由訂房員以電話或書信向訂房人詢問該客是否能如期來店，住宿期間，旅客人數和房間的種類是否有所變更，旅客到達時間或班機是否有所變化。

此項工作應每天由訂房員自下個月同一日期預定來店的客人名單中查出，當然訂房與來店的時間距離不到一個月者，則可以免去此項工作。

第二次核對工作手續是在旅客來店前一個星期爲之。其程序和第一次核對手續相同。

第三次核對工作手續是在旅客來店前一天的最後一次核對工作，其手續亦同。

對於團體旅客之訂房，其核對工作有時不止三次。在通常情況下，訂房以後每一個月核對一次。如遇有訂房與來店時間之距離超過一年者，其第一次核對工作是在訂房以後六個月爲之，第二次核對工作則在第一次核對工作以後的三個月內爲之。三個月以後則一個月可核對一次，如果訂房時間與來店時間距離在半年以上者，其第一次核對工作是在訂房以後三個月爲之，其後每個月核對一次即可。

至於在兩年後才能來店之訂房，在未製成新訂房控制表時，則原則上不予接受。如有例外接受此種訂房時，核對工作則一年只須做一次即可。

第三節 訂房組與櫃臺之連繫

訂房單位與櫃臺單位之關係最爲密切。因櫃臺之房間控制情況每天都有所變化，不可能與訂房的控制情況完全相符合。因此，訂房員應自動向櫃臺接待員核對房間控制情況，在通常情況下，訂房員每週與櫃臺房間控制盤核對，即由訂房員向房間情況控制表抄錄各房客的離店日期，並確定各種房間的現住旅客的預定住宿期間，，並將此項統計數目加在現有的各項種類的訂房數目內。換言之，訂房控制表每一星期應重作一次，以確保其正確性。至於下個月份以後的訂房則不必每一星期加以修正，但是，如果遇有經常客滿時，訂房控制表則須常予整理及修正。靠近月底（每月二十五日到三十日之間）時，應將下個月的控制表予以整理。

至於套房的控制和房間數目少的旅館之控制，因旅客未來店前即已指定各該房間的號碼，故每天須由訂房向櫃臺查詢使用房間的情形並予適當的修正。

櫃臺接待員接待未經訂房的旅客進店以後，應自動向訂房員取得連繫，尤以套房之出租，更不可不通知訂房員而擅自出租給未經訂房之旅客。

櫃臺接待員每日早晨應將前一日未進店之旅客訂房卡整理成兩份名單(No Show List)。一份名單連同原訂房卡送回訂房員。旅客訂房若未按到店日期來店，則訂房以失效論。訂房員接到櫃臺通知後，即將未來店之訂房從控制圖(Reservation Chart)中劃去。如有定金，即沒收定金。另一份則留櫃臺備查。

旅客離店後，櫃臺收銀員應將訂房卡送回訂房員，以便根據被送回之訂房卡，在控制圖表上做必要之修正。（旅客提前遷出時，即需劃去剩餘未住訂房部分。）

第四節　通信訂房

通信訂房大約可分爲四種：

一、最普通的是對旅客訂房之承諾書(Confirmation Letter)。此種書信多利用事先印成之固定型式。

二、如因客滿無法接受對方之要求時，則發出婉拒書信。此種書信亦多利用先印成之固定型式。

三、訂房承諾書附有估價及其他補充說明事項者，此種書信或有利用第一類書信之備註欄加註者；或者另附估價書信。亦有以普通通信之方式表明訂房之承諾及估價者。

四、其他訂房之各種詢問的回答書信。此類書信多以普通書信處理。並附上有關旅館之價目表及其他資料。

訂房之書信除固定型式之個人承諾書外，概由訂房主任簽署之。遇有大團體之訂房或特殊之訂房時，則由客房部經理或總經理簽署之。

訂房資料卡

Name ______________________ Arr. ____________

______________________ Dept. ____________

Accommodation ______________________ From ____________

______________________ Via ____________

Reserved by ______________________ Tel ____________

Agency ______________________

Account ______________________

Date ______________________

Clerk ______________________

Confirmations： 1st 2nd 3rd

phone Letter Cable Phone Letter Cable Phone Letter Cable

Remarks：

RESERVATION CONTROL

No.	Name	Type			Arrival Date	Dept Date	Agent	Remarks
		T	S	Su				

訂房控制表

訂　房　表

Reservation chart

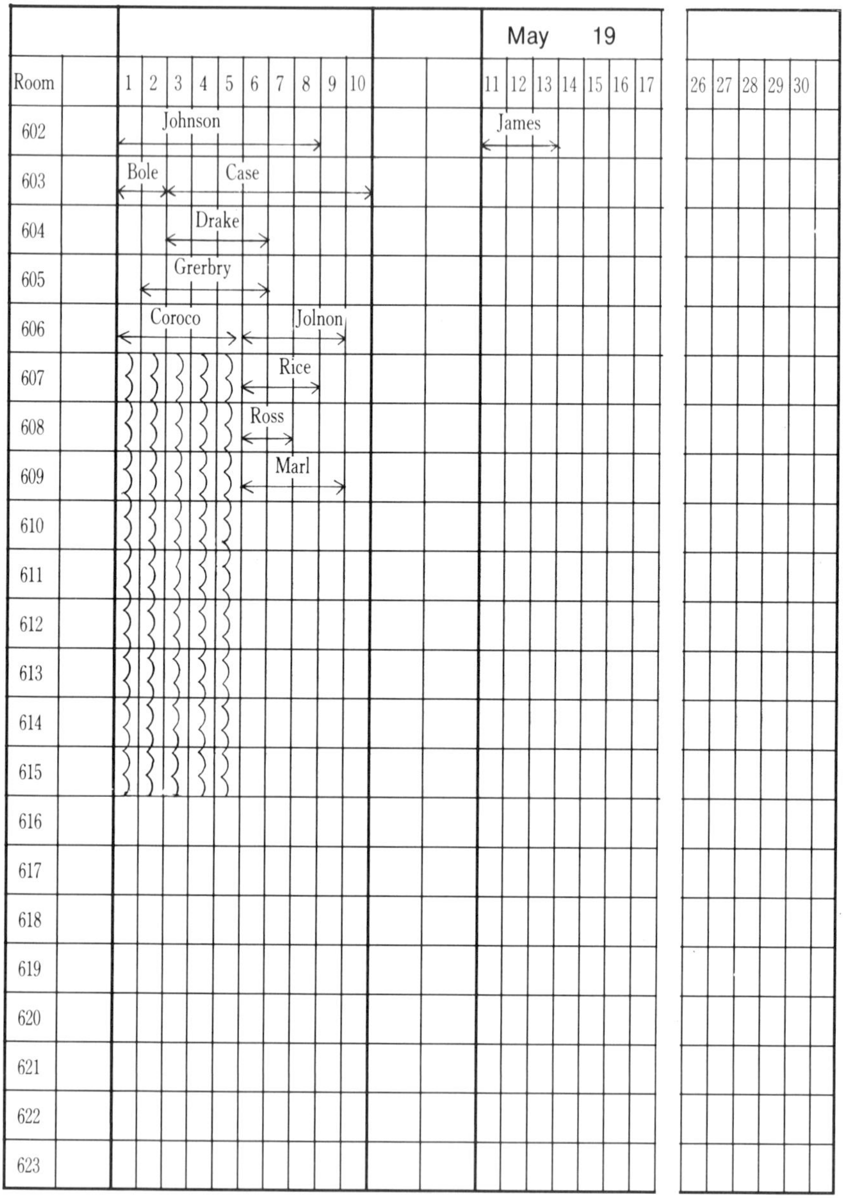

														May 19												
Room		1	2	3	4	5	6	7	8	9	10			11	12	13	14	15	16	17	26	27	28	29	30	
602				Johnson											James											
603		Bole				Case																				
604					Drake																					
605					Grerbry																					
606				Coroco					Jolnon																	
607								Rice																		
608							Ross																			
609								Marl																		
610																										
611																										
612																										
613																										
614																										
615																										
616																										
617																										
618																										
619																										
620																										
621																										
622																										
623																										

THE AMBASSADOR HOTEL

Dear sirs:

We acknowledge your request of ______________________ for accommodations and are pleased to confirm reservations as follows

1) Name of Guest:

2) Number of Person:

3) Arrival ______________________ Via ______________ From ______________

4) Departure ______________________ Via ______________ To ______________

5) Accommodations:

Number of Rooms	Rate per Night (per Room)
______ Single with bath	______________
______ Double with bath	______________
______ Twin with bath	______________
______ Suite with bath	______________

6) Conditions:

a) Rooms will be hold till 5 p. m. on the arrival date unless a later hour or flight number is indicated.
b) Room prices shall subject to 10% service charge
c) Room prices do not include meal price
d) A deposit of one night's room charge is necessary in order to formalize this reservation. Deposits will not be refunded if the guest fails to come on the date the reservation is made

Your patronage is much appreciated.

Confirmed by:

THE AMBASSADOR HOTEL

____
Reservation Department

TAIPEI, TAIWAN (FORMOSA), CHINA TEL: 551111 CABLE "AMBASSATEL" (TELEX) TP255 TAIPEI

訂 房 之 承 諾 書

THE AMBASSADOR HOTEL

Taiwan's Most Elegant & Outstanding Hotel. 300 Rooms. Banquet-Convention Facilities. 5 Restaurants. 2 Night Clubs, 3 Bars, Swimming Pool.

POST CARD

STAMP

Date:

Your request of ________________ for room accommodation for ____________________ is ackpowledged and sincerely appreciated.

We regret very much that all available accommodation for above dates are already engaged, so it is impossible to promise you reservations for this accommodation. We hope to have the pleasure of serving you at some future time.

Sincerely yours,
THE AMBASSADOR HOTEL

TAIPEI, TAIWAN, REPUBLIC OF CHINA. TEL: 5511111 CABLE: "AMBASSATEL" TELEX: TP255 TAIPEI

婉絕訂房書

代理合約樣本

REPRESENTATION CONTRACT

RE：Appointment as ______ representative.

1. Appointment will be for an initial period of one year commencing on ______ Upon expiry of the period, reappointment may be made for such further periods as may be mutually agreed between ABC Ltd. and ______ .

2. The terms and conditions of the appointment are as follows：-

a) The funciton of ABC Ltd. are as follows：-

follows：-

i) To promote the name of ______ Hotel.

ii) To accept and process all reservations offered to the Hotel.

iii) To provide public relations service for the Hotel and in this respect to deal with all enquiries concerning the Hotel in the best interest of the Hotel and whenever possible to provide write-ups in trade journals or newspapers concerning the facilities and amentities provided by the Hotel.

b) i)The ______ Hotel will reimburse ABC Ltd. with a monthly representation fee of ______ per month. Initial payment will be for a two month period payable upon acceptance of this contract. Payment can be made in local currency to the equivalent of ______ only if freely convertible into N.T. Dollars.

ii) A commission of ten percent (10%) will be paid to the travels agent of record. An overriding commission of five percent (5%) will be paid to A.B.C Ltd.

3. Availabillity of Free Sale：

Standard double rooms will be made available to A.B.C Ltd. for immediate confirmation without prior reference to the Hotel. The number and types of rooms available for free sale can be increased or varied by mutual consent.

4. Monthly Statement of Accounts：

   Both parties will furnish to the other monthly statements of accounts to be delivered on or befor the 15th day of the month following the month in respect of which the statement is delivered. The ______ Hotel agrees to pay the amount due at the time of delivery of the statement.

5. Exclusive Appointment：

   A.B.C. Ltd. agrees not to enter into any agreements to represent any hotel of similar category or standard in the City of ______ . This prohibition will be for the term of this agreement.

6. Advertising：

   The Hotel agrees to indicate the name of A.B.C Ltd. as representive in all relevant advertising to the trade and or public.

7. This agreement will be deemed to be in effect when signed by authorized

representative of Hotel and A.B.C Ltd.

ACCEPTED：　　　　on behalf of A.B.C Ltd.

Name：　　　　　　Name：

Position：

　　　　　　　　　Position：

Hotel：

第五節　住宿契約與訂房契約

旅館商品（房間）的一個特色就是不像其他任何商品那樣隨時想要購買，就能夠即時獲得的。換言之，訂貨（訂房）與交貨（進入旅館）之間的距離較長。一般來說，旅客未來時，總要事前預訂房間。雖然如此，事先已訂好的房間，等到旅客到達旅館時，往往因為旅館客滿，超收房間或因旅客並未按時前來，或現住旅客延長離館等原因，以致無法提供顧客預先所訂定之房間。

遇此情形，有些旅客不免怒氣沖天，而以旅館違背契約為藉口，要求賠償損害。在此情況之下，一個未經受到良好訓練或缺乏經驗的職員，難免張惶失措，無法找出圓滿的理由去說服旅客，而陷於進退兩難之中。

為應付此種意外情況，平常應仔細研究「住宿契約」在法律上的性格以及「訂房契約」是否亦屬於「住宿契約」的一種，以免臨時不知所措。

所謂「住宿契約」，實際上可分成兩方面加以說明：

一種是旅客事前並無訂房而等到達旅館後才締結的「住宿契約」。另一種是在未到達旅館前，旅客已事先締結好的「住宿契約」。

一般說來，「住宿契約」可視為民法中的債務契約，實無異議，如按其契約的性格分析起來，乃屬於有償雙務契約。他方面由於此種契約不必製成書面，故亦稱為要式的契約。因此，當事者之一方並無須以物品之給付為成立要件的一種承諾契約，只要以口頭承諾，契約即可成立。

可見「住宿契約」在法律上的性質較為容易被人了解，但一談到「訂房契約」是否亦屬於契約的一種，就不得不使人稍感困難與複雜了。為什麼呢？這是因為目前所通行的訂房的方法與形式較為廣泛與複雜所引起的結果。通常所見「訂房」之方法約有下列的四種：

㈠由於旅客以電報訂房，無法註明發電人之通信地址，以致無法回電的訂房。

㈡旅館雖然接到訂房信，但由於客滿而不敢答應接受，只同意如有人取消時，將列爲優先考慮之一種暫訂方式者，即列入WAITING LIST內之訂房。

㈢不管其訂房形式或方法如何，旅館已經答應保留房間的訂房。

㈣旅館不但答應接受訂房，保留房間，同時，爲了保證旅客可以得到所需房間起見，向顧客預收訂金的訂房。

以上四種情形中，第㈠㈡項當不能視爲契約則至爲明顯。但問題就在第㈢與㈣項了。站在旅館的立場看起來，當然不願將第㈢項視爲契約的一種。當然第㈣項屬於契約乃是無可否認的事實。

對於旅館較有利的解釋應該是：「旅客到達旅館後，所締結的，才是契約，而到達前所締結的只不過是契約的預約而已。」但反過來說，既然此種訂房不屬於契約即使旅客取消訂房或不到旅館，則不應有權向旅客要求違約金。但這樣解釋對旅館來講又未免太不合算，所以就不得不把第㈢與㈣項的契約解釋爲事前所締結的「住宿契約」的預約。這樣一來旅館才有權利向那些解除契約的旅客，如取消訂房者，或不來者要求支付違約金。

鑑於以上理由，可見旅館處理訂房時，必須愼重考慮以免事後發生不必要的糾紛。

另一個跟訂房有密切關係的，就是萬一旅館客滿時，究竟應否將現住的旅客遷出而給予有訂房的新到旅客呢?還是讓現住房客繼續住下去，而婉拒已有訂房的旅客呢?這又可分爲「情」、「法」兩方面來解釋如果按照國際觀光協會的規定，則應以事前有訂約者爲優先考慮對象，而遷出現住旅客，但按人情上說，一般的旅館總讓現住旅客繼續住下去而將新到旅客安排於適當的其他旅館。翌日再往該旅館接回，以示關懷。

總之，在處理訂房時，除須兼顧「法」與「情」之外，仍須依靠平常的實際經驗與技巧，才能達到眞正服務顧客的目的。

第六節　旅館的聯鎖經營

由於觀光事業的發展一日千里，今日的旅館已成為我們人類日常生活中的領導角色，隨著旅遊形態的變化，各式各樣的旅館到處林立，多采多姿的工商業、文化服務與觀光旅遊休閒活動，不但提高了人類的生活品質與文化氣質，更負起促進國民外交的神聖任務，縮短國與國之間的距離而邁向世界和平的最高目標前進。

然而在這種變化多端，競爭激烈的環境中，旅館也面臨著新的挑戰與考驗。如何拓展新的市場，爭取更多的客源，如何加强管理，提高服務品質，以及發揮硬體的設備功能，以滿足各種不同顧客的需求。於是乎，旅館的連鎖經營漸次擴展的遍佈於全球，且更在繼續不斷地發揚光大。旅館的連鎖經營，其主要目的在於：

一、共同採購旅館用品、物料及設備、以降低經營成本，健全管理制度。
二、統一訓練員工，訂定作業規範，提高服務水準，以提供完美的服務。
三、合作辦理市場調查，開發共同市場，加强宣傳及廣告效果。
四、成立電腦訂房連結網，建立一貫的訂房制度，以爭取顧客的來源。
五、提高旅館之知名度及樹立良好的形象，給予顧客信賴感與安全感。
六、共同建立强有力的推銷網，聯合推廣，以確保共同的利益。

旅館連鎖的種類

一、按顧客利用目的

可分爲商用旅行者及觀光旅行者的連鎖旅館。美、日兩國之旅館大部份屬於前者，而我國的則兼有兩者混合的性質。

至於完全以觀光旅行者爲對象的，有如馳名於世的法國地中海俱樂部的休閒村莊之連鎖經營。

二、依照利用者的屬性

以青年人爲對象之青年活動招待所及以家庭旅行爲對象之家屬休閒村。當然也以分爲女性專用及高齡者專用。但這樣過分嚴密的分類將影響到經營的效率，故採用此種分類者較少。

三、以立地條件

有位於車站、高速公路附近或機場週圍等以强調交通之方便爲主之旅館或在市中心的都市旅館，重視商業活動爲目的者。前者如汽車旅館，後者如大部分的都市性或商業性旅館。

四、依據其設備等級

分爲高級旅館，如歐洲古典式豪華旅館及一般旅館等。以我國目前的情況可分爲國際觀光旅館（四、五朵梅花級）及一般觀光旅館（二、三朵梅花級）。

五、按照其經營方法

可分爲所有、直營、租用、特許加盟、志願參加、及委託經營管理等方式。

美、日連鎖旅館之比較

一、日本之連鎖經營規模較小，原因係：(1)美國的連鎖制度，早在一九一〇年代即已展開，歷史較久，而日本則遲遲到了一九七〇年代始開始發展。(2)美國旅館客房總數比日本多、規模大。(3)在美國加入連鎖之主要目的在於增加住客之來源，然而在日本，送客的大部份依賴批發的大型旅行社。(4)美國採用的連鎖方式以委託經營管理，收購經營，或特許加盟等方式最爲普遍，可是這些方式不一定適合於日本之經營環境。

二、日本的旅館與美國相較，，其性格並不很明顯，同一家旅館兼有各種性質，比如一家商業性旅館可能也兼有觀光渡假的性格。因此在服務品質管理上就不如美國那樣嚴格。

三、尤其是委託經營管理中的特色，在於其高水準的企劃能力及營運技術之應用。在這一點上，日本仍是望塵莫及。

我國旅館連鎖的現況

我國的旅館發展大概可分爲四個階段，即從傳統旅社時代（自民國三十四年至四十四年），其間經過觀光旅館發韌時代（自民國四十五年至五十二年）而國際觀光旅館時代（民國五十三年至六十五年）以至於目前的大型化、連鎖化國際觀光旅館。

自從高雄華園、臺北國賓及希爾頓等大飯店首先參加國際性連鎖經營後，其他旅館相繼仿效，使我國旅館經營堂堂邁進國際連鎖化的新紀元。

目前連鎖的方式有六種：

一、建築新旅館，以加强連鎖的陣容

如臺北國賓在高雄興建高雄國賓大飯店，以均衡發展臺灣之觀光事業，促進南北交流。臺北老爺大飯店與日人投資，加入日本航空連鎖飯店。

二、收購現成的旅館列入連營

如臺北富都大飯店收購前中央酒店，列入其香港富都連鎖經營之方式。

三、以租用方式參加連營

墾丁凱撒大飯店租用土地由日人興建旅館後，參加其屬於日本航空及南美洲之連鎖旅館。

四、委託經營方式

如臺北希爾頓、凱悅、麗晶等飯店。

五、特許加盟

高雄華園大飯店及桃園大飯店之加入假日大飯店。

六、共同訂房及聯合推廣

像高雄國賓大飯店同時與日本東急及日本航空公司之連鎖推廣與訂房。來來大飯店與美國雪萊頓，以及福華大飯店之與日本京王大飯店，都是很好的例子。

總而言之，旅館連鎖的最終目的仍在於業者聯合力量，建立共同的市場，以確保共同的利益。然而更重要的是我們也藉這個機會，引進了先進國家的經營管理的新技術、新觀念，對我旅館之經營俾益良多。同時也給予消費者高水準的服務品質，加強了他們對連鎖旅館的信賴感與安全感。

可見，旅館的連鎖經營在未來的旅館管理中將扮演著極為重要的角色，而且其方式將更趨向廣泛化、複雜化、多樣化，發展更為迅速。正如希爾頓大飯店創始人康拉德所說：「創造更多的利潤，惟有連鎖一途」。

第七節　旅館與旅行社的關係

英人THOMAS COOK——旅行社之鼻祖——被世人稱讚為：HE MADE WORLD TRAVEL EASIER。他確使旅行大衆化、民主化，為平民爭取了旅行機會，開拓觀光坦途，更促進了國際間之瞭解及友誼。可見，旅行社在觀光事業中對發展經濟、文化以至國際關係中扮演著重要的角色。

旅行社的主要業務不外是代售機票、船票、代客預訂房間、安排旅行、發售旅行服務憑證、導遊以及承辦其他有關旅行業務。

因此，旅行社之本質包括著兩種意義：它不但提供知識、情報與技術的服務，同時兼有工業、商業以及代理業之業務活動。尤以在今日到處掀起發展觀光熱潮中，旅行社之從業人員應加深認識時代所賦予他們之使命，不斷努力研究如何始能更深切而廣泛地開拓旅行市場，致力於宣傳，開發新奇的觀光路線與創造新穎吸引的產品以增加觀光客而爲國爭光。

成立旅行社必須具備兩種事業資格。即對旅館及交通機關之資力信用，對旅客之經驗能力，其他就須服務之方法來競爭，此種服務之方法並沒有固定的方式完全靠本身之創意及籌劃，所以旅行社常被稱爲服務業或輸出業。

旅行社之收入來源大部依賴：㈠交通機構，㈡自辦旅行團，㈢旅館。因此它與交通機構及旅館之關係至爲密切，可視爲三位一體的產業連環單位。

一、一般旅館爲補償旅行社代旅客預定房間所費管理費用及工作手續費，通常對所訂房間支付佣金有百分之五、百分之十、或百分之七五等。但多數以支付百分之十爲普遍。但對參加會議或定期性之商務旅館支付旅行社佣金應儘快爲之，最遲不得超過下一個月之十日後。

二、有些旅館爲優待隨團之導遊人員以特別價格供應餐食。但此種情形並不多。

三、旅館希望旅行社能更積極地去宣傳，推銷業務以便開拓新市場。

四、希望招徠更多的廠商招待績優商店之旅行團。

五、在宴會方面也希望加强推銷，招徠更多的生意。

六、尤應設法加强淡季的旅行以彌補旅館之收入。

七、旅館希望旅行社能按期付款。在美國一般旅行社在旅客到達前訂房時，先付百分之六十。保證金百分之二十，餘額百分之二十在旅客離開旅館後十四天內付淸，但亦有例外。

八、對團體的看法，一般旅館認爲同一時間如有數個團體到達旅館，臨時必須動員大批人員應付，最傷腦筋的是到了最後關頭才來個取消大批團體，另一個問題是團體名單之送達太晚，以致無法作妥善之安排。

九、請旅行社儘量推銷平均價格以上之房間。不要一味推銷低廉之房間。

十、旅館爲協助旅行社之宣傳工作，其所發給旅行社之宣傳手册或簡介應保留空格以便加印旅行社之名稱與地址。

十一、希望旅行社與旅館之間拋棄偏見，建立並改善彼此間之密切關係。

總之，觀光事業是一種「綜合企業」，旅行社、航空公司及旅館在此一環中，必須各方面配合推動，相輔相成，視爲三位一體，始能發揮整體力，共同促進業務之繁榮。尤以在大量運輸時代中，旅行社之地位更顯重要，必須致力於：㈠以業務專業化來提高素質㈡防止惡性競爭㈢開發新市場㈣宣傳及擴充其營業基盤㈤訓練優秀之推銷員㈥改進其服務方法㈦維護商業道德。另一方面旅館及航空公司應盡最大努力支持旅行社完成其業務，共同爲觀光事業開創出一條錦繡前程。

櫃台設計圖

SUGGESTED FRONT OFFICE DESK LAYOUT

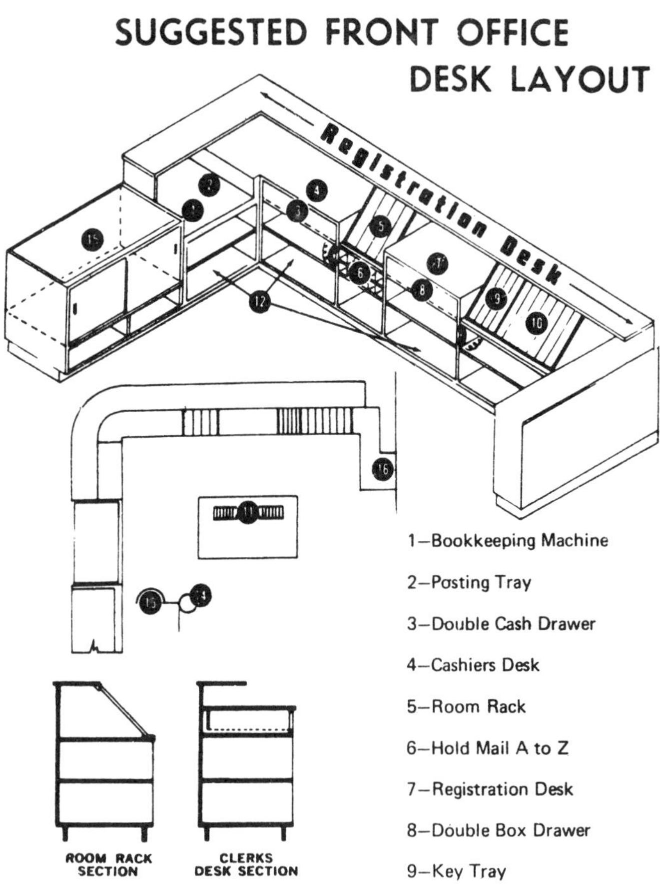

1—Bookkeeping Machine

2—Posting Tray

3—Double Cash Drawer

4—Cashiers Desk

5—Room Rack

6—Hold Mail A to Z

7—Registration Desk

8—Double Box Drawer

9—Key Tray

10—Information Rack

11—Mail and Key Rack

12—Shelving

13—Switchboard

14—Rotary Information Rack

15—Show Case

16—Drive-in Registration

A small desk designed to handle up to 200 rooms. The show case counter requirement made by the owner has no function insofar as front office operation is concerned. The desk measures 12′-0″ wide inside. It can be extended to 15′-0″ or more to provide a desk for a second clerk or additional space for room racks.

②記入訂房控制簿

①電話接受訂房

③將訂房卡插入訂房控制架

④打字明天預定到達名單

⑤根據檔案架上訂房卡指定房間

第四章　旅客遷入之手續

第一節　機場接待

旅客的接待應從旅客的入境地開始。

目前來臺的入境旅客大約有百分之九十左右是從中正機場入境的。因此，旅館的工作也就著重於機場的接待。如果遇到大批旅客由港口入境，旅館就派專員在港口接待。但此種情形並不多，即使有的話，也大多數委託當地旅行社代爲安排接待工作。

機場的接待目的有二：

一、主要在使旅客感覺到旅館接待的親切與服務的週到。

二、爲了防止有訂房之旅客被其他旅館或黃牛接送到他處去。

所以機場的接待工作也是爲自衛。甚至於機場的接待員也可能爭取到沒有訂房的旅客到旅館。所以，機場接待員的工作競爭相當激烈。稍爲疏忽，有的旅客即爲他人所搶去。目前，依政府之規定，只有臺灣觀光協會的會員才可以在機場接待旅客。此種接待員通常稱爲旅館的代表。大多數身穿各旅館的制服，並掛有各旅館的徽章標誌迎接旅客。

飯店的機場代表在組織上隸屬於接待組。有時是臨時派出，也可能是永久性派在機場擔任此項任務的。

每一班班機到達時，機場代表應即查明本店的訂房單，以確定該班機是否有本店之旅客，以便提高警覺作迅速的安排適當的接待工作。

機場代表在每班班機到達以前，必須與本店櫃臺取得聯繫，以便查明當天是否可以接受沒有訂房的旅客及人數。儘量爲本店爭取未經訂房的額外旅客，以增加營業之收入。

飛機到達以前，機場代表應該先從航空公司的各班機旅客名單中查對有訂房之旅客是否如期到達。如果名單上能查出或者是名單上名字有相近的，則應特別留意。

機場代表接到旅客以後，即將該旅客引導到預先在機場停車場等候之旅館專送車輛，並爲讓該旅客照料行李，將其搬到車上。機場代表在每一次班機旅客接到以後，則陪同旅客回店向櫃臺報到，並接受其他有關接待的各項注意事項，接著再回到機場等候下一班機。

倘若旅館已經客滿，而還有旅客將要到達時，機場代表仍應到機場接待旅客，並向旅客說明客滿之情況，表示歉意，同時另做安排以便安置旅客到其他飯店去住宿。

第二節　旅客住進與櫃枱接待事務

旅客到達旅館的大門時，由該旅館的司門向旅客行禮招呼，並爲旅客開車門。而後將旅客引進店內交給接待服務員接待，服務員則引導旅客到櫃枱辦理登記。此時，服務員一面招呼行李，將行李牌掛在行李上。每一件行李都有一個行李牌。同時，與櫃枱接待員向旅客招呼詢問旅客是否有訂房和是否在等待任何信件。如有訂房者，由旅客到達名單上即可查出。接待員一面將旅客登記表交給旅客，請其登記，一面將訂房卡抽出在打時機打上進館時間，再抽出旅客手冊在該手冊上寫上旅客的姓名。接待員在訂房控制盤找出已打掃完畢之空房，按熄控制盤之燈光爲旅客指定房間號碼。並將該號碼塡在旅客登記表及手冊上。另一方面，取出該房間的鑰匙。此時，接待員應將旅客登記表所塡之各項查對淸楚，若有不淸楚者，應向旅客詢問淸楚。在登記表上寫上旅客之稱呼如Mr. Mrs. miss等之類。同一行人的旅客人數，旅客的預定離店日期等等。並在登記表上簽上接待員的名字。登記表登記完後，應用打時機打上時間，一方面將手册交給旅客，另一手將房間鑰匙交給服務員。此項手續完成之後，登記卡則交給打字員以供整理旅客資料之用。

如重要旅客（VIP）住進時，爲愼重計，通常由經理或副理出面打招呼，表示歡迎之意。

第三節　詢問服務

關於詢問服務除了大旅館有專任的職員之外，此業務在中小型旅館經常被忽視。當然積有年功的職員，對該市之事、近郊情況、交通工具等均有心得，但新任職員要記這些事情則需相當長的時間，故當他當班時是否能給旅客以十分滿意的情報，是值得懷疑的，有時反而使客人有「莫名其妙」之感，但職員無論如何不允許說：「我不知道」。新任的職員對質問沒有自信時，應提出參考資料，與客人共同研究，才可使客人有好感。

爲解決詢問之問題，櫃臺全體人員須協力對下列各項目詳予調查，作成卷宗，以便隨時查閱。

主要學校地址、教會與服務時間，尤其是旅館附近天主教會與彌撒時間、戲院、夜總會地址與演出時間、圖書館、商場中心、外國機關地址，火車、公路車站與班車、飛機輪船起航時間，近郊觀光地區與交通情形，郵件電報發送時間，鄰近都市的人口、旅館等等，此等資料不僅因旅客之新質問而增加，既已寫好的卷宗也因時日之變遷而須加訂正，所有的記錄必須最新資料，職員可依此解答客人之質問，以獲得客人的高度信賴，且可得到櫃臺詢問業務優良的好評。

茲將指示道路順序的要領，簡述於下、以免廢話連篇說了一大堆，使初來的旅客感到無所適從。至於謂

「它就在××路」的說法更不好，因爲他可能什麼路都不懂呢？若以旅館爲出發點，以容易看到的建築物當目標，「從這裏走去，那前面是……，右轉穿通三道街可看到××大樓，再……就到。」如此化複雜爲單純，把自己站在顧客的立場來說明。或是常備載明旅館位置的市街圖及到近郊的地圖，據此說明可使旅客更易明瞭。

櫃臺被詢問到××會議何日何時開，××博士是否將出席等旅館內的事時擔當宴會部門雖然知道，但因內部連絡不佳，以致旅館中樞的櫃臺不能回答。不希望負擔詢問業務的櫃臺，將回答不知道而再將電話轉給別單位去接，切要注意，一旅館的櫃臺以「不知道」回答是最要不得的。

對於客人的電話，當其外出時，職員可請問對方的姓名，有何要事，並將對方留言放在這位住客的鑰匙箱裏，回來即可跟鑰匙一併拿給他。又如對外出的客人旅館雖知其去向，像看球賽、看電影等，然而是否將他的去向告訴訪客，便須考慮到是否會因此打擾了住客。其他對外出客之來訪客人亦須如此處理。

如只有一個職員在櫃臺，而來了許多位旅客時，不要忘記其他旅客而專對付某一旅客，要知旅客中有非常性急的，或很愚鈍的，常要我們費力去說明，所以我們必須要有耐性。

有的旅館像這樣的詢問工作交給行李服務員去承辦。就是在大廳內放著行李員服務台替客人解答有關各種的問題。

大型的旅館則另外設有旅行導遊櫃臺替客人解決有關旅行的問題，有的旅館則設有顧客關係或社交服務櫃臺或大廳經理替客人解決所有疑難。

第四節服務員的接待工作

服務員從接待員接到鑰匙之後即將房間號碼寫在行李牌之上。而後爲旅客提行李並引導旅客進電梯。電梯員則向旅客打招呼並問服務員到第幾樓，以便將旅客送到該樓、並由服務員陪同走出電梯後，旅客服務臺的値班員應即起立向旅客打招呼。服務員陪同旅客進入指定房間之前，先用鑰匙啓開房門，引進旅客並將行李放在房內的行李架上。而後向旅客一一說明房內的各種設備及其使用方法。

如果遇到旅客之行李件數太多而不能用手搬運時，旅客的行李應在送旅客進房以後，另由服務員專程將行李使用貨運電梯後送。服務員在沒有陪同旅客時，不得乘用客用電梯。但遇有緊急事件或者爲旅客投送電報或信件時，不在此限。

第五節　旅客資料之整理與各單位之連繫

櫃臺的打字員接到旅客登記表以後，隨即製成旅客資料標籤(ELAG)六份。一份插在控制盤上；一份在旅客資料索引INFORMATION FILE；一份送給客房各樓服務臺；三份送給總機。總機並將兩份按英文字母先後順序，分別放在兩個旅客資料索引台，也就是有一對資料索引台；另一份則按照房間號碼次序排列放在另一個索引臺。旅客資料標籤又可稱爲(RACK SLIP)或(CHECK-IN SLIP)。

送到總機及客房各樓服務臺的標籤是使用氣送管送的。在沒有使用氣送管的旅館，可指定專人送達或委請電梯服務員代爲送達。也有不將標籤送達，而以電動打字機通知各有關單位者。更有以電動傳眞機(Tele-autograph)傳遞旅客資料者。

旅客標籤製成之後，打字員製成帳卡。然後，打字員應將旅客資料登錄在旅客動態記錄薄(Arrival And Departure Record)。然後將帳卡與登記表另附上訂房卡一併送到櫃臺出納員處理。出納員將這些資料按房間號碼之次序整理成房客的帳務檔案。

以上的步驟都是傳統的方式、目前均改爲電腦處理。大型的旅館除了櫃臺出納員FRONT CASHIER外還設有總出納員(GENERAL CASHIER)辦理(一)兌換貨幣(二)保管貴重物品及(三)分派出納員駐在各餐廳。除了出納員以外，有的旅館設有賒帳收款員(CREDIT)負責收回顧客賒帳款。

WENTWORTH HOTEL

REGISTRATION CARD

(PLEASE USE BLOCK LETTERS)

(Surname)

CABLES & TELEGRAMS: 'WENTHOTEL' SYDNEY

Surname ____ MR. MRS. MISS. Other Names ____

Home Address ____ (Street, City, State, Country) ____ Telephone No. ____

(Company Name and Address) ____ (Street, City, State, Country) ____ Telephone No. ____

Occupation ____ Signature ____

Are you using the Garage Facilities? Yes/No ____ Car Registration No. ____

ACCOUNT INSTRUCTIONS:—WENTWORTH CREDIT CARD ☐ COMPANY CHARGE ☐

PERSONAL CHEQUE ☐ CASH ☐

PLEASE MARK APPROPRIATE SQUARE

OFFICE USE ONLY CLERK

Room Number ____ Rate $ ____ Number of Guests ____

Date of Arrival ____ Date of Departure ____ Extended To ____

QWH No. 143 QANTAS WENTWORTH HOLDINGS LIMITED

旅客登記卡

①客人在櫃台登記住館手續

②將客人名條插入客房狀況控制盤

③將住客名條插入旅客資料索引轉盤。

④將住客名條利用氣送管送到房務部。

⑤將住客消費額利用計算機打入帳單內。

ROOM (LAST) (FIRST) (OUT DATE) (RATE) No.

(CLERK) (ADDRESS) (IN DATE)

(CITY) (STATE) (ZIP CODE)

MEMO	DATE REFERENCE	CHARGES	CREDITS	BALANCE	PREVIOUS BAL PICKUP

EXPLANATION OF CODES
ROOM SERVICE
SUNDRY
DOCTOR

hawaiian REGENT
2552 Kalakaua Avenue Honolulu, Hawaii 96815

THIS IS THE ONLY ITEMIZED STATEMENT YOU WILL RECEIVE RETAIN IT FOR YOUR RECORDS SEND REQUEST FOR INFORMATION REGARDING THIS ACCOUNT TO THE HOTEL

THE TAX LEVIED ON ROOM RENTAL IS DEDUCTIBLE FOR FEDERAL INCOME TAX PURPOSES

旅客帳卡

1. No waiting in line
2. Itemized statement including all charges up to 5 a.m. of departure day will be waiting in your message box by 7 a.m. on departure day.
3. Complete statement mailed to you within 72 hours.

All you need is an honored credit card and the Zipout Checkout form. Fill out the form and have it validated at the Assistant Managers Desk in the lobby before midnight the day prior to your departure.

CREDIT CARDS HONORED:
American Express, Air Canada EnRoute Credit Card, Hilton issued cards, Master Charge (Master Card), Carte Blanche, Diner's Club, and Visa (BankAmericard).

CREDIT CARD VALIDATION

THE NEW YORK HILTON'S ZIPOUT CHECKOUT.

DEPARTURE DATE ______________

TIME: ☐ 5–7 A.M. ☐ 7–9 A.M. ☐ 9–11 A.M. ☐ 11 A.M.–1 P.M.

ROOM NUMBER ______________

This is the hotel's authority to check out my room account. I agree that my liability for this bill is not waived and I agree to be held personally liable in the event the indicated person or company fails to pay for any part or full amount of these charges.

SIGNATURE ______________

Checkout will be automatic unless hotel is advised of change in departure plans.

PLEASE PRINT:

NAME ______________

____

STREET ______________

CITY ______________

第五章　櫃檯的業務

第一節　櫃檯的設置型態

櫃檯的設置形態，依每一家旅館的規模、業務、傳統、場地及政策，有各種不同的型態。茲將分述如下：

一、歐洲的旅館：普通分爲兩個部門，即接待處(RECEPTION)專管銷售客房業務。另一部門爲出納(CASHIER)櫃檯前面設置一個服務處，由服務主任(CONCIERGE)爲主管，負責指揮行李員，行李領班(BELL CAPTAIN)及管理鑰匙、信件、詢問、導遊等業務。

二、美國及日本的旅館：一般分爲三個部門，第一個部門即出納部，由帳務員(BILL)負責製作顧客帳單，而由出納員(CASHIER)接受現款。後面設有(CREDIT)信用部門，負責收回欠帳。第二個部門爲房間，負責辦理㈠訂房㈡分配房間㈢出售房間㈣登記㈤確認顧客姓名㈥製作顧客進館資料卡㈦房間控制盤円卡。後面另設一部專管記錄旅客留言。第三部門爲保管鑰匙、信件、館內詢問。至於有關市內及觀光詢問事項則由行李間辦理。

三、中型的旅館只分兩偃部門。即㈠出納及㈡房間、鑰匙保管，信件及詢問。

四、小型的旅館則將以上兩部門混爲一部門。

五、大型的旅館可分爲四部門。即㈠詢問㈡鑰匙及信件㈢出納㈣信用調查。

六、特大型的旅館則除了前述（第五項目）之外），在各樓分設服務台(SERVICE STATION)由服務員(Floorclerk)負責保管該樓的鑰匙、信件、詢問等工作。不過到了晚上十一時後就將這些工作移交櫃檯接辦。

第二節　櫃檯的組織型態

一、五百個房間的旅館：設主任一人，接待員二人（日夜班），出納二人（日夜班），郵電及鑰匙管理員二人（日夜班），問訊員二人（日夜班），登記員一人，夜間接待員一人，（電話接線員不兼櫃檯工作）。

二、二百個房間的旅館：主任一人，櫃檯接待員兼出納二人（日夜班），電話接線員二人（日夜班），夜間接待員一人。

三、一百個房間的旅館：接待員兼出納二人（日夜班），電話接線員二人（日夜班），夜間接待員一人。此類旅館、電話接線員兼郵電，鑰匙管理及問訊工作。

四、五十個房間的旅館：櫃檯接待兼出納一人，夜間接待員一人。此類旅館，經理兼充接待員職務，服務員兼電話接線員。夜間接待員兼出納。

第三節　櫃檯的任務

櫃檯——Front Office一詞有時又稱Front Desk或稱Reception。櫃檯是旅館對外之代表機構，除住宿客人外，其他與旅館有關之詢問與交涉亦皆以櫃檯爲對象。櫃檯又是旅館對內之連絡處，經理對服務諸部署的指示，命令皆由此發出，反之各部署的報告亦皆集中於此。換言之，櫃檯是旅館的神經中樞。

櫃檯接待員之職務：

(1)出售客房
(2)調配客房
(3)保管客房鑰匙
(4)編作各種統計報表及報告
(5)編作顧客名簿
(6)招待賓客
(7)賓客與員工之連絡事宜
(8)處理郵政物
(9)館內、市內之導遊詢問

此外規模較小之旅館櫃檯又要負責接受宴會、會場、餐食之預訂等事務。

櫃檯又須將客人對服務的希望，批評等善處對策。

櫃檯主任之下置接待員(Clerk)、出納員(Cashier)、行李員(Bell, Porter, Page)、門衛(Door man)、接線員(Operator)，在大的旅館裏接待員又分爲詢問部(Information Dept)、訂房部(Reservation Dept)、郵電部(Mail Dept)等。夜間部由夜間經理(Night Manager)總攬業務，但在小旅館中則只有一値夜職員(Night Clerk)處理業務並兼顧電話總機。

第四節　櫃檯職員須知

櫃檯職員站在旅館的最前線，擔任代表性的服務工作，故本身須時時保持圓滿的協調。茲列舉職員相處之道，應守之規律：

㈠提早上班，不要為聊談或雜務而致耽誤時間，交班後即時離開，以免影響工作。

㈡同事間均須以禮相待。

㈢工作不貪圖便宜或利益。又勤務時間內不帶朋友來訪，或讓他在辦公廳等下班，如此會影響自己的工作情緒。

㈣上班時間內不打私人電話。

㈤不在館內酒吧喝酒。

㈥不要在出納借錢。

㈦控制自己不要常到館內餐廳飲食。

㈧避免與女客發生過份親密的關係。

㈨櫃檯所以成為旅館之中心，發揮全部功能，是基於經理與職員保持良好配合、相互協調之結果。但當經理受到客人對服務或其他方面有所稱讚時，應轉告部屬，分享成果，不該置之不理。又當聽到部屬的建議，應加以思考，合理將其意見，視同改進之提案，予以重視，不該似聽而不聞，這等於減輕對部屬的信任。其不合理者，亦不應嚴詞指責以致將來不敢再發言。

㈩顧及旅館的繁榮與自己前途，必須對自己所擔任的職務盡責。

⑪領導者之所謂富有領導能力，是指具有使他人樂於工作的才能而言，成功的領導者決不談權力，領導者

本身具有較高的人格修養，以身作則，感化他人，才是眞正的領導者。

(十二)嚴守時間，不守時就是破壞企業之協調精神。

(十三)個人工作的馬虎等於增加同事之負擔。

(十四)稱呼各部主管時，應稱其職稱，例如稱經理、領班、大廚師等。

(十五)對待新進人員應親切叮嚀指導，處處關照，身教重於言教。

(十六)說話盡量捨棄「我」而用「我們」，永遠本著大家同是旅館一體的想法發揮同甘共苦的精神。

(十七)櫃檯職員必具有忍耐(Patience)、自制(Self - control)、徹底(Thoroughness)以及善於社交(Diplomacy)、謙虛(Graciousness)、誠實(Honesty)與忠實(Loyalty)之個性。

(十八)和氣相處使同事感到在你身邊可獲得溫暖與教益。

(十九)櫃檯與旅館內部須保持肅靜，呼叫服務員的鈴聲、叫聲等噪雜聲，不僅影響工作效率，而且使旅客感到煩躁。

(二十)櫃檯職員要保持美好的姿勢，齊立在服務後臺約十五公分處，與客人接應時，身體稍微傾向服務臺，精神抖擻，不要靠在服務臺上。

(二十一)雖沒有被特別指示何者是旅館機密，但自認不發表對旅館較有益時，便應守口如瓶。

(二十二)要勇於承認自己的過錯，要知道自己隱瞞過錯，終究會被發現，且將事情弄得更糟。

(二十三)傳達經理對旅客或從業員之公告或命令須力求正確，大的旅館對從業員的命令多以文書傳達，但小旅館則僅藉口頭，所以其間易滲以感情成份，曲解眞意。

第五節　櫃檯的日常業務

㈠銷售客房前之準備：

①核對客房銷售狀況──由訂房組證實訂房之確實性。

②調整銷售計劃──製作房間之最後分配表。

③指示接待要領──由櫃台及訂房組召集，請有關單位參加，說明來店人數，使用人數，使用房數，用餐場所，時間、條件、進出時間以及其他活動等項目。

㈡銷售客房業務：

①客房──旅客人數增減，換房、退房等問題，處理顧客抱怨，超收顧客之處理。

②房租──如何訂定旺季與淡季之房租，如何配合社會經濟狀況訂定合理的房租。

③處理住宿事務。

※核對房客進出時間。

※個人客與團體客之處理方法。

※核對或調整住宿條件。

④取消訂房之處理。

⑤會計處理（支付方法）。

⑥員工配置、指導與管理。

⑦與各單位之協調。

⑧整理推銷資料與統計。

⑼整理顧客建議或意見書。

㈢服務及接待業務：

①接送顧客之研究。

②如何應付顧客之特別要求。

③提供各項店內活動資料。

④館內音樂及廣播。

⑤觀光導遊服務。

⑥房內其他附帶服務。

⑦停車問題。

⑧行李保管及拾得物之處理。

⑨訪客之接待。

⑩住客傷病處理。

⑪與各單位之連繫。

⑫推廣店內各種設備。

第六節　櫃檯推銷技術

㈠電話推銷術：

有些飯店對於當天的訂房電話是直接由櫃檯處理的，但也有些飯店只接晚上的訂房電話，因為白天櫃檯總是忙著辦理登記手續，所以對電話的詢問並不很重視，尤其是在沒有指明接聽者的時候為甚。

打電話的人，可能是訂一個房間或想獲得一些有關旅館房間的資料。因此，詢問電話絕不可輕忽。試想，那個人可能才由一個朋友、一則廣告，或一張宣傳手册中得到旅館的介紹呢？或許他是個老主顧呢？電話的鈴聲不就是表示有一樁交易擺在你的眼前麼？

銷售房間是無形的商品，的確較不簡單，因爲旣沒有像其他貨物有樣品，也沒有試用的機會，何况是在電話中僅憑口頭的說明，要傳達整個旅館的概況更感困難。故主要的「推銷媒體」便只有「聲音」了。回答時，應文雅，扼要地描述客人所提出的各種房間的概況——如面積、位置、設備、特點……等。儘可能提供各種資料，以滿足顧客的需要，那麼他當然希望早些進入這舒適的旅館了。

把電話詢問當作來訂房的一件生意，不就是多了一個成交的機會嗎？

㈡如何對付「價值觀念深刻」的顧客？

顧客關心房租是很自然的現象。畢竟他們不僅是在找尋無形的舒適、方便、服務，而且要購買一個尚未看見的房間，因此在櫃檯所討論的，並不是「爲什麼我必須付這些錢？」而是「我付出去的這些錢可以換得那種代價？」

因此談及房租時，必須要描述該房間的特徵，因爲同樣一間八百元的房間，在兩家飯店中其設備可能完全是不同的。即便在同一飯店內也有相當的差異。不要盲目地爲搶生意，只推銷便宜的房間，因爲往往顧客在獲悉房間的特點與設備後，寧可要一個房租稍高的房間。

無論如何，在推銷時，不要勉强要客人訂較高價的房間，一旦他覺得自己在被逼迫時，那麼你可能就會失去這一樁擺在眼前的生意了。

㈢在最忙碌的時候，如何推銷房間？

由於固定的運輸時間，可能在同一個時間裡，許多旅客會同時來櫃檯登記，以致排著長龍等候。當中必有疲憊的旅客，也有要趕赴公務會議的，當然會迫不及待地希望快些辦理而顯出不耐煩的樣子，那麼唯一的辦法，只有儘快地在同一時間提供迅速的服務了。然而，一個「不耐煩」的顧客，面臨著一個「不耐煩」的櫃檯接待員，就很容易會得罪顧客了。

爲了防範這些不便，應預先安排各種等級的房間，以便在需要時，隨即分配。例如在已證實的訂房表上，歸納旅客到達的時間，房間的形式等資料，儘可能地在旅客到達前，安排指定的房間，預先精確地查看房間控制盤，以了解可使用的房間是那些。這樣便可節省許多每次在盤上尋找的時間。

給每一位顧客特別的關懷，並且要按「先來者先服務」的原則。根據旅館的規模及作業的形態，可以酌情在櫃檯前設兩個登記處，一處專供已訂房的房客登記，一處則供臨時來的旅客。有的旅館在特別繁忙的時候，依旅客進來的先後次序，分發掛號牌子或卡片，這樣，雖然旅客不能馬上被帶入房間，但知道櫃檯已經在關心、照顧他們。

(四)如何向猶豫不決的顧客推銷？

有的客人到櫃檯問：「你們有什麼樣的房間？」他很可能是第一次來此地，也可能第一次進旅館或第一次光臨飯店，或者，他想得到跟以前所住過的不同房間，無論如何，這是一個很好的推銷機會。

對一個猶豫不決的顧客，必須提供比一般人更關切的態度，他至少已到櫃檯前來詢問，就要設法使他留宿，或要讓他帶回信心下次再來。任何的小疏忽都可能會失去一個可貴的顧客啊！

找出他到此地的目的，然後提供他一個合適的房間類型，推薦不同的房間供他參考，尤其是顧客所提的問題很可能是有關他個人嗜好的線索。最初，應推薦較高房租的房間，因爲，一方面表示尊重客人一方面又可免讓客人愈聽愈貴的房價而嚇走。對於三心兩意猶預不決的客人，可派一個櫃檯接待員或副理帶客人去看房間，即使這一次他不留宿，下一次他需要房間時，總會記起這種特別的服務。

的確，要費一番心思在這類顧客身上，但是，只要你誠懇地提供了最佳的服務，你就會贏得了一位可貴的客人。

㈤處理訂房的難題：

在訂房發生了問題時，便是考驗櫃檯人員推銷技巧的好時機。有已預先訂房而遲來的顧客，可能因為已客滿而無房間可住；有因特殊原因，不能兌現已承諾的訂房；也有因拖延了遷出時間或延長宿期的顧客，使得幾個月前已經訂房的，無法提供房間。

一般來說，大部分的顧客在適當理由解釋下，都能諒解這種不得已的情形。然而，他們已訂房而無房間也是不可輕忽的現實問題。那麼就應盡力為他們安排暫時的住處，並且保證一有可利用的房間，一定儘快接他們回來。假使是現住房客耽誤了遷出時間，就先替新來的顧客安置他的行李，或者，帶領他到餐廳或酒廊稍候一下。

交通的擁塞，不是人們所預料的，很可能造成顧客遲來的原因，倘若房間業已客滿，無法容納，應儘快為這些遲來的顧客另覓其他適當的旅館，權充當夜的宿處。（許多旅館都為這些旅客付車資的）並答應一有空出的房間即行將他接回，假如他有許多行李，那麼除了當夜所需用品外，其餘留放該旅館。

在旺季中，對已訂房的顧客無法提供房間，較一切單純因素的疏忽，都來得容易使客顧不悅，甚而失去常客。艮好的訂房控制，可能免除一切痲煩，但在遇到這種不得已的時候，一定要顧客住入旅館以前，給予最大及最關切的幫助。

㈥如何處理怨言？

在櫃檯，所聽到的許多顧客怨言不外是：房間的大小、價錢與位置，不容置疑地，他們的怨言都是公正的，到底顧客是非常現實的。

有時，應把顧客的怨言迅速傳達至櫃檯經理、副經理或主任。有時，則可由櫃檯接待員親自妥善處理，要知道，顧客的怨言是不容輕忽的。

處理怨言的基本工具便是敏捷的機智與有力的說服。過分肯定的堅持，自鳴得意的態度，只會弄巧成拙，不可收拾。弄得你贏得了一場辯論，卻失去了顧客。接獲怨言之初，應判斷事實、沈著傾聽、正確筆錄，然後隨即採取有效措施，泯滅怨言之原因。往往，替顧客另找一房間或解釋在繁忙時間的不得已遲緩服務後，一切便能順利解決。同情我們顧客的無知，必要時還需向他道歉，但是務必立即採取必要措施。

任何一個怨言都必重視，因爲他可能是一位非常好的顧客，暫時的不滿意而已。若未能處置得當，豈不又失去可貴的顧客呢？

㈦提供顧客各部門資料的服務：

無論旅館有沒有指定專人負責此一項工作，每一位櫃檯接待員，應該提供多種項目的正確資料——如有關當地的風俗、教堂、戲院及公園的位置。

當你提供了各種資料時，顧客也會視爲殷勤的服務，而將來會爲旅館提供最好的免費宣傳。當顧客問起有關餐食、飲料、設備、熨衣服務時，便是增加旅館收入的機會。

還有些顧客可能問起有關體育新聞，或是地方名勝，他必是有一定的目的而來，很可能將來還會爲同一目的而來，那麼，又爲將來的推銷增加了一良好的時機。

不論顧客的詢問題是否有利於直接的推銷，均不能視爲一個不耐的麻煩，一個不屑的瑣事；應當作一個服務的良機。因爲接待員能與顧客的接觸，便是旅館內部最重要的「公共關係」。櫃檯所提供的正確答詢與資料，將是該旅館博得聲譽的最重要因素。

㈧提供其他的服務：

在許多顧客的心目中，總認爲最能代表旅館的便是「櫃檯接待員」與「房間服務員」因此，除了銷售旅館房間外，他們便是推銷旅館的其他設備和服務的最佳人選。當客人在用餐時間前到達時，可以推銷餐廳的設備；若晚餐後才來的顧客，就推薦「房內飲食」的服務；至於在凌晨七點或八點到達的旅客，都是經過一漫長的夜途而來的，很可能需要有熨衣的服務，此時建議把衣物送至洗衣部，是會受到顧客的感謝。

倘若顧客未能熟知旅館內的各種設施，那麼儘管旅館擁有多麼豪華的設備，也毫無用武之地。只因沒有人介紹他旅館內可利用的設備，旅客很可能在旅館外找尋購買他需要的，以致喪失了旅館收入！能事先自動地介紹各部門的服務項目，以應付顧客的需求，不僅是一個精明的推銷員，也是增進與顧客友好關係的最佳途徑。

第七節　如何提高客房利用率

旅館是以供應餐宿及其他各種服務爲目的而得到合理利潤的一種服務企業。但其主要收入仍來自客房，因此，經營者必須設法使所有的客房均能售出而達到預期的收益。要達到此一目標，就必須訓練櫃檯服務人員能深入的了解：

㈠市場上變動的情況。

㈡櫃檯本身的作業系統。

㈢顧客到達時及出發時的種種變化因素。

在此，將其具體的作業方式詳述於左以供參考。

(A)製作取銷訂房的記錄：(NO-SHOW AND CANCELLATION RECORD)

櫃檯必須保持著最新且可靠的取消訂房記錄。每天早晨必須將前一晚的這些記錄加以統計作爲日後的預測參考資料。

(B)製作沒有訂房而臨時住進的記錄和比原訂日期延長遷出的記錄。(NUMBER OF WALK-INS AND STAYOVERS RECORD)

(C)把握住顧客到達時及出發時的種種變化因素。

這些因素包括對於全國或當地經濟狀況的了解、同業間競爭的實況、運輸方式、氣候，以及當地有否舉辦特別的慶典或大事。因爲這些都會影響團體旅客到達及遷出的時間與方式。

以上這些資料在預測時雖不能達到百分之百的準確，但至少總比完全沒有資料可靠的多了。

有了這些資料以後，我們要如何地加以運用呢？

舉例說：假定我們的旅館有六〇〇個房間，在十一月十四日晚，我們預測明天（十五日）要售出五〇〇個房間。即在十五日預定遷出者有一〇〇間，但是由十四日繼續住用者有四〇〇個房間，預定遷入者也有二〇〇間。因此，新住客二〇〇間，加上續住客四〇〇間，以及遷出一〇〇間，十五日便可以出售五〇〇間。

現在讓我們根據過去的經驗與資料，估計一下我們是否應該再多收幾間。即：

1. 可能新住客取消者有百分之十二。
2. 應遷出而未遷出，延期續住者有百分之十。
3. 特殊變動因素爲百分之零。

如以公式表示則：

NO OF RESERVATIONS × ESTIMATED % OF NO-SHOWS & CANCELLATIONS

=NO OF ESTIMATED NO-SHOWS／CANCELLATIONS

（訂房預定遷入的房數）×（估計可能取消或未來的百分比）

=（估計可能取消或不來的房間數）

NO OF STAYOVERS+(or−ANTICIPATED VARIABLES)

=NO OF ESTIMATED ADDITIONAL OR (FEWER) ROOMS OCCUPIED

=AMOUNT OF ACCEPTABLE RESERVATIONS OVER THE ORIGINAL NUMBER

（應遷出不遷出，延期續住房數）＋（加或減其他變動因素）

＝（估計需要增加的房數或減少的房間數）

＝除原來之訂房尚可多收的房間數）

200×12%＝24（估計取消者）10＋（加或減）＝10（估計須增加房間）

24-10＝14（除原來訂房二〇〇間以外，尚可接受十四間）

換言之，尚可再接受十四個房間的訂房。

爲了使我們的預測更加準確起見，必須將訂房控制圖表的記錄保持準確，同時也要注意客房狀況控制盤（架）保持正確的狀況。最好製作客房控制報表用來核對控制盤的準確性。

該報表可以幫助我們明瞭：

1.預定新來客人的數目及時間。

2.預定要遷出的數目。

3.空房的數目。

4.當天可能多出或缺少的數目。

如在客滿當天，最好每小時製作一張以便隨時核對客房的實況。

(E)房間檢查報表：(HOUSE KEEPING REPORT)＝(ROOM CHECK)

該報表必須隨持保持正確的記錄且必須注意下列問題:

1.該報表是何時完成的？

2.誰負責記錄該報表？

3.櫃檯由誰負責核對該報表？

4.客房狀況控制盤與該報表是否相符？相差在那裡？

5.該報表完成後，有否將應該離去的或應遷入的房間數加上或減掉?

6.有否將該報表與出納的顧客帳卡核對，有何相差?

7.櫃檯負責核對的人有否將不正確的地方訂正過來?

8.是否再經過櫃檯的其他人複查過?

(F)客房狀況控制盤（架）與住客帳卡的核對：

一旦房間檢查報表核對後就必須將客房狀況控制盤與住客帳卡核對調整。相反地，如有帳卡則客房控制盤（架）上也必須要有住客的名條（單）。

將上述(一)房間檢查表(二)控制盤（架）及(三)住客帳卡三者核對後，必能發現許多漏洞或相差點。比如：

(一)房間調換手續未辦妥。

(二)遷出手續沒有辦妥。

(三)遷入手續沒有辦完。

(四)住客名條放錯或帳卡放錯位置。

(五)發現房間多出或減少。

(G)檢查應遷出而未遷出者：

房間檢查表作成後，櫃檯主任應檢查今天應遷出的住客是否如期遷出?通常可使用電話，同時也應檢查沒有整理好的房間及修理中房間，這樣也許尚可找出幾個空房出來。

(H)旅客到達型態：

應了解將要遷入的客人是團體還是過境客、到達時間如何?有的旅館旅客到達時間都集中在下午五時至八時，而八時至十時半都是零零散散的，但到了十時半至十一時半又形成一窩擁進的紛亂狀況，甚至也有半夜到達者。這些到達時間也應統計起來作爲將來預測的資料。最後的作業：

假定我們已盡了所能，將以上的步驟都照著做了，但仍感不夠房間時，應怎麼辦呢？

檢討一下左列的問題吧！

一、六點以後的來客，是否都被安排好了其他的旅館。

二、訂房單有否重複（如名字的顚倒或住客已進館而未將訂房單抽出）。

三、訂房單上的到達日期有否寫錯（也許不是今天要來）。

四、是否公司佔用的房間，仍可利用？

五、預先準備給新來的房間有否複查過？（有時櫃檯人員不知事先已為旅客指定好房間，而再分配另一個房間）。

六、同一團體的客人是否願意二人共住一房間？

七、修理中的房間，如客人同意的話，也許可予減價暫住一晚。

安排其他旅館給遲到的客人時必須注意下列幾點：

1. 應由較高級的職員來處理，使客人覺得受到尊重。

2. 應請客人到辦公室內向他解釋，使客人感到受禮遇，且因氣氛好而容易進行商量。

3. 要向客人說明已盡力而為，而這樣的情形很特殊，也是不常有的現象，請其特別諒解。

4. 由公司負擔送往其他旅館的車資或派車前往。

5. 照顧其行李，並轉達其電話、留言等盡量使他感到方便。

6. 如再接客人回來則應送與水果、花，或由總經理打電話道歉。

7. 若客人不再回來，可由經理寫信道歉。

8. 要以誠懇的態度說明並道歉。

第八節　接客廳

「LOBBY」一詞，按照英文字典的解釋「供院外者會晤用的議院的接待室」。但旅館所稱的「LOBBY」是指接近櫃台的地方，專供訪者會晤或休息所用的大廳。這個接待大廳可以說是旅館的社交中心，不但住宿客，即使外來客也可以自由出入做爲公共場所之用。有時不稱爲「LOBBY」而稱爲「HALL」或「LOUNGE」。但「HALL」內的桌椅較少可以說是以通路爲中心的廣大場所，反之，擺放著很多的桌椅而以休息接客爲主，以通路爲副的地方則稱爲「LOU NGE」。「LOBBY」的桌椅較「LOUNGE」爲少，但較「HALL」爲多，換言之，就是通路兼休息及接客廳，不過實際上，多以「LOBBY」一詞最爲通用。

「LOBBY」的面積應該要多大?依照歐美的說法，大體上，以旅館內的收容人員每一人佔〇・五至一平方公尺爲標準。如果要擺放椅子的話，每一・五平方公尺放一張爲宜。而且椅子的總數應該要佔旅館總收容人員的百分之三十三至六十六爲準。（我國的規定請參照觀光旅館建築及設備標準）

當然，如果是旅館的收容人員是五〇〇個人以上時，其每一人所佔面積可以酌予減少。但無論如何，一個旅館至少必須要有五十平方公尺的接客大廳才夠風格。

作者在美國看了許多旅館的接客大廳，而發現它們有一個共同的特點。第一，廳內開設許多店鋪，因爲這些店鋪的租金實在是旅館的重要固定收入之一種。大的旅館更設有百貨公司。第二個特點就是廳內擺設許多植物，甚至有小庭園加上噴水池。他們所採用的植物以熱帶、亞熱帶植物爲多，這是因爲它們適合於旅館內的溫度，而且那些鮮艷的綠色與簡單的葉形正符合著大廳的氣氛。

最近有的旅館竟也在廳內設置游泳池，這是抓住了美國人的虛榮心，希望有個附有游泳池的家庭，而讓他們的這種慾望。

「LOBBY」的照明必須加以考慮，即客人休息的地方需要釀出舒暢的氣氛，反之，店鋪、衣帽間及詢問處則需要明示强調。因此對於全部的照明最好使用間接照明，對談話或休息的部份則可用半間接照明或反射燈。需要明示强調的地方如店鋪、衣帽間及詢問等處應使用强調照明。對於廳內的植物或庭園的照明以使用水銀燈最適宜，那種淡藍綠的色彩正足以强調植物的綠色，使它更加美艷迷人。

第九節　行李間的工作

引導及行李搬運服務均屬行李間之職務，尤其是旅客在旅館門口所感觸到的，往往會構成他們對本旅館的第一個印象。我們把這些在門口所服務的工作稱爲Uniform service（嚮導及行李搬運服務）。旅客的第一印象就是服務、態度、言語、以及和顏悅色。無論缺少那一樣，旅客就會很不客氣的把旅館批評得很壞。要給人以壞印象是一件很容易做到事。但是要把已經給人的印象，磨滅掉就不簡單。所以，我們要經常注意週到的服務，以便讓客人得到艮好的印象。在美國將Bell man, porter, page統稱爲Bell man。

行李間是隸屬於櫃檯主任管轄的。組織由以下人員所構成。即：主任或領班、門衛、行李員、電梯服務生、衣帽間服務生。茲將各人員的職務說明如下：

一、主任的職務

(1)接受櫃台主任的命令去監督及指導部屬的工作。
(2)製訂部屬的勤務日程表。
(3)任免、調陞或調動部屬時，遵從上司的要求，發表自己的意見。
(4)在勤務交替時間，檢點部屬的服裝，並指示當日所應注意的事項。

(5)巡視門口、客廳，注意服務是否週到。
(6)接受部屬的報告，以便作適當的判斷。
(7)記載並管理各種帳表供參考之用。
(8)管理及領用工作上所必須要的物品。

二、領班的職務

(1)協助辦理主任的工作。
(2)與主任商議，從事改善服務工作。
(3)記載「工作日記」。
(4)經常在客廳內的行李員領班專用辦公桌，處理工作要判斷工作的順序，並分配工作給行李員。
(5)負責保管旅客行李。

三、門衛的職務

(1)整理車輛、指示停車事項。
(2)叫車。
(3)裝卸行李。
(4)維持大門前的秩序。
(5)工作時應注意事項。

旅客所坐車輛到達時，應該馬上去打開車門，並用明朗的聲音說：「歡迎光臨本飯店！」一面幫助旅客下車。幫助司機取下行李，然後把旅客行李交給行李員。旅客要離開時，應替他關上車門，並說聲：「請再來」。要經常注意避免車輛擁擠，迅速整理車輛，並指示司機停車場之所在。尤其在大宴會的時候，應事先研究如何整理安排車輛。

客人要出發時，應叫司機將車輛開到門口或門口前，如果附近發生事件，應即與櫃檯或領班取得連絡，請他指示處理方法。

四、行李員的職務

(1)引導客人到客房。
(2)搬運客人的行李。
(3)保持會客廳及環境的清潔。
(4)接受領班指示，從事工作。
(5)遞送寄交物件、報紙、留言、郵電等物。
(6)看守大廳。
(7)保管客人行李。
(8)購買車票，代訂機票。
(9)其他顧客交辦事項。

五、行李員工作上應注意事項

(1)客人到達時：

門衛引導客人前來時，應用明朗的聲音說聲：「歡迎光臨本飯店！」然後把客人的行李接過來。所接過來的行李必須請客人點查數量，以防零星物件或裝在汽車後的行李忘記搬下。有些客人並不太講究服裝，我們不要因此對他們有失禮的行爲。這一點是要特別注意的。但是如有面貌奇異、態度可疑的人進來，而且給客人以不快的感覺時，應立即報告上司，請他指示應付方法。

行李員帶著全部行李把大門打開，讓客人先走，引導他到櫃檯，客人在辦理登記手續時行李員應直立在客人之後數步處，將行李放在傍邊，切記自己的姿勢行爲是代表旅館的聲譽。

(2)引導客人去房間的時候：

客人辦完登記手續在櫃檯決定房間的號碼後，向櫃檯職員接該間鎖匙時，切記核對鎖匙號碼以免錯誤。然後引導客人去乘電梯，並告訴電梯服務生：「請開到某某樓」。由電梯出來後，應告訴客人「請往右邊走」或是「請往左邊走」等語引導他到房間去。但是行李多時應使用行李專用電梯爲宜。到了房前打開門鎖後，就請客人先進去，然後把客人的行李放在行李臺上，並檢查電氣、收音機、電視、化妝室是否正常，如有異狀應立刻用電話與房務部連絡。並要向客人解釋冷氣調節的方法或門鎖的開關法。最後，請問他「還有別的事麼？」如有交辦事項，應迅速替他辦好。然後要離開房間時應說：「我要失陪了。」一面鞠躬，一面把門輕輕地關上後再離去。

搬運行李要小心，注意不擦到地板或掉落，但像照相機、光學儀器等輕巧貴重物品，最好先請問客人、這是貴重的東西，您要自己拿嗎？」如此客人也較放心，如果客人要你拿時，尤應格外謹愼。

以上是接待客人的要領，但如果能從櫃檯的名單上記住該日預定到達客人的名字，當行李由汽車上搬下時，即可由行李卡得知其名，而即以「某某先生，我們等著你的光臨。」打招呼，並通知櫃檯客人的姓名，此時櫃檯也能直接呼其名而接待，如此定能使客人感到愉快。

(3)歡送客人：

接到××號房間客人的遷出通知時，行李員即到房間提行李跟在客人後面，其動作如前述。當進房間時，視其情形，如需要叫車，應即時準備。

到櫃檯，客人把鎖匙交職員付款完畢後，即隨其後將行李搬到汽車上，並告訴客人行李件數，然後祝其旅途愉快，下次再來。

(4)行李保管：

行李員除了搬運行李外又須擔任行李保管工作，客人的行李視保管期間分當天及短期二種。當天要來拿取之行李可放置在行李間(Porter Room)，短期行李即須搬至行李倉庫(Trunk Room)保管。又有另外一種是代客人保管給其友人之行李，這種行李應將來取行李之人姓名、地址詳細記下，以防被冒領。收到行李時應塡妥行李標籤掛在行李上，並將另一半收據交給客人以便換領。行李之安置除了注意因重疊而壓壞或受潮之外尚需按號碼有條不紊地放好以便容易尋找。

(5)其他雜務：

行李員所負擔場所之清掃工作，如大門、走廊、客廳等處，應時時巡迴清掃、整理，如煙灰缸、舊報紙、雜誌須時加注意整頓。

櫃檯所交待之尋人或傳達事項，乃行李員重要任務之一。在無播音機或爲避免播音之吵雜而不使用之旅館，行李員到公共場所找客人時，若不知其面貌可輕呼其名尋找。有些旅館叫行李員拿著一塊名字板尋人。此外行李員的工作如送到達旅客名單到各部門，替客人買香煙、報紙、雜誌等，如果是小物件應放在托盤上送去，不要以手直接拿著。例如訪客的名片即可放在托盤上送給客人。

行李員口袋裏應時常準備著火柴或打火機、原子筆、雜記本、手册等，以應客人之需，當客人有所吩咐即當面寫在雜記本上，使客人知道工作週到，特別是自己當班時間過後，即可依雜記本上所記交待接班者，切不可遺忘。

第十節　電梯服務員

電梯服務員的服裝須整齊清潔，顯得活潑大方、儀容端正，勤務時間絕不與同事聊天，或吃口香糖等不雅觀的動作。當然不許離開崗位（電梯），對操縱電梯有熟練技巧，以顧全客人之生命，遇到緊急事故或故障時，不可慌張，以免客人受驚，須冷靜地以電話與櫃檯連絡，靜候處理。電梯須時常保持清潔，聲音要清晰愉快，偶然聽到客人的抱怨，應報告上司。

電梯服務員工作上應注意事項：

(1)停止動用的電梯除非接到上司的命令，不得開用。

(2)在一樓等候客人時，應在電梯內採取很自然的姿勢（不得背靠電梯或是用一腳站立。）

(3)除了交替時間以外，儘量不要走出電梯。交替時，接交人應先進電梯內，接交工作後，移交人才離開電梯。

(4)電梯服務員應注意乘客不得超過所規定的人數。如有客人要進來時已經超過了定數，就須很客氣的對他說：「請等下一班。」

(5)爲了避免門口的擁擠情形，電梯服務員應向客人說：「請往裏面前進」。

(6)要經常注意不使客人靠貼電梯門。

(7)除非是客滿特別指示時，否則不得跳過有人在等候的層樓。

(8)決不可催促客人。

(9)服務時間，除客人有問必答外，不可和客人或同事談話。

(10)自己認爲電梯開動不正常，或是有異狀時，應立即報告上司。

(11)如有必要停開電梯時，必須加以上鎖，使控制裝置不能自動。

(12)客人進來電梯時，應問：「請問到幾樓？」

(13)電梯停下來時，應告訴客人：「這是某某樓」。

服務主任的職務

JOB TITLE: SUPERINTENDENT OF SERVICE

Specific Job Duties:

Coordinates workers handling baggage, operating elevators and cleaning public areas.

Hires and discharges personnel.

Trains and instructs personnel.

Makes assignments.

Keeps time records.

Decides on work schedules.

Adjusts guests complaints concerning service personnel.

Conducts investigantions for lost luggage.

makes out employee payrolls.

Handles employee grievances.

Conducts group meetings of bellmen periodically.

Obtains information on the mumber of arriving and departing guests in order to schedule bellmen.

Checks elevator operators arrival to be sure all elevators are in operation.

Meets trains to pick up guests luggage.

Keeps records on departures telegrams and baggage.

Sees that bellmen sign out when running errands for guests.

Accepts guests delivered packages.

Sends out express baggage for departing guests.

Receives and ships out materials and supplies used by convention groups.

Follows up on the service rendered by bellmen to their assigned guests.

服務組領班的職務

JOB TITLE: BELL CAPTAIN

Specitic Job Duties:

Organizes the work of bellmen.

Delegates duties to each bellman.

Inspects bellmen for neatness.

Trains new bellmen.

Serves special or distingusihed guests personally.

Keeps time records.

Determines work schedules.

Handles complaints of guests.

Helps guests arrange transportation.

Interviews applicants and recommends hiring.

Works out travel schedules for guests.

Obtains transportation tickets for guests.

Obtains theater or other entertainment tickets for guests.

Gives directions.

Calls bellmen to escort guests to rooms.

Advises bellmen on action to take in response to unusual guest requests.

Suggests use of hotel facilities and services to guests.

Performs duties of subordinates during rush or peak periods.

Handles registered letters, C.O.D.s, etc., for hotel (incoming and outgoing).

Wraps packages for hotel and guests for mailing purposes.

Keeps detailed records of all outgoing and incoming mail.

Makes reservations (theater, etc.) and picks up tickets for guests.

Sees that bellmen receive their fair share of tips.

行李員的職務

JOB TITLE: BELLMAN/PORTER

Specific Job Duties:

Carries baggage for arriving gusests.

Escorts guest to registration desk.

Receives key for guests room.

Escorts guest to room.

Deposits baggage in room.

Opens windows, adjusts radiators and turns on lights.

Makes sure room is equipped with towels, soap, stationery and other supplies.

Telephones operator in presence of guest if the latter wishes to be called at a certain hour.

Collects guests linen or suits for cleaning.

Returns to bellmans desk in lobby after showing a guest to his room.

Pages guests in lobby, restaurant or other area.

Supplies information about hotel/motel facilities and services.

Assists departing guests with luggage.

Notifies bell captain about unusual occurrances.

Maintains orderliness in lobby, lounges and public rooms by picking up newspapers, emptying ash trays, straightening cushions and replenishing supplies in writing desks.

Suggests use of hotel or motel services such as restaurant and room service.

Delivers packages for guests and performs other errands

Anticipates guests wants and needs.

Helps sell room accommodations by showing rooms to potential guests.

Makes minor room repairs and adjustments.

Explains to guests the location of ice and soft drink machines.

Explains to guests how to regulate thermostatic controls in the room.

Delivers messages for guests.

Explains use of features of the room such as television, radio, night lock and telephone.

Gives directions.

BELLMAN-PORTER CARDS HP 1110

☐ ARRIVAL ROOM

DEPARTURE ☐

BELLMAN	BL.	BR.	NO.	
AIRPLANE CASE			CAMERA	
GLADSTONE			CLOTHING	
GOLF BAG			COAT	
GRIP			PACKAGE	
HAT BOX			RADIO	
KIT BAG			TYPEWRITER	
OVERNIGHT BAG			UMBRELLA	
PORTFOLIO			CHANGED FROM	
PULLMAN TRUNK				
SAMPLE CASE			REPORT TO CREDIT MGR.	
SUITCASE				
WARDROBE PACK				
BAGGAGE			CAR LICENSE OR TRAIN SPACE	
MESSENGER SERVICE				

Ask for Laundry? ☐ **Yes**

Suggest Valet Serv.? ☐ **Yes**

NAME

FIRST VISIT

YES ☐ NO ☐

第十一節　衣帽間

衣帽間的服務員以女子居多。客人將所帶物品交其暫時保管，故利用衣帽間者之比率通常以赴宴者或來訪者較住宿客爲高。由於其應接之好壞將直接受到這些客人之批評，故服務於這部門的女子要考慮到自己服務的好壞可能影響到旅館全體的信譽。

下雨天不要使潮濕的雨傘碰到其他東西，應井然有條地整理掛列，以免客人領回時讓客人等待。將收條拿給客人時，一聲不響的給他，不如先唸出保管號碼，這表示親切與確實。

對遺失收條的客人，爲愼重計，在登記簿上記錄其姓名、住址，請簽名後方能歸還。又到下班時間尚未來領的保管物，應移交給日夜值班職員或按公司的規定辦理。

第十二節　電話總機

電話總機人員以聲音服務，故多以聲音清晰優美的小姐居多，依其應接態度，可以瞭解該旅館之禮貌如何，由於其與旅客接觸之頻繁，故其服務之良否，將直接影響到旅館業務之興衰，因此服務人員之訓練，乃不可稍加忽略的。

對於講話中再來的電話，告訴他：「講話中，請等一下。」但若等太久了，對方尚未講完。此時應再請他等一下，不要使他茫然窮等。

外線來的請接幾號室的電話，若接上該室電話卻沒回答，此時總機應告訴外線：「幾號室沒回答」以聽候客人的回話或進一步的吩咐，不可斷然說：「不在，出去了。」使他感到有話也無從道出。，最好說：

①行李員引導客人到櫃台去登記

②客人登記後，由櫃台接待員接受鑰匙，要先核對房間號碼。

③引導客人乘坐電梯。

④由電梯出來後，在走廊時，走在客人二、三步前左方引導到房間。

⑤打開房門後，讓客人先進房

（晚上應先開燈）。

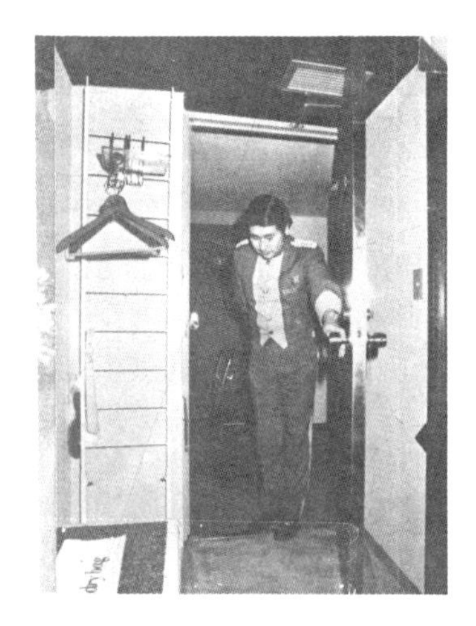

⑦離開客人時，應輕輕關門。

⑥向客人說明房間內設備及安全門之位置。

「房間裏沒有回答，現在我將電話轉到櫃檯再找找看找，請稍等一下。」而將責任交與櫃檯，櫃檯再廣播找人，確定不在時由櫃檯回答外線。

總機更重要的責任是早晨叫醒(Morning Call)，客人要求早晨叫醒之時刻應記入一定名冊中（此名冊多數是時間底下記入房間號碼、姓名，待客人起床後就以斜線劃掉）到那時間以電話叫醒。但當客人從房間打電話來要求翌晨叫醒時，應淸楚地反覆時間：“412 at 7:30……Good night, sir”以確定雙方皆無錯誤,早晨叫醒時道“Good morning, Mr.Smith its 7:30”（早安！現在是×點×刻了）如果叫了幾次亦不醒時，須叫服務員到房間請他起床，服務員去房間時，先輕叩其門，若仍無回答，再以通用鑰匙進入房間輕輕叫醒，早晨叫醒一事，務求正確、徹底。直至客人確已起床，總機之責任才能解除。

當自己正在忙碌時，搖房間電話鈴容易將自己焦急的心情寄託鈴上。注意：鈴只應響到能喚起注意爲止，稍等客人握住電話器，不要窮響得叫人不耐其煩。

早晨叫醒之外，有時客人在夜間乘飛機到達時，精神疲倦，想休息午睡，但因另有重要會議，故請總機小姐到時叫醒或提醒，這時候列入名冊外，最好以鬧鐘幫忙提醒你自己較妥。

有時客人須要充分休息或某種原因吩咐總機幾點到幾點不接電話，於此時間內若有外來電話，總機應告以該客人不在，請他於幾點再打來或請留信息，不可告訴他客人不接電話。

新任接線員須知

新接線員到達工作崗位使用交換機，應首先明瞭並熟記下列各種常識：

一、這座交換機的外線若干條，和它的號碼。

二、分線若干條，和旅館所有各部的電話號碼。

三、熟記經理及各部主管的電話號碼，及全體員工之姓名。

四、旅客的姓名及其房間號碼。

五、記住旅館特約醫生的地址及電話號碼，以便隨時連絡。
六、一遇火警應即先行電話通知經理或代理人，然後遵行其指示，再行轉達各有關部門採取行動。
七、在接班人未到達前不得離開。
八、這種繁重工作，需要極大的耐性和正確性，在困難之環境下，還要彬彬有禮，具有熱誠和溫和的態度，假使沒有這種修養，就不配擔任這種工作。

第十三節　工商服務

由於工商活動之日趨蓬勃，旅館爲配合時代潮流，增加服務項目與營業收入，紛紛設立「商務服務中心」或「工商服務專櫃」或「商業人士沙龍」或「企業名士連絡中心」等，名稱不勝枚舉，但主要目的是要提供商談的會議室、會客廳、圖書室或辦公室，並供應各種工商目錄、市內資料、安排工廠參觀預約機票或預約商談，並備有雜誌、報刊、字典、各種辦公器具，如打字機、計算機、電報傳眞、錄音機或秘書、翻譯人員等可說應有盡有。

有的旅館擴大服務範圍，特別指定一樓專供商業活動之用，並免費供應茶點及飲料以樹立服務之特殊風格。有的旅館在會員俱樂部內專設服務中心或在大廳內指定一處以爲服務商客。

第十四節　休閒娛樂服務

鑒於休閒活動的需求、正在急遽的增加、許多現代化旅館、紛紛設立健身中心、設備齊全、有游泳池、三溫暖、蒸氣房沐浴池、按摩服務、氧舞教室、並提供各種健康飲料和點心等使住客享受舒適的休閒活動。

第六章　旅客遷出的手續

第一節　行李服務員的工作

旅客在動身之前，通常使用電話先通知行李服務員或通知櫃臺要離開的事實。櫃臺若接到旅客要遷出的通知，就應轉告服務員。服務員離開崗位要到旅客房間之前，先在旅客的遷出記錄寫上客人房間號碼，以及服務員的號碼和時間，然後再去旅客房間報到，服務員帶旅客的行李陪同旅客到櫃臺付款處，並將行李件數記載在旅客遷出記錄內以為日後之參考。往往房客在前一天晚上付清欠款時，手續亦同，但必須問客人是否有其他消費。

第二節　結帳

旅客的帳目通常是在遷出時，在櫃臺付款處結帳，如果旅客居住的時間超過一星期時櫃臺的收款員，每星期應向旅客提示帳單通知付款。換句話說，觀光旅館的帳目，應每一個禮拜結帳一次，以防拖欠過久而發生意外。

結帳的方式可分為記帳方式或是支付現金兩種。記帳就是由旅館簽收帳單以後，將此帳單轉入該客應收款帳內，以備日後向其本人或是有關單位請求付款。此種認帳方式包括使用信用卡，如：AMEX之類。

現金收入除收取新臺幣和外幣等銀幣之外，也包括本國和外國的支票在內、旅客得以支票付款。旅行支票則不必經主管認可，而直接由收款員認清該旅行支票之各種要件，並核對該旅客之身分證件，如護照或身份證而親自在旅行支票上簽字無誤後即可予接受。旅行支票最常用者有：American Express; First National City Bank 其他亦有：Thomas Cook 等。

結帳員在結帳時，應向旅客詢問當天是否已用過早餐或打過長途電話或是否有其他欠帳情形，並查明未登帳之傳票內是否有該旅客之傳票。這些帳目弄清後，最後電話次數記錄表上將該旅客之電話費用登在帳單，方可向旅客提示帳單。

旅客付清帳目後，收款員應向旅客道謝並請再度光顧同時順祝旅途平安。

第三節　送客

行李服務員查知旅客付清帳目以後，就陪同旅客到飯店的大門處，並向司門員打招呼。司門員即招徠計程車或其他車輛，請旅客上車。行李服務員一面將行李搬到車上，而後司門員與行李員一起站在大門向旅客打招呼告別。

第四節　團體客之遷入與遷出手續

一、團體之遷入：

1.當團體包車到達旅館大門口時，行李服務員應立即赴前，搬下行李並將行李集中於大客廳指定的角落，以便核點件數。

2.櫃台接待員應與領隊核對團體名稱，以及訂房條件，是否與原訂時相符，尤應注意單人房與雙人房之分配有無差錯。

3.櫃台應將房間號碼與鎖匙交與領隊，順便分配旅館卡片以便團員將自己的房號記錄於卡片上。

4.行李員應按照配房單，將行李分別搬運到各團員的房間，此時最好會同領隊以免分配錯誤。

5.餐廳領班或主任應與領隊接洽有關用餐時間、人數、餐桌之安排，以及商定收取私人帳款之方式。

二、團體之遷出：

1.因某種原因團體超過遷出旅館時間，必須繼續利用房間時，應事先與櫃台接洽如因客滿無法提供全部房間時，可指定幾個房間讓他們休息之用。

2.離館前，領隊應事先告訴出納離開旅館之時間，以便出納員能隨時提出帳單，尤應注意個人帳款之收取，不得遺漏。

3.團體帳目之支付方式有兩種，一種是領隊當地付現款，第二種是利用旅行社所開之服務憑證付帳。

4.行李服務領班接到團體要遷出之通知，在出發前二十分應將所有行李集中在樓下客廳，以便隨時等候出發。

5.行李必須確認件數無誤後，始可搬到車上，尤應特別注意如有要個別行動之團員的行李不可混合。

6.請領隊通知團員，務必將房間銷匙交還櫃台。

7.如有洗衣物尚未洗好，應詢問領隊下一個停留地，以便轉送。

第五節　帳務的處理

旅客結帳遷出以後，櫃臺的收款員就將旅客的帳單用打時機打上旅客付帳時間。而後將帳單另爲保存，以便夜間結帳核對之用。

如果，旅客不以現金結帳而以簽帳遷出時，則將該帳單另行轉入該客之應收帳款。也就是說，晚上結帳時，將已付之帳單分爲兩種。一爲現款結帳者；一爲簽認轉入該客應收款者。

旅客在飯店內所發生的交易均變成房客應收帳款，房客應收帳款減去今日以現金結帳者，與簽認帳款者，再加上昨天的房客應收帳款即成爲今日的應收帳款。茲以數學公式表明之：

本日房客應收款＝昨日房客應收款＋本日各項收益＋本日各項發生應收帳款－已結清之應收帳款

帳單結清後，收款員應將旅客的登記卡一併抽出，用打時機打上時間，以表示旅客確實離開的時間。然後收款員在房間情況控制表按燈表示該旅客已離開，而後將資料卡送還櫃檯打字員。打字員接到登記卡以後，就在該旅客的遷入遷出記錄簿上登記各項有關資料，並將旅客資料標籤由房間控制盤抽出在標籤上蓋上遷出字樣。而後將標籤用氣送管送給總機，以便總機整理旅客資料之用（即通知總機該旅客已遷出之事實。」

第六節　櫃臺與訂房組的連繫

旅客遷出以後，原附在登記卡之訂房資料卡應取下，並用打時機，在該卡之背後打上時間、日期，晚上結帳時或等第二天清晨時，就將已結帳遷出之訂房卡退回訂房員整理。訂房員接到該訂房卡之後，就查該旅客是否提前遷出或按期遷出。如果旅客是提前遷出的話，就在訂房控制表上劃上提前遷出的日期，而後將已遷出之訂房卡按英文字母排列歸檔。每月份整理一本訂房卡，並按月份訂在一起，以便日後查對之用。

第七節　佣金問題

旅行社介紹之房客，通常由旅館給予旅行社一成之佣金。在訂房卡亦應有註明佣金之成數，旅客遷入時，帳卡上備註欄就將佣金數目（即百分比）和旅行社名稱註明，旅客遷出以後，有佣金之訂房卡與帳單上註明有佣金者，核對無誤後在該旅客遷出的次日即應送給佣金整理員。佣金整理員就將其資料登入各旅行社佣金帳卡。佣金是根據佣金帳卡之資料按月結清一次。

佣金帳卡也可以當做旅行社的來往記錄，所以，如果沒有佣金的訂房，雖經旅行社介紹，也要在佣金記錄卡上做成記錄。

第八節　櫃台出納員作業程序

(1)核對房價：接到自櫃台接待員送來的旅客登記卡、訂房單、與住客帳單後，應即核對房價與打折扣之計算，是否正確，然後簽名於旅館登記卡上，以示負責，並將這些資料按住客房號分別插入於帳單檔案中。

(2)按傳票打入客人帳單：接到自各餐廳、酒吧送來之房客所簽名之傳票後，應按傳票上之房號抽出登記卡，核對傳票上之簽名與登記卡上之簽名是否相符，然後抽出該房客之帳單，根據傳票上之金額，以專用的計帳機打入在帳單上，以便房客可隨時知道他欠飯店的總額是多少。出納員花費在打傳票的時間可說佔上班時間的一半以上。如稍爲粗心大意，誤打入他客帳戶或各餐廳、酒吧人員，延遲送來傳票，而客人已經結帳遷出時，就會發生漏帳的情形。

(3)對帳：各餐廳與酒吧的出納人員，不論在日間或夜間下班前，須先來櫃檯與計帳機對帳，總數相符合後，始可下班，不符時，櫃檯出納員要找出發生錯誤的原因。

(4)結帳：房客要結帳遷出時，出納先向其收回房間的鎖匙。根據房號出示其帳單，經其核對無誤後，按帳單金額收現，並在該戶帳單上用記帳機打上PAID後，黃卡存查、白卡連同各種原始憑證交給住客。房客要求簽帳時，可憑本身的工作經驗，對方的信用，訂房單的資料，決定接受與否或向出納主任請示。並要求房客在帳卡（白卡）上簽帳。簽帳後把訂房單及帳單（聯同發票）留存，而把旅客登記卡抽出先打上結帳時間然後送給櫃台打字員。至於旅行社團體，大部以簽帳方式行之，故只須收取客人的個別費用如酒費、洗衣費或其他費用就可。

(5)兌換外幣：兌換外幣，另由專人負責，但有時公司採取精簡政策，也可由出納員兼任，應按銀行官價兌換，先寫三聯式的水單，一張給客人，一張給台灣銀行，一張留存備查。

(6)編製報表：夜班出納員，應查對每一住客帳單無錯誤後，登錄房價，製作平衡表。在清晨二點，等各餐廳、酒吧打烊結帳，並與櫃台接待員的當日房間總收入數與計算機的數字，對帳相符後，著手編現金報表、現住旅客負債表與日報表（平衡表）。夜班稽核人員必須注意平衡表上的數字與下列各報表是否相符。①客房收入日報②客房折讓明細表③現金收支表④現金收支明細表⑤外帳清單⑥餐飲營業日報⑦洗衣日報⑧長途電話計費日報⑨市內電話計費日報⑩電報計費日報等。

⑦交接班：⑴必須製作現金收支表二份，一份送夜班稽核人員查對，一份作爲解繳現金之憑証。㈡現金部份應連同現金收支表裝入繳款袋，密封存入專用鐵櫃，另填現金收支明細表一份交由夜班稽查人員查對。

D卡說明（平衡表）

一、ROOM：指房間的租金收入。

二、SERVICE CHARGE（服務費）：祇指明文規定的一成服務費，這些收入，原則上是不打折扣，有些

櫃台出納員的職務

JOB TITLE：CASHIER

Specific Job Duties：

Receives, sorts and posts charge slips in ledger.

Files charge slips.

Receives payment from guests.

Makes out receipted bills for guests.

Makes authorized disbursements for C.O.D.'s and similar items Cashes authorized checks for guests, Cashes travelers checks, money orders and makes change. Makes daily report to controller, showing amounts of cash received, disbursed and on-hand.

Receives and stores guests valuables in sefe or safe deposit boxes.

Makes out bills when guests check out.

Relieves switchboard operator.

Assists the room clerk during rush periods.

Turns cash over to the audit department.

Maintains the amount of cash needed in the cash drawer.

Calls housekeeper to report room numbers that have been vacated Informs dining room or switchboard operator of guests who have paid in advance for follow-up on meal and telephone call charges.

D-NIGHT AUDITORS MACHINE BALANCE NO.

DATE

	Date Trans. symbol	Net Total	Correction	Mach. Totals	
Room					
Service Charge					
Chinese Rest					
Dining Room					
Coffee Shop					
Room Service					
Night Club					
Cocktail Lounge					
Laundry					
Phone					
Miscellaneous					
Transfer Charge					
paidout					
TOTAL DEBITS					
Transfer credit					
Adjustment					
Paid					
TOTAL CREDITS					
Net. Difference					
Open Dr. Balance					
Net outstanding					
Total Mch. Dr. Balance					
Less Mch. Cr. Bal					
Net Outstanding					
CORRECTIONS					

Form 203 (62. 10.2,000)

平衡表 AUDITOR

小型旅館，則和房租同樣同給予折扣。目前，我國明文規定，服務費不僅要繳營業稅，尚須繳付印花稅。至於客人因個人的特別服務所給小費，不算在內。

三、餐廳：CHINESE REST.

DINING ROOM

COFFEE SHOP

ROOM SERVICE

NIGHT CLUB

COCKTAIL LOUNGE

以上六個項目，皆是飲餐收入，各餐廳均派有出納人員，處理收款及開列發票，應將所有現金及簽帳於結帳後，作成報表，全部送往櫃台會計處。特須注意的，就是各單位的收入，與廚房及前台會計收入，必須一致。若有差錯，則須詳查至符合爲止。會計人員應注意各部門服務費及稅金，是有所不同的。

四、LAUNDRY（洗衣部）：不對外營業的部門，只對住客營業及負責餐飲部所需毛巾、桌巾……還有房管中心的一切棉織品、員工製服，提供服務。服務員把客人衣服作成清單（洗衣單），連同衣服送至洗衣部，由洗衣部人員核對件數，塡寫價格，送到前台會計登帳。當然，規模大到足夠應付自己飯店有餘時，亦可向外營業。

五、PHONE（電話）：可分長途和市內兩種，根據總機送來傳票而入帳。每天結帳時，長途電話必須核對。市內電話，有的優待客人，有的按實際使用次數收取。

六、MISCELLANEOUS（雜項收入）：指營業外的一切收入，包括電報費的手續費、租金或飛機票、火車票代購佣金等，此項收入必須要有良善的控制制度。

七、TRANSFER CHARGE（轉帳收入）：前台登帳有所錯誤時才使用的一種相對科目。

八、PAID OUT（墊款、代支）憑墊付款條，方能支付。支付時，必須核對房客的簽字，房間號碼。數額稍大時，必須呈請上司簽字，方可支付，否則由會計人員自己負全責。

九、TRANSFER CREDIT（轉帳支出）與轉帳收入相對之科目，客人的帳由旅行社或他人代簽，或房客以外的客人所簽的帳，每晚用TRANSFER CREDIT轉到應收帳款。或科目登記有所錯誤時，可利用此科目。

十、ADJUSTMENT（折扣）:必須填寫折扣單，呈請上司核准，並須有客人在折扣單上簽字爲証。往往客人以普通身份CHECK IN，直到CHECK OUT時，才表明身份，經主管簽認後，即給予特別折扣時用ADJUSTMENT。

十一、PAID PAID-PAID OUT＝今日現金淨額

會計人員收到房客交來的現金時，隨時登入該客之帳卡。

十二、OPEN DR. BALANCE：前日餘額。

十三、NET OUTSTANDING：今日淨額。

十四、TOTAL MCH. DR. BAL.ANCE借方餘額

LESS MCH CRBAL.減：貸方餘額

NET OUTSTANDING

淨額（包括更正項目）

十五、CORRECTION：此欄表示每項更正數字和總和。

第九節　夜班接待員之職務

夜間接待員之工作除與日間接待員的工作大致相同而外，還須負責辦理房租收入的核算及整理有關房間出租之統計資料。

房租的收入，櫃臺的出納員在結帳時，已有一個確定的數目，但是爲了避免錯誤起見，接待員並不根據旅客帳單的資料做統計而係由客房情況控制盤上抄錄旅客房租等有關資料，將其登錄在房租收入及有關統計資料日報表(Room Revenue Report)，實際工作上，接待員從旅客進出登記簿的遷出記錄資料，按其房間號碼，在昨日的日報表上用鉛筆劃去各該有相當房號之房租部份，等到全劃完以後，將昨日報表未劃去部份，抄錄在今天的報表上，而後將今天遷入的旅客房租資料抄進今天的報表上，這樣便完成了大致的工作。等到這些資料全部做完以後，將今天的報表拿到房間情況控制盤前面，將二者資料互相核對，如果有錯誤應做適當之修正。

房租核對工作完成以後，將各房間房租加起來求得一房租總收入的總數。此數目字應該和出納員的房租收入總數相等。如有出入應詳查其原因，以便做適當的修正，使二者之數目必須相同。

另一方面，旅客進出登記簿也應做一結帳，也就是說，今天遷入的總房租收入減去今天遷出的房租數目，加上今天短期住客的房租收入再加上超時房客之房租收入，最後加上昨天的房租總數，就應該得到今天的房租總收入。此數字應和出納員的數目字和日報表上的房租收入數目字完全相同，如有不符，則應查出錯誤之原因，以便做適當之調整。

除了房租以外，在日報表應顯示旅客人數的統計、國籍的統計、性別的統計以及各種有關的比例，以爲日後做統計之參考。

櫃枱

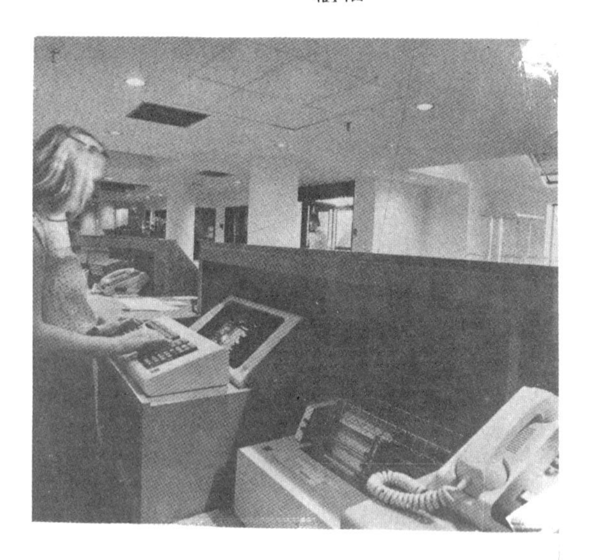

DAILY ROOM REVENUE RECORD

CODE
T TWIN ROOM
S SGL ROOM
Stu STUDIO ROOM
DB LGE DBL BED ROOM
DS SGL SPECIAL ROOM
P POOL SIDE ROOM
SU TWO ROOM SUITE
ST SS SPECIAL SUITE

10th Floor						11th Floor					
Room No	Type	No of Guest M	No of Guest F	Rate	Nat	Room No	Type	No of Guest M	No of Guest F	Rate	Nat
1001	DB			700		1101	DB			700	
1002	SU			1,800		1102	SU			2,500	
1003	Stu			700		1003	Stu			700	
1005	DB			700		1105	DB			700	
1006	SU			1,800		1007	DB			700	
1007	DB			700		1109	DB			700	
1009	DB			700		1110	SU			2,500	
1010	SU			1,800		1111	DB			700	
1011	DB			700		1114	SS			3,500	
1014	SU			1,800		1122	T			770	
1018	SU			1,800		1123	DS			770	
1022	T			770		1127	ST			1,800	
1023	DS			770		1128	SS			2,700	
1027	ST			1,800		1131	T			770	
1028	SS			2,700		1132	T			880	
1031	T			770		1133	T			770	
1032	T			880		1134	T			770	
1033	T			770		1135	T			770	
1034	T			770		1136	T			770	
1035	T			770		1137	T			770	
1036	T			770		1138	T			770	
1037	T			770		1139	T			770	
1038	T			770		1140	T			800	
1039	T			770		1141	T			770	
1040	T			800		1143	T			800	
1041	T			770							
1043	T			800							
27				28,650		25				28,150	

COMPLIMENTARY		GROUPS & TOURS		
Room	N.	NT$	RS	PER
Room	N.	NT$	RS	PER
Room	N.	NT$	RS	PER
Room	N.	NT$	RS	PER
Room	N.	NT$	RS	PER
Room	N.	NT$	RS	PER
Room	N.	NT$	RS	PER

No. of Guest			
Nationality	M	F	Total
A Africa			
A.U. Australia			
A.R. Argentina			
A.S. Austria			
B. British			
B.R. Brazil			
C. China			
C.A. Canada			
F. France			
G. Germany			
I. India			
I.N. Indonesia			
I.T. Italy			
J. Japan			
K. Korea			
M. Malaysia			
P.H. Philippines			
S. Spain			
S.W. Switzerland			
T. Thailand			
T.U. Turkey			
U.S. U.S.A.			
V. Vietnam			
O.A. Other Asian			
O.E. Other Europ			
O. All Others			
TOTAL			

U.S. ARMY	
CREW	
CREW	
CREW	
CREW	

Short Stay	NT$	RM.
Over Time	NT$	RM.

No. of Guest	M	F	Total
Arrival			
Departure			
Increase Decrease			

Total Rooms 285	RM.	%
Total Bed Cap. 509	PER.	%
Room Gross Receipts 236,330		%
Average Per Room Sales 829.23	NT$	
Average Sales Per Person 164.30	NT$	

To Date This Month: NT$

Last Year To Date: NT$

總經理	經理	副襄理	主任	出納	經辦員

客房收入日報表

第七章　旅客信件的處理

第一節　已住進旅客的信件處理

櫃臺接到已住進旅客之信件時，如其信件爲普通郵件時，收到信件後先使用打時機打上收件時間，並應在信封上註明該旅客之房間號碼，然後放入鎖匙箱內。等該旅客自己來取鎖匙時，順便將此信件交給旅客。如係掛號信件、限時掛號信件或電報等較爲重要而時間性的信件，應即時登記於掛號信件登記簿上。另附上通知書派專人送到旅客的房間內，放於電話機旁，以示愼重。

第二節　非房客的信件處理

凡接到信件後，應按其英文字次序分別整理，然後到訂房組查看訂房資料，該旅客將到達時間查出後，在信件上註明預定住店的日期，並在訂房卡備註欄寫明有信件。然後將信件按到達日期之先後，分類歸檔。每天清早，櫃臺接待員上班後應到郵件檔處，按日期抽出預備到達旅客之信件，附於訂房卡之下，等旅客到達旅館後，登記時，順將此信件交給旅客，以示服務之週到。

至於沒有訂房的旅客的信件仍應照ABC之序暫予保留七到十天。櫃臺接待員每天清早上班後應按當天預備進店之資料，查對此檔案。如發現有旅客的信件應將其抽出附在訂房卡之下面。當接待員查對此檔案時，如果發現郵件已置放十天以上者，則將其取出退回給原寄信人，此時並應做退件記錄。

第三節　已遷出旅客的信件處理

如因旅客遷出後，留有轉送信件地址時，接待員應按其資料，將該信件送到該旅客處。轉送信件也應當另做紀錄，以備日後查詢之資料。

MAIL FORWARDING CARD

NOTE: (1) Hotel will not be responsible for and changes in address without written notice. Also forwarding address is good for only 30 days.

NOTE: (2) By postal regulations, we return oversea mails dy sea unless paid for air mail postage.

Room No. .... Date............

Name ....

Married lady should specify given name as well as husband's

Forward to ....

Block letter's, please

City .... State' .... Until ....

Then Forward to ....

Block letter's, please

City .... State ....

Signature ....

轉送信件卡

夜間經理的職務

JOB TITLE: NIGHT MANAGER

Specific Job Duties:

Closes out and balances books at days end.

Sees that guests bills are ready for the following morning check-outs.

Rents and assigns rooms to late-arriving guests.

Assists late guests in registering.

Makes future room reservations.

Checks out guests.

Transmits and receives messages by phone.

Supervises work of night-shift employees.

Adjusts guests complaints.

Checks on room accunts paid in advance to post any additional charges.

Audits restaurant report.

Locates a medical doctor when needed.

第八章　旅館會計

第一節　旅館會計概說

旅館事業在我國是一種新興的企業，所以迄未有一定的旅館會計處理基準可資遵循。目前各旅館所採用的會計制度，只是將一般商業會計制度略加修改應用而已，並沒有將該業的特質表現在一個完整的會計制度上面。會計的目的在報告一定期間之財務狀況並據以分析其經營得失，以爲企業主持人將來改善之參考。因此會計制度之擬定，必須針對企業的特質，經此制度規定的處理程序，方能在簡速明確之條件下產生會計報告，而根據明確之會計報告，方能作正確的分析與預測。

近年來旅館事業欣欣向榮，筆者願在此强調旅館會計的重要性，盼望以此提起同業的興趣與重視，進而作更進一步的研究。

何請旅館會計？

旅館會計爲近代企業會計的一個專門範疇，它與任何其他企業在處理會計事務時一樣，應遵守會計的基準或原則去處理旅館企業及其商業行爲的特殊會計。

旅館企業的利害關係者，有投資者、經營者、顧客債務者、債權者、從業人員、監察人、有關官廳等，其利害關係有共同者、有相異者，更有對立者，因此每一家旅館，所要求的重點亦須視其所偏重於安全性、收益性、經濟性或確實性等，各種不同的方向而有所不同。然而眞正的企業會計，必須能夠適應於各種不同利害關係者的需要，才能稱爲完整的制度。

「旅館會計的三大功能」

㈠**管理的功能**：經營者應該經常提供各種數字的資料以便能由數値、經營、價値、法律信用等各方面加以管理及控制。換言之，應該把握旅館經營活動的數字然後加以分析或以其收益性與其他行業或同業相比較，或確立預算與收入的目標，加以財務管理及成本管理，並測定其生產性以爲控制費用，加强推廣，最後達到增加利潤，使企業有健全的發展。

㈡**保全的功能**：債權者行使權利，債務者履行義務，以及旅館在經營一切商業交易及訂立契約等行爲時，必須能夠確保無誤，俾使日常的經營活動進行迅速。另一方面更要防止違法、不當、不正，或謬誤的發生，以免減損財產或資本。換言說就是要達成企業會計原有的目的及任務。所以必須將經營活動保持有系統的、連貫性的、完整記錄並隨時加以核查。

㈢**報告的功能**：對本企業有關的股東、經營者、內外監察人、稅務機關要提供正確、明瞭的企業活動記錄及報告。

爲要達成上述的主要功能，非有完整的會計手續不可，而這些手續及實務就是所謂「旅館會計」。

「旅館會計的歷史」

一九二〇年美國的經濟由於私人企業的發達，促使許多旅館的出現。其後隨著旅館產業規模的擴大，記錄企業活動的手續也跟著繁雜起來。不但加强旅館企業對社會公共性所負責任，而且參與本企業的利害關係人也日見增加。結果企業本身及業績要求正確的報告便成爲迫切的需要。鑒於此，紐約旅館協會乃在一九二五年召集各界專家成立所謂「旅館會計準則制訂委員會」，目的在於研討如何確立一定的旅館會計準則，以便能據此來處理會計事務及手續。經過不斷的努力研討結果，終於在一九二八年，由參與研討的康奈爾大學德斯教授及荷華士會計師兩人共同出版了所謂旅館會計的聖經「旅館會計」一書，同時隨著會計處理的機械化的進步也感到需要一套新穎的會計制度去處理迅速的會計事務。

另一方面也產生了餐旅專業的公認會計師，如著名的LK荷華士，荷華士公司及哈里斯，卡福斯塔公司均處理此業會計事務的先驅。

他方面美國的NCR公司、IBM公司、瑞典的SWEDA公司等不但將旅館會計機械化、並且採用電子計算機處理會計事務，而訂出許多經營管理所必須的各種統計指標的速算法，對於製定旅館會計的貢獻頗多。

「旅館會計的特殊性」

一、旅館所發生的交易繁雜衆多，包括各種不同的房租與收入，發生於各種不同場所及時間，但不管其付款方式爲現金或欠款，從交易的開始到結帳的階段，必須最迅速的方法加以處理。

二、旅館一旦開業，年中無休全日營業，各部門所發生的交易，必須詳予記錄，並須計出材料成本，更重要的是住客的帳目總計，必須與各部門的收入總計符合一致。

三、旅館必須選定一個時間，如半夜一時予以結帳並核查收入是否相符。同時對於隨時要遷出的旅客能立即提出結帳單請求付款。

四、旅客一進旅館就被安置在房間，隨後搬運行李使用電話要求洗熨衣物、房內用餐、餐廳進食、酒吧飲酒、打電報、買香煙、寄郵件等一連串的交易將在短時間內發生。

五、同時旅館方面也須登記住客姓名資料，開立旅客帳戶，並將旅客房號通知詢問台、總機等有關單位，而在各部門所發生的收入又必須很迅速地記錄在旅客帳戶內。

六、除住客外，又有當地的顧客利用餐廳、宴會場所、夜總會等發生交易此種帳款的處理與住客的會計處理方法又不同，所以確立內部收入核查制度甚爲重要。

七、飲食部門的商品在生產過程中極容易耗損，因此對於餐飲數量、分量的核查與控制不得不特別予以注意。

八、旅館內所用陶器玻璃製品、銀器品、布巾類種類繁多，價值貴重，其會計處理另有特殊方法。

九、投資總額中資本支出所佔比率甚高，約百分之八十以上投資在土地、房屋及各種設備，所以固定費用、固定資產構成比率相當高，反之總資本利益率及週轉率很低。

十、折舊的處理必須愼重。折舊的處理在其他行業看起來不成爲一項重大問題，但在旅館卻往往能左右其盈虧，所以其年限的估計是否恰當，影響至爲鉅大。至於小件物品，如餐具、客用品等，數量繁多，不能比照一般財產出售、報損或報廢，所以不能適用一般的折舊辦法。

十一、每日發生應收帳款，因營業性質特殊，應收帳款每天發生。住客的每日房租必須每日結算，但是當日總額結出後，如果住客仍未離去，翌日就成爲應收帳款。

總之將以上的旅館特殊性加以應用於旅館會計制度內，而根據制度編造「營業報表」、「財產目錄」、「資產負債表」、「損益計算表」、「盈餘分配表」等財務分配表，以便明瞭企業的財務狀況及經營成果，進而求出統計數值，加以比較分析後，做爲將來經營指針，控制預算，管制成本，以達企業的最終目的，增加利益。

第二節　顧客分戶帳會計

在旅館企業(Hotel Industry)裡會計工作的重要性是强調不盡的。如果旅館業主或其管理人員缺乏有關會計工作的知識和資料時，就如駕駛沒有羅盤的船隻一樣，無所適從。

旅館業的財務會計可劃分爲顧客分戶帳會計處理(Guest ledger accounting)與總分類帳會計處理(General ledger accounting)二大範圍。

—顧客分戶帳會計處理與總分類帳會計處理—顧客分戶帳會計處理是將提供顧客各種服務的價款，按個人分送迅予彙計，在任何時候都能夠立即請求顧客付款的獨特會計制度。又可分爲短期旅客(Transient Guest)與非住宿顧客(Non-resident Guest)的出納事務。其目的在於明確表示二種顧客的個人借方金額(Charges)和貸方金額(Credits)以至於借貸差額—也就是應向顧客請求付款金額的結帳過程。

有關短期旅客的出納事務又稱爲櫃台(Front office)出納。

總分類帳會計處理是有關旅館業的資產、負債、資本、收入、費用、損益乃至盈餘分配的會計事務。又稱爲後台(Back-office)會計。等於其他企業的企業會計，而其特色是爲符合旅館業經營活動的需要，設定適當會計科目予以分錄處理。

本節僅涉及顧客分戶帳會計之處理。

第三節　旅客到達記錄

記錄客人的到達及出售房間的手續叫做「登記」。

登記有兩種方法：一種是用「登記表」(Register Sheet)，有活頁訂裝的，也有整本的。另一種叫「登記卡」(Registration Card)，是一張一張分開來登記用的，不必訂裝。

「登記表」：本表至少要包括：㈠客人的姓名，㈡住所，㈢房間號碼及㈣房租等四欄。由客人填寫姓名及住所，而由櫃臺接待員填寫房間號碼及房租。

其次，必須要有備註欄，以便記入客人的帳單編號，到達日、時間，遷出日、時間，或由何處來，往何處去等參考資料。但爲客人著想，不能設立太多的塡寫欄，以節省時間及顧慮到客人的秘密。

「登記卡」：現在大部份的旅館都採用這種方式，因爲它有下列種種好處：

㈠可迅速完成登記手續。客人登記完畢後，該登記卡就轉到打字員那邊。打字員再根據卡內之登記事項，做成Information Slip（房客名單）四份，一份放入Room Rack（客房情況控制盤），一份送Information Rack（房客索引欄架），一份送去電話室，一份送櫃檯出納。視旅館的組織而有所不同。然後將登記卡送去櫃臺出納以便做成帳單，按照ABC房號的順序保留在出納的檔案內，直到顧客遷出爲止。

更效率化的方法是：根據登記卡的記載事項，作成房客名單(Information Slip)四份的時候，事前將Slip附著於帳單左上方，這樣在打字的時候，自然也複寫到帳單上。如一次有很多人進館時，利用這種登記卡可同時登記很多人，不但節省時間，也可以提高處理事務的效率。

㈡客人進館後，如因客滿或房間尚未騰出來的時候，可請客人將行李暫存於行李間，將Check Card（行李寄存單）附著於登記卡上，暫時在特定的地方保管這些登記卡。

㈢因爲登記卡既由顧客塡寫後，即分別加以處理，故可以保密。所以比較可以得到客人的詳細住址與資料。

㈣可按ABC的順序或地區整理，並可直接當做Guest History（房客資料）用。因此可以提供資料去分析顧客的需要，市場的動向。

㈤可以利用打卡鐘，記明時間，以爲法律之根據。如登記後客人臨時變卦，不住時也可以印上DNS (Did Not Stay)的記號，表示沒有住宿。

第四節　遷出旅館的記錄

客人要遷出前在出納付款後，出納員即可與櫃接待員連絡。連絡方式有三種：㈠出納員將保存在該處的客人的登記卡抽出後，蓋上「付款完畢」及「遷出的時間」後，交給櫃檯接待員。㈡在「遷出登記簿」上將遷出的客人姓名、房號及遷出時間登記後，送給櫃檯接待員。㈢每當客人遷出後，做成Departure slip記入姓名及房號後與櫃台接待員連絡。

接到出納員的連絡後，接待員就將Room Rack內的Information Slip斜倒著擺在那裏(Flag)或將它(Fold Over)折成一半，一面連絡櫃檯、客房管理單位及總機室：告訴客人已遷出的事實。

也有其他的連絡方式，有的以按電鈕連絡、有的使用電話或氣送管連絡。大部份使用電氣點滅的方式，由櫃檯與客房管理單位連絡。相反地，如果客房單位在房間清掃後，也可以同樣方式與櫃檯連絡。此時，櫃臺接待員就可抽出原來斜放或折一半放在Room Rack的Information Slip，這樣表示這一個房間已經可以隨時再出售。目前已大部分改用電腦處理。

第五節　房租

旅館的遷出時間，依旅館的形態、性格及顧客動向、地點、交通工具之出發，到達時間之不同而有所異。有的規定上午十時，或下午六時、七時、八時等。但一般說起來，都市旅館都以中午爲準，而遊憩旅館則以下午二時爲多。以二十四小時爲計算房租的時候，遷出時間也就是遷入時間。所以在超過遷出時間離館時，應收取超時費。比方說，規定正午爲遷出時間的旅館，如果住到下午三點時，應加收房租之三分之一，到了六點則為二分之一，下午六時以後就得收取一天的房租了。

像這種特定事項，應在客人登記時予以說明清楚，免事後糾紛。

客人如因超過時間，仍要使用房間時，應事前通知櫃臺，否則如果下一次的顧客進來時，按照一般的法律判例及國際旅館協會的約款，應將房間給下一次預定進住的客人。

一、調換房間(Room Change)

經登記後住進客房的客人，因某種原因可能會要求調換房間，或者要求將雙人房改為單人房，或相反為之。此時，為期正確而迅速處理調換手續，通常使用Room Change Slip（房間調換單）。

處理調換房間或變更房租的櫃臺接待員，必須填寫兩張或三張的房間調換單。即寫明客人的姓名、新舊房號、房租後分送客房管理部、詢問部、出納、電話總機室。正本存於櫃臺，翌日才送去稽核單位。接到調換單的各單位，要分別記載所必要的變更事項，並將房間的新號碼、房租等記載於客人的帳單上。

二、半天房租(Part Day Rate)

有的客人在上午進住客房而住到下午因某種原因不過夜，在傍晚就離館。也有只需利用客房幾個小時的，因此有必要設立Day Rate及Part Day Rate兩種。所謂半日份房租，須視客人使用房間的長短而有為一天房租的四分之一、三分之一，或二分之一等。此種利用法以機場旅館較多。但須注意的是要註明付了全日房租的客人離館後，該房間曾被利用作休息的事實。這樣，夜間的櫃臺工作人員在做成當天的Room Count（客房利用數）時，始不致將這筆收入遺漏，而能算出正確的客房佔用率。

三、特別房租(Special Rate)

觀察客人的外表與神態才去決定房租的時代早已成過去了。具有公共性而有健全企業的大飯店，不應再存有這種念頭。同一房間應定有同一價格，但是在推銷技術上及商業習慣上來講，若干的伸縮性變動，是免不了的。比方說，客人原訂的房租是五百元，但當客人來時只有五百五十元的房間空下來。此時，為免傷對方的感情，只好以五百五十元的房間當做五百元出售。但公司必明確規定何人有權限去變更房租。在遊憩性的旅館常以季節性的房租代替特別房租。如有國際會議、大會、團體旅行等也可適用特別房租。

決定特別房租可分成下列幾個階段：㈠訂房時決定者；㈡登記時決定者；㈢沒有訂房而進住的臨時客；㈣事前公佈特別房租。

此時的會計處理要使用Allowance Sheet（銷售調整單）註明客人的姓名、房間號碼、特別房租的金額、理由以便確認而加以處理。

四、房租免費招待(Complimentary Room)

對於名人、貴賓，或同業者的重要人物，來住宿時，在旅館方面可酌情給予特別價格或免收房租。此時必須在訂房簿、登記卡、或Information Slip及帳單上等資料上，註明免費字樣。且在會計處理時應包括在Room Count之內。

但如果住進時已照普通房租收取，而以後再改爲免費時，就以前項所述Allowance Sheet處理之。

五、遲延帳(LATE CHARGE)

指住客離開旅館後，才將住客帳單送到櫃台出納，已經來不及向住客索取的帳款。爲防止此類帳款的發生，住客在付帳時，出納員應請問住客有沒有在離開旅館之前，在館內任何部門簽帳，以便儘快將未收帳款結清。

如住客離館後，發現尚有未付款項時，應即按登記住址，送去請款單；如係少數金額又無法找出正確住址時，只好將它保留，待客人再來時，隨時抽出向客人收款，若經一年以上無法收回時，應呈報上案，以壞帳處理，如係老主顧，可暫予保留，俟其再度光臨時，再予轉帳請款。

此種「遲延帳」的傳票上，應予蓋上「L、C」或「A、D」之印章以資區別。

六、保留帳(HOLD LAUNDRY)

有些顧客在離開旅館時，因其洗衣物尚未洗好，無法領回，可暫予保留，等下次再度來館時，再予請款，此項帳款可暫予列入「保留帳」內，等下次顧客來時，由「保留帳」轉入「住宿客帳」內，以便向顧客請款。

七、逃帳(SKIP ACCOUNT)

如有不經過付帳即離館的住客，應先查看其人是否在本店設有信用簽帳戶，如果沒有，即可認爲故意逃帳。那麼應查看登記卡之住址，按址送去請款單，如再無法收回時，可訴之於法或委託代收機構收款。似此情形，應在警察機關備案，同時爲免同業受害，應請旅館協會通知各飯店提高警覺。

爲防止逃帳之發生，對行李少的住客，旅館可以要求先付保證金。如遇逃帳，旅客在房內留有物件，旅館有權予以處分，以便抵付房租。

八、住宿客帳的轉帳

即將A客帳轉入B客帳之意。比方，A與B兩人分別進館，並各住一房，分別設立帳戶，但A因有事必須先行離館，故告訴出納，將A之帳款轉入B帳內，而由B付款。遇此情形時，必須由出納事先得到B客的確實承諾始可。

第六節　客房收入報表(ROOM COUNT SHEET)

下午十一時，也就將近午夜的時候，只有繼續住到明天的客人之名單，仍然擺放在Ro om Rack而他們的房租就被計算到客人的帳單內。因爲Room Rack上的Slip已寫明著房租，所以只要根據這些資料就可以製作當晚客房收入報表。比方說，九月一日的客房總收入，實際上就是在九月一日與九月二日之間的夜晚被使用的房間總收入。所賣出的房間數、住宿人數及房租收入，就被記錄到Room Count Sheet上面。因爲此表的格式正好與Room Rack的排列法一模一樣，所以只要按照Rack的情形抄錄在表上即可。

晚上十二點後，夜班的櫃檯工作人員就要開始作成Room Count Sheet，但往往在製表當中，即十二點前後，有臨時進住的客人，所以應該規定一個時間作結束。比方說，四時以前遷入的可以算做前一日的收入，但四時以後就看做當天的收入。

該表由櫃檯工作人員製成後必須與出納的顧客帳單記錄核對。

要把Room Count Sheet製作正確，必須櫃檯人員由客人進館登記開始後的一連串手續記錄正確。尤應注意Room Rack上面的記錄不可弄錯。夜班櫃檯工作人員上班後的第一件任務也就是要把所有的登記、房間的更換、遷出等詳情重新核對一遍，看看Rack上的Slip有無弄錯，顧客的帳單數目應與RA CK上的SLIP數一致。

訂房主任的職務

JOB TITLE:RESERVATION MANAGER

Specific Job Duties:

Receives room reservation requests.

Sees that pertinent room request information is typed on reservation card.

Keeps reservations filed according to date room is desired.

Acknowledges requests for room reservations and confirms room reservation requests.

Forwards current room reservation cards to room clerk.

Maintains a gusest-history file.

Determines, in advance, the guest turnover to assure maximum use of rooms.

Informs chef and management of number of guests in advance of dates.

Refers customers to other hotels or motels when no rooms are available.

Adjusts complaints concerning reservations.

Forwards to prospective guests room accommodation and price information upon request.

Prepares a weekly forecast report regarding number of incoming and outgoing guests.

Receives all deposits on rooms, records on reservations and turn over to the cashier.

Assigns rooms based on location, rates and size.

Sees that requests for brochures, rates, etc., are sent out when requested.

D. DEADHEAD
COMP.—COMPLIMENTARY
OO—OUT OF ORDER
DON'T INCLUDE "PART DAYS"

NIGHT CLERKS DAILY REPORT OF ROOM EARNINGS

13—18 Floor
Floor

DATE________

ROOM NO. & TYPE		POTENTIAL SGL	POTENTIAL DBL	NO. OF GUEST	ACTUAL EARNING	COMMENT	DIFFERENCE	NATURE
1	S	912						
2	D	1,178	1,292					
3	D	1,178	1,292					
4	D	1,178	1,292					
5	D	1,178	1,292					
6	T	1,178	1,292					
7	T	1,178	1,292					
8	T	1,178	1,292					
9	T	1,178	1,292					
10	T	1,178	1,292					
11	T	1,178	1,292					
12	T	1,178	1,292					
13	SR	1,178	1,292					
14	T	1,178	1,292					
15	D	1,178	1,292					
16	D	1,178	1,292					
17	ST	2,850						
18	T	1,178	1,292					
19	T	1,178	1,292					
20	T	1,178	1,292					
21	T	1,178	1,292					
22	T	1,178	1,292					
23	ST	2,850						
24	S	1,178	1,292					
25	D	1,178	1,292					
26	D	1,178	1,292					
27	D	1,178	1,292					
28	D	1,178	1,292					
29	S	912						
30	T	1,178	1,292					
31	T	1,178	1,292					
32	T	1.178	1,292					
33	D	1,178	1,292					
34	D	1,178	1,292					
TOTAL EARNING							POTENTIAL DIFFERENCE	

Complimentary:
House Use :
Out Of Ordor :
Vacant :
Total :

Total Sgls :
Total Dbls :
Total Rented:
Permanent :

Paying
Guest Count.

Special Rates	Rooms	Earnings Potential	Earnings Actual	Difference	Special Rates	Rooms	Earnings Potential	Earnings Actual	Difference
Groups					Bis.				
Upgrade					T/A				
C/Rate					A/L.				
F/Plan					Sp. Disc.				

FO-021　　ROM-11

（夜間）日報表

第七節　夜班櫃檯報告表與客房使用報告表

(NIGHT CLERKS SUMMARY & HOUSE KEEPERS REPORT)

夜班櫃檯報告表的主要用途是會計部門尚未作成正式的收入日計表以前，爲先使經理儘快了解前一晚的營業情況而做的，故除金錢收受情形外，還包括統計與分析項目。

因此本表至少必須包括下列七項數值。雖然各個旅館有各自的表格，但用途與原則都是一樣的。

①客房利用率

ROOM OCCUPANCY：$\dfrac{\text{客房出售總數}}{\text{客房總數}}$

②床鋪利用率

BED OCCUPANCY：$\dfrac{\text{住客總數}}{\text{床鋪總數}}$

③收入百分比

PERCENT INCOME：$\dfrac{\text{當日客房總收入}}{\text{客滿時之總收入}}$

④客房平均收入

AVERAGE ROOM RATE：$\dfrac{\text{客房總收入}}{\text{客房總數}}$

⑤出售客房平均收入

AVERAGE RATE PER OCCUPIED ROOM：$\dfrac{\text{客房總收入}}{\text{出售客房總數}}$

⑥雙人床利用率

PERCENT OF DOUBLE OCCUPANCY：$\dfrac{\text{本日住客總人數}-\text{房間出售總數}}{\text{房間出售總數}}$

⑦住客每一人平均房租

AVERAGE RATE PER GUEST：$\dfrac{\text{客房總收入}}{\text{住客總人數}}$

爲期櫃檯會計記錄的正確性每天由房務管理部將客房使用情形報告書（HOUSE KEEPERS REPORT）提供給櫃檯，以便與（ROOM RACK）核對。

這是大型旅館的情形。

至於中小型旅館則將客房使用報告書於第二天送給會計部，以便與客房收入報告表核對。

另一種作法是由櫃檯及客房管理部分別將各自的報告書送給會計室或（稽查室）核對。如發現有錯誤時，再予查明原因。因爲客房使用報告書的主要目的是要防止故意漏報房租的收入或逃帳的不法行爲。

旅館的房租通常有下列五種：㈠COMMERCIAL RATE就是旅館與某一公司之間協定的房租。㈡FLAT RATE即旅館事前與團體協定之特別團體價。㈢DAY RATE（詳見房租之說明）。㈣RUN OF THE HOUSE RATE取旅館內最高與最低房租之平均價（套房除外）作爲團體的價格。㈤RACK RATE也就是現行旅館在價目表上公佈出來的普通價格。

TAIPEI HILTON

NIGHT CLERK'S SUMMARY

REPORT FOR DAY________ DATE________19____

FLOORS	TOTAL ROOMS	VACANT	CCO	SGL.	DBL.	COMP.	PERM.	OFF EMPLD.	RENTED	GUEST COUNT.	POTENTIAL	ACTUAL	DIFFERENCE
ROOM STATISTICS											EARNINGS		
5	34												
6	34												
7	34												
8	34												
9	34												
10	32												
11	32												
12	34												
13	34												
14	34												
15	34												
16	34												
17	34												
18	34												
19	23												
20	23												
Total	518												
%	100%										100%	%	%

	REVENUE	AVERAGE
TOTAL PERMANENT		

		SAME DAY LAST YEAR
DAY USE		
TOTAL REVENUE		
GUEST AVGE.		
ROOM AVGE.		

DIFFERENCE IN EARNINGS BY CATEGORY

TYPE	ROOMS	POTENTIAL	ACTUAL	DIFFERENCE
FAM PLAN				
BUSINESS SERVICE				
TRAVEL AGENT				
AIRLINES PERS.				
PERMANENT				
UPGRADE				
AIRLINE CREW				
CONFIRMED RATE				
SPECIAL DISC.				
SUB TOTAL				
GROUPS				
TOTAL				

SUMMARY

- %OCC.
- %DBL.OCC.
- CANCEL No. | %
- NO SHOW No. | %
- ROOMS GUEST
- ARRIVALS |
- DEPARTURES |
- COUNTED DEPARTURE
- DATE NUMBER
- FOR
- FOR
- FOR
- FORECAST FOR
- STARTING RES.
- EST. NO SHOW
- NET RES.
- EST. WALK-IN
- EST ARRIVAL
- STARTING VAC.
- EST. DEPARTURES
- EST. VACANT
- NEWS PAPERS ORDERED

FO-020 .... Assistant Manager .... Night Room Clerk ROM-10

夜間接待員客房使用報表

第八節　銷售收入的日常審核工作

一、收入審核室的工作

收入審核室的主要工作是要審核及統計前一天的收入及現金收入，因此前一天所發生的各營業部門，所填「今日收入報告書」以及各種記錄報告書必須按時送到審核室。

各營業部門所編成的收入記錄，必須當天終了時集中在櫃檯，然後於第二天連同「住客帳目核查試算表」、「今日遷出顧客帳目」、「轉帳表」、「櫃檯會計現金收支表」等送到收入審核室。同時夜間審核員要記錄設置於各部門的「核查機器」及「現金登記機」的記錄金額總數，以便編造各機器的記錄表，連同機器內部所記錄的紙條送去收入審核室。

客房部門也要將前一天所使用的房間數及床舖數報告書（即客房使用報告表）送去審核室。

各部門所使用的報告書、帳單及傳票必須印有聯號，由審核室妥爲保管，不得遺失。

帳單及傳票均按號碼順序使用，等到收回後即應核對號碼，以便確定是否有遺失、作廢或濫用等情形。尤其重要的，如餐廳服務員的帳單及住客帳單，必須在發行總帳內留有號碼，以便彼此查對。

夜間審核員（Night Auditor）及收入審核員（Income Auditor）的主要不同工作內容爲：

夜間審核員的主要工作是要確定各部門所作成的收入報告書的帳款是否正確的轉記在住客的帳單內，並不是要查證記錄在收入報告書上的數值本身。換言說，如發現櫃檯雖有傳票但收入報告書上並沒有記載，或相反地收入報告書已經有記載，即沒有傳票時，應即予辦理訂正手續。只要傳票與各部門收入報告書的帳目總額符合，或住客帳單與核查試算表符合，夜間審核員已完成他的任務。然而收入審核員卻具有審核收入及現金收入的權限，並有義務督查夜間審核員的工作。

綜合之，收入審核員的工作內容爲：

㈠審核客房收入。

㈡審核餐食收入。

㈢審核飲料收入。

㈣審核其他營業部門的收入。

㈤檢查現金收入與住客帳單核查試算表。

㈥編造日計表（今日收入報告書）。

㈦收入的統計及分析。

二、客房收入的審核

客房的收入審核係根據當天及前一天的Room Count Sheet、Register Card、Room Change Slip、House Keepers report、Departure Record及今日遷出住客帳單總帳等資料予以審核的。要嚴密審核的話，須先看當天遷入的登記卡有沒有遺失，而且前一天所使用的最後一張登記卡的號碼所接下來的就是今天的登記卡，然後核對，根據登記卡所製成的住客帳單之房租是否與Room count sheet今天到達的房號及人數（使用床數）相符。這樣不但可以知道遷入已登記的住客房租是否正確，同時也可以證實住客人數及使用床數及其種類。

客人雖已遷入，但Room count sheet上並沒有記錄房租，也沒有調換房間或DNS（沒有住進）的記號的話，可見住客已在當天遷出。所以必須查看是否已支付白天使用房租，更要查看前一天的遷出旅館的記錄，以便證實有無stay over或沒有付款即離去的住客。最後將House Keepers report & Room count sheet核對，以便證實住客使用房間的正確數目、房租、人數及使用床數。

如果夜間櫃檯員或出納員兼任夜間審核員的職務者，那麼應該指定收入審核室的職員來做審核工作。最後再按照下列的公式去證實審核工作的準確性。

前一日客房總收入

＋今日到達的住客房租總收入

＋今日調換房間新的房租總收入

－今日遷出客人的房租總計

－今日調換房間舊的房租總收入

＝本日客房總收入

只要發現有任何錯誤，應即提出報告給營業單位的經理或副經理請他們調查，在大型的旅館，由於旅客出入頻繁Room Rack的指示燈雖然表示有人住宿，但房間還是空的，或相反地Room Rack是空房，但房間已有人住宿。所以審核員要將這些錯誤隨時修正過來，以便提高客房的利用率。

三、餐食收入的審核：

餐食收入審核所依據的資料爲：「服務員簽名簿」、「服務員訂菜帳單」、「餐廳會計收入報告書」、「服務員訂菜帳單作廢記錄簿」。如使用計算機及檢查制度的話，更需要審核「記錄備忘單」、「紙條」等。所以上述記錄、帳單、報告書，必須於翌日早晨送去收入審核室供審查之用。

審核員先審查在餐廳或快餐廳所使用的「服務員訂菜帳單」有沒有遺失，是否使用妥當。亦即將所交回來的帳單，按各餐廳及服務員號碼，予以分類整理，然後檢查有沒有遺失。並將帳單號碼與「服務員簽名簿」核對。再將服務員訂菜帳單與該餐廳的今日收入報告書核對。然後將各餐廳餐別，即早餐、午餐、晚餐、宴會等各別的總計、小計與核查機器的總計以及餐廳會計的收銀計算機收入總計，互爲核對是否相符。

萬一服務員的帳單有遺失，即應追查服務員的責任。如果發現服務員已將現款交給餐廳會計，並持有帳單副本爲證明的話，應由餐廳會計負責。雖然遺失服務員帳單，但如果該單的金額已列在餐廳出納的今日收入報告書的話，那麼就應該與核查機器的記錄再行核對，是否有錯誤。要是賒帳的話，應查看是否已轉記於顧客帳單內。但即使有核查制度如果審核員與服務員共同勾結起來的話，就失去核查的作用，所以一旦遺失服務員帳單，應澈底追查責任。要想重新核對服務員帳單的計算是否正確，需要很長的時間，故爲節省時間，只要帳單的總計正確的轉記在餐廳會計報告書，同時該會計報告書的總計與核查機器的Register reading report相符合即可。除了上述的審核工作外，其次要做的是每二天或每一星期核對一次各餐食的價目是否正確地被記錄在服務員的帳單內。至於宴會收入通常只將數量記錄於宴會餐份控制單內（portion control sheet）。宴會的會計處理通常是先由宴會經理或領班證實出席人數，然後按照事前訂立的契約書，提出請款書，向主辦者請求支付餐食費用、花錢、樂隊費用及裝飾費用等一切費用。所以審核員只要將宴會餐份控制單內的數量與宴會帳單內的餐數互爲核查是否相符即可。至於其他的雜費應與各部門送來的請款單核對是否金額相等。

宴會的收入既並不需要記載在餐廳出納收入報告書內，也不必記載於核查試算表（transcript）內。通常只記載於宴會收入帳冊內，所以審核員必須將宴會收入記錄於核查試算表內，並加計於今日總收入內。

四、飲料收入的審核：

與餐食同時供應的飲料可開出訂單Order slip向酒吧領取飲料，所以可以根據訂單審核。

審核酒吧的收入，只要把飲料的數量及每客份量加以嚴密控制，就可以知道收入的總額。但要得到正確的收入審查，則須視各旅館的酒吧會計制度而有所不同。

最好的控制法，是當酒吧會計員每次接收現款時，應將帳單放入加鎖的箱內，以免重複使用用過的帳單。賒帳的話，應即將帳單轉送櫃檯出納。第二天收入審核員取出箱內的帳單，加以總計，以便與收銀器的現金收入記錄的總計，彼此核對是否相符。

如果酒吧沒有出納的話，可由配酒員兼任審核員的工作，而出納員接到現款時，同時記載於收銀機內，然後編作今日飲料收入報告書。收入審核員只要核對報告書，帳單及核查員的記錄單，就可完成審核的工作。

五、其他營業收入的審核：

對於現金收入的審查只要將今日現金收入報告書與收銀機的記錄互爲核對即可。但賒帳時，既使用帳單，爲防止帳單的遺失，在發行帳單時，應將帳單上的聯號記錄下來。最後將現金收入與賒帳，分別記錄於「今日收入報告書」上，然後送去收入審核室。審核員可以根據所收回的帳單，收入報告書及收銀器的記錄，互爲核對即可。

六、如何審核及核對現金收入，核查試算表，及應收帳款：

查明各營業部門的收入後，下一步要分析總收入當中，有多少現金收入，有多少住客的賒帳款，及多少應收帳款，並以此審查現金收入與住客帳目核查試算表，並查出應收帳款的餘額。現金收入的審核，係根據各部出納送來的收入報告書及「現金收支報告書」及實際所收的現金報告書。

賒帳部份係比較各營業部門的收入報告書的賒帳總金額及記帳在試算表（TRANSCRIPT）的賒帳總金額，是否相符，如發現有訂正記帳傳票的必要時，審核員應先訂正試算表帳內的帳目，然後通知櫃檯出納訂正住客帳單。

收入審核室應每天核對試算表有無錯誤，不但要查核每一天結轉下來的金額，而且也要核對結轉至翌日的金額是否正確。並且要將試算表的現金收入與櫃檯出納現金報告互爲比較是否符合。同時還要查看櫃檯出納的顧客應收帳款分類帳內的應收帳款是否正確，必須核對應收帳款的有關傳票，查看總計是否與今日記帳的應收帳款總計相符。最後再查看試算表上面的折扣金額，是否與折扣傳票相等，有沒有核准者的簽署。

七、日計表（收入日報表）：

日常審核工作辦好之後，收入審核室應將各種收入的金額及收入統計數值，彙計於「日計表」以便提向負責人報告。一方面會計課要根據日計表的數字分錄於收入總帳。

上述日計表的內容依各旅館經營之需要，各有不同的形式，但主要的項目不外爲當日各部門收入總計及客房與餐飲部門的統計數值。爲經營者的參考資料，應將「月初至本日的收入累計」、「去年同年同月至同日的累計」記載於表內以便互爲比較對照參考。

八、收入統計及分析：

日計表所報告每日的統計數值，對於營業者能即刻了解收入動向，是個很寶貴的資料。同時可以據此確定推廣的方針，明瞭營業成績、市場變化、顧客動向、及消費性向。因此收入審核室除審查日常的現金收入之外，仍要分析收入統計的數值以供經營的參考資料。

利用推車送餐服務

Guest Rules

In order to make the visit of our guests a secure and pleasant one, this hotel has set the following rules for the use of our facilities in accordance with Article 11 of the General Conditions for Accommodation. When these rules are not observed, we may be obliged to refuse the continued occupancy of the room or the use of other facilities by the guest in accordance with Article 12 of the General Conditions. Please note that the guest may also be held liable for damage caused to the hotel by his non observance of the rules.

Particulars

(1)Please do not use equipments for heating, cooking or ironing in the room.

(2)please do not smoke at spots likely to cause a fire. (especially in bed)

(3)When leaving the room, please be sure to lock the room door and bring the key with you.

(4))When in the room or in bed, please lock the door from the inside and fasten the door chain. Please do not admit unknown visitors into the room and when in doubt. Please contact the Assistant Manager. (Dial 8 on your room telephone.)

(5)Please do not invite visitors to your room without good reason.

(6) Please do not bring into the hotel anything likely to cause annoyance to other guests. These would especially include dogs, cats, birds and other pets, things likely to cause bad odour or other things whose possession is prohibited by law.

(7)Please do not engage in gambling behave in an indecorous manner or commit acts likely to cause annoyance to other guests, within the hotel.

(8)Please do not use your room for business activities or for purposes other than to live in, without the approval of the hotel.

(9) please use the hotel equipments or fixtures only at their provided spots and for purposes designated for them. Also , please do not change the arrangement of the room to any great extent.

(10) Please do not distribute advertising or publicity materials or sell commodities within the hotel, without the approval of the management.

(11) When signing for chits at the restaurats, bars etc.. please show your room key to the personnel on duty.

(12) Articles left behind without note, will be disposed of in accordance with law.

(13) Please pay your bill at the Front Cashier at the time of departure. For the convenience of the hotel, there may be other occasions when bills are presented to you for payment during your residence here but please pay them also.

(14) Please avail yourself of the safe deposit box (free of charge) at the Front Cashier ot keep your cash and valuables during your stay at this hotel. The hotel will not be held responsible for cash or valuables, lost or stolen, kept elsewhere.

第九章　房務管理

第一節　房務管理部的任務

房務管理的主要任務是要經常保養及改善房間，使它可以隨時出售，因此房間必須保持清潔、舒適、耀目而安全，尤其重要的是要釀出友善的氣氛，提供懇切和藹的服務。

一、一個成功的房務管理主管應該具備

(1)聰明、伶俐、機敏、自信及富有幽默感。
(2)組織能力、領導有力，懂得如何與員工協力合作的訣竅。
(3)知道如何清潔、衛生知識，同時具有會計及裝飾的知識。
(4)富有旺盛的研究心，不斷以他的想像力來改善他的工作。
(5)懂得如何去獲得他的經理的尊敬與信賴。

二、員工安全設施

爲使員工能安心工作，並懂得如何工作，房務管理部應該備有：
(1)一般工作安全守則。
(2)詳細的工作步驟與方法。

這樣不但可以保護員工的生命安全，同時又可以使工作進行順利，對「人」對「事」必須顧慮的很週到。

三、一般工作安全守則

(1)在工作中受傷時，應立即報告上司。
(2)對你自己的工作要完全了解，而且要知道如何去保護自己的安全，完成工作，如有疑問，應立即請教上司。
(3)發現備用品或機械有故障或危險時，應即報告上司，如地板破損、滑溜、梯階滑溜、燒毀之電燈、電線、漏電情形或其他工具破損時亦應報告上司。
(4)協助教導新進服務員如何去把工作做的正確及安全「預防勝過任何補救」。
(5)在高處工作時，必須使用活動梯，絕不可使用其他代用品，例如椅、桌之類以策安全。
(6)工作時應穿著安全、舒服及視覺明顯的工作服及鞋子。
(7)使用腳的肌肉舉重，不可使用背的肌肉，保持背後挺直，然後踞蹲在舉重物的前面，使用雙腳及雙手將物品筆直地舉起。過重的物品必須請人協助，不可單獨搬運。
(8)未進入暗室以前，必須先開亮電燈。不可用潮濕的手扭開電路的開關。
(9)絕不可使用赤手收拾破玻璃、破陶器、剃刀片或其他尖銳易刺的東西，必須使用掃帚或畚箕，垃圾桶之垃圾應倒於舊報紙上然後小心處理，絕不可赤手收入垃圾桶內。
(10)水桶、擦布、掃畚或清潔工具等物應貯存於安全地方，不可把它隨便靠立於客廳、通道或階梯上，以致傷害別人。
(11)使用眞空吸塵器時，應注意其電線不可拌倒別人。
(12)客房內發現有任何傢俱或備用品有所缺損時，應即報告上司，要詳查是否有任何破碎片。

⒀要使用良好的工具以策安全，並提高工作效率。

⒁上樓、下樓必須使用樓梯把手，不可跑步上下，經常注意腳步，如發現樓梯上有溜滑物，應即予除去，以保護同事之安全。

⒂走廊通路不得置放礙物、破損碎片或器具，安全門不可有障礙物阻擋，而且隨時檢查以便隨時能夠打開。

⒃架子上不可放置過重的物品。架子的物品必須離開天花板十八英吋。

⒄員工衣櫃應保持清潔，衣櫃上不得置放箱盒或瓶罐等物。

⒅不可隨地抽煙，不可亂丟煙蒂。

⒆請大家共同合作遵守以上各條款。

四、開夜床要點：(OPEN BED, NIGHT SET, TURN DOWN)

㈠拉上窗簾並攏。㈡開床，將床單疊好放在指定地點。㈢整理水杯、煙灰缸、垃圾桶並補充用品，更換毛巾。㈣送還客衣。㈤將空白早餐訂餐卡斜放在枕頭上，並放晚安卡巧克力糖。㈥留床頭櫃燈，其他關熄。㈦查對空房與記錄表是否相符。

四、意外事件之發生比率

意外事件之發生比率表

員工受傷率

	全飯店內發生比率	客房部發生率
撞傷、切傷	二八•〇	三五•六
滑倒	一五•六	三二•四
過度用力而損傷	一二•九	二八•四
燙傷	一七•四	二〇•〇
眼睛飛入東西	七•一	二三•四
玻璃或陶器碰傷	七•〇	二五•五
受工作工具碰傷	四•七	九•六
電梯受傷	三•八	三•四
刀片受傷	一•七	九六•三
機械受傷	一•五	四六•一
其他	〇•三	二七•九

顧客受傷率

滑倒	四七•四
不完善的器具	一三•二
食物	
雜質	一〇•四
生病	二•〇
顛落	一•八
碰門	四•一
被固定物碰傷	三•八
電梯門	三•五
掉落物	二•六
其他	一一•二

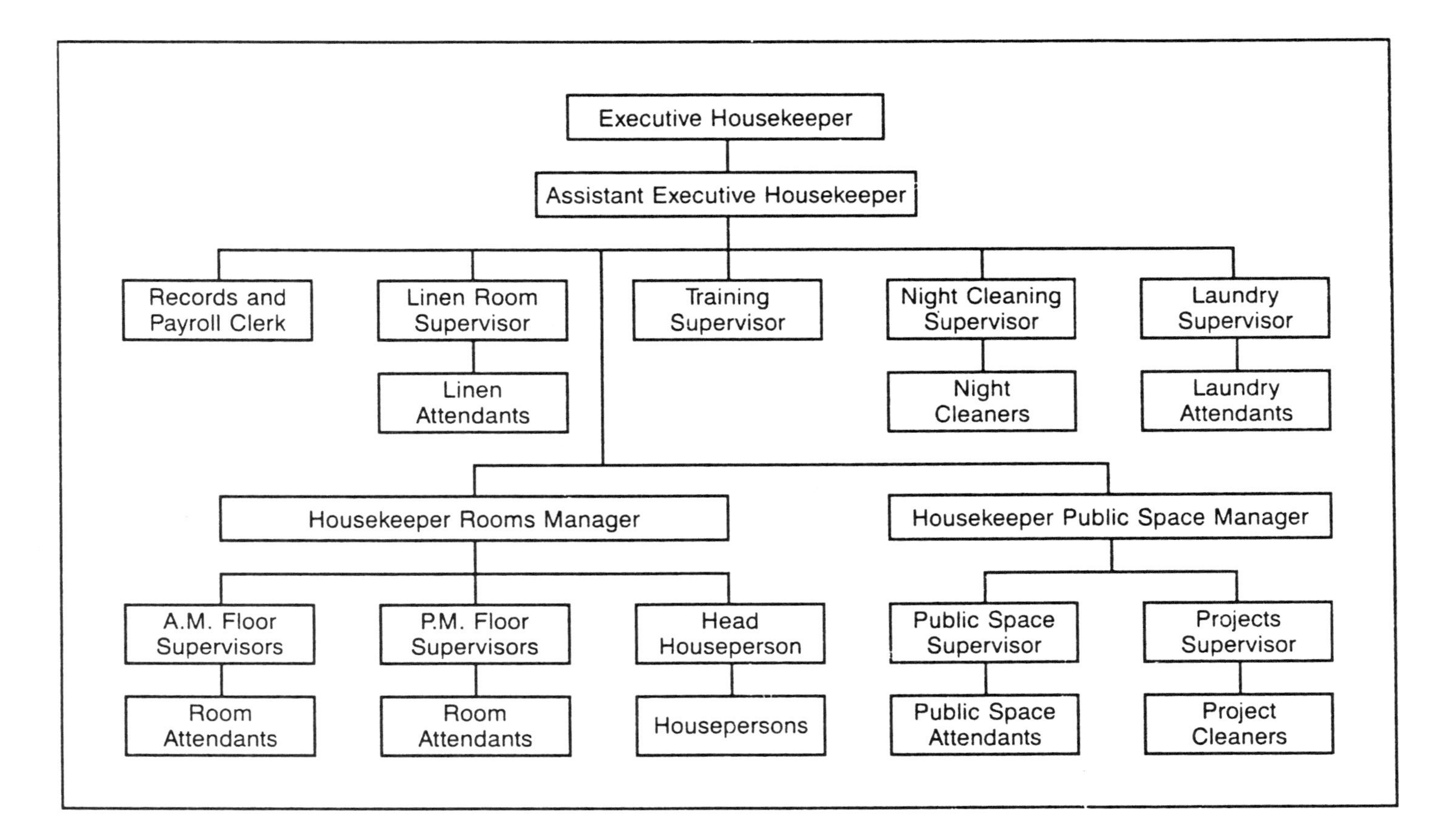
Executive Housekeeper
Assistant Executive Housekeeper
Records and Payroll Clerk
Linen Room Supervisor
Linen Attendants
Training Supervisor
Night Cleaning Supervisor
Night Cleaners
Laundry Supervisor
Laundry Attendants
Housekeeper Rooms Manager
Housekeeper Public Space Manager
A.M. Floor Supervisors
Room Attendants
P.M. Floor Supervisors
Room Attendants
Head Houseperson
Housepersons
Public Space Supervisor
Public Space Attendants
Projects Supervisor
Project Cleaners

JOB TITLE:EXECUTIVE HOUSEKEEPER

Specific arrangements for necessary cleaning and setting up for social occasions.

Receives room numbers of check-outs(departing guests).

Informs maids of vacant rooms in their assigned areas.

Examines reports of inadequate cleaning.

Inspects rooms for proper cleaning.

Inspects rooms for damaged furniture or missing articles.

Notifies cashier of breakage or missing articles in guest rooms.

Suggests cost of replacing missing or damaged articles.

Makes memoranda of work to be done(repairs, etc.)

Assigns work to housemen(moving furnitrue, hanging draperies, etc.).

Inspects public spaces for cleanliness and order.

Adjusts complaints regarding housekeeping service or equipment Trains new employees by assigning them to work with experienced workers.

Hires and dismisses employees.

Conducts training meetings for housekeeping employees.

Schedules working hours of all housekeeping employees.

Takes inventory of linen and supplies in linen room.

Supervises mending of linen.

Issues supplies to housemen and maids.

Checks laundry bills for correct charges.

Forwards supply and material requisitions to manager or purchasing agent.

supervises remodeling.

Confers with manager on colors and arrangements for decorations.

Selects paints, fabrics, furniture, etc.

Supervises work of painters, paper-hangers, etc.

Purchases linens, cleaning materials and supplies.

Prepares written reports for management.

Establishes standards and procedures for work of housekeeping staff.

Prepares housekeeping budget.

Works with purchasing agent to decide on best and most economical supplies:

Orders linen from warehouse.

Trains housekeeping employees individually.

Supervises upholstery shop.

Supervises sewing room.

Arranges for the cleaning of public rooms after meetings.

Issues and supervises the upkeep of all uniforms used by hotel or motel employees.

房務管理主管的各種名稱：

① RESIDENT MANAGER

② ROOMS MANAGER

③ ROOMS DIRECTOR

④ DIRECTOR OF ROOM OPERATION

⑤ HOTEL MANAGER

⑥ EXECUTIVE HOUSE KEEPER

⑦ HOUSE KEEPER

⑧ HOUSEKEEPING MANAGER

⑨ DIRECTOR OF SERVICE

⑩ DIRECTOR OF INTERNAL SERVICE

⑪ DIRECTOR OF HOUSEKEEPING OPERATION

第二節　房務管理主管的職務

房務主管（Housekeeper）其下設有副主管（Assist.H.K.）、領班（Floor supervisors）等。

一、房務主管的職務

(1)監督及指導部屬、檢查房間及公共場所保養及清潔情形。
(2)編制部屬之服務日程表、預算、工作報告、保養計劃。
(3)接受顧客對房間內之不滿或建議事項及部屬之報告，作適切的判斷與處理。
(4)訓練部屬在緊急時避難、訓練新進員工、召集部內會議。
(5)確立方針及作業程序。

二、副主管的職務

(1)輔助主管。
(2)與主管計劃分配工作時間，俾使每日的工作得以順利進行。
(3)移交事項的記載。
(4)如發現客人有遺留品，設法儘速送還客人。
(5)調查及請領工作上必需之備用品及消耗品。
(6)房間內之設備故障、損壞時，即時連絡有關部門儘速修補。
(7)檢查部屬之儀容、服裝，指示當天的注意事項。
(8)指導在緊急時如何教導客人疏散。
(9)定期召開檢討會以便研究改善問題。

(10)接受房客之不平，但處理時必須冷靜加以判斷，以免給房客不愉快的印象。

三、領班的職務

(一)必須瞭解自己負擔之層樓所有的事情。

(2)檢查打掃完畢的房間，不完善的地方應予糾正。

(3)房間檢查報告塡好後送去櫃檯，上午一次，下午一次，必要時可增加次數。

(4)根據Arrival Card, Departure Card編制名單。

(5)每月月底負責記錄布巾類、備用品的清單。

(6)辦理房間消耗品的出庫。

(7)向副主管報告房間內應修補的地方。

四、房間檢查報告（room Check）

房間檢查報告，一日要塡寫兩次，上午由十二時到一時以及下午六時到七時，要將各房間的情形記入該檢查報告送至櫃檯，因櫃檯是根據該項報告來出售房間與核算房租，所以應該記載正確。其他如有關房間，客人的事有所疑問時也應一併記入。

五、通用鑰匙（Master Key）

通用鑰匙是保管每層樓客人財產的鑰匙，因此領班要特別小心保管。

如有借用情形發生時應互相負責移交清楚。並登記於「借用通用鑰匙登記簿」。

最好將鑰匙串入鋼製項鍊戴在胸前，以期安全。

ROOM CHECK
(HOUSE KEEPER'S REPORT)

FLOOR NO. ______ BY ______

TIME ______ DATE ______

Room No.	Occu.	Vac.	Bag.	Remarks	Room No.	Occu.	Vac.	Bag.	Remarks
1					19				
2					20				
3					21				
4					22				
5					23				
6					24				
7					25				
8					26				
9					27				
10					28				
11					29				
12					30				
13					31				
14					32				
15					33				
16					34				
17					35				
18					36				

INDICATIONS

D D Don't disturb

S O Sleep out

N B No baggage

L B Light baggage

△ Check out not ready

× Out of order

○ Vacant & ready

房間檢查報告表

做床示範圖

㈠先取下使用過的毛毯、床單及枕頭套。

㈡床舖墊上面舖上第一條床單拉平。

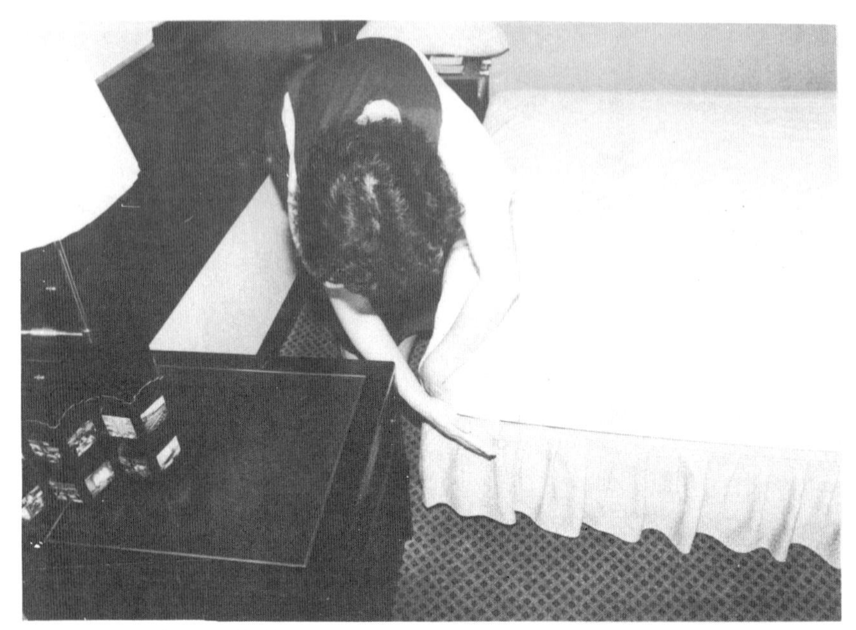

㈢摺入床墊底下要拉平。

㈣上面鋪上第二條床單，再鋪上毛毯，頭方離床單廿公分以便折上作襟。

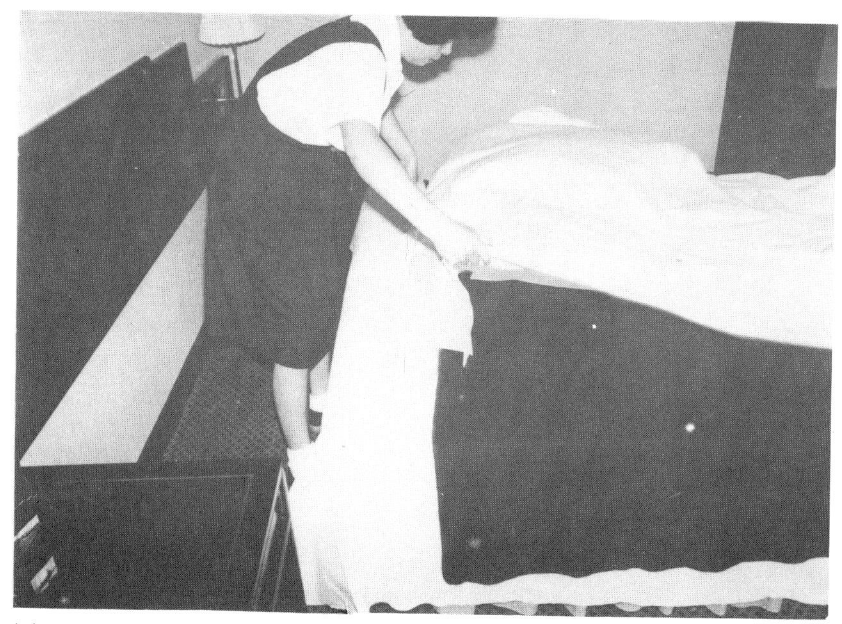

㈤毛毯上面舖上第三條床單。

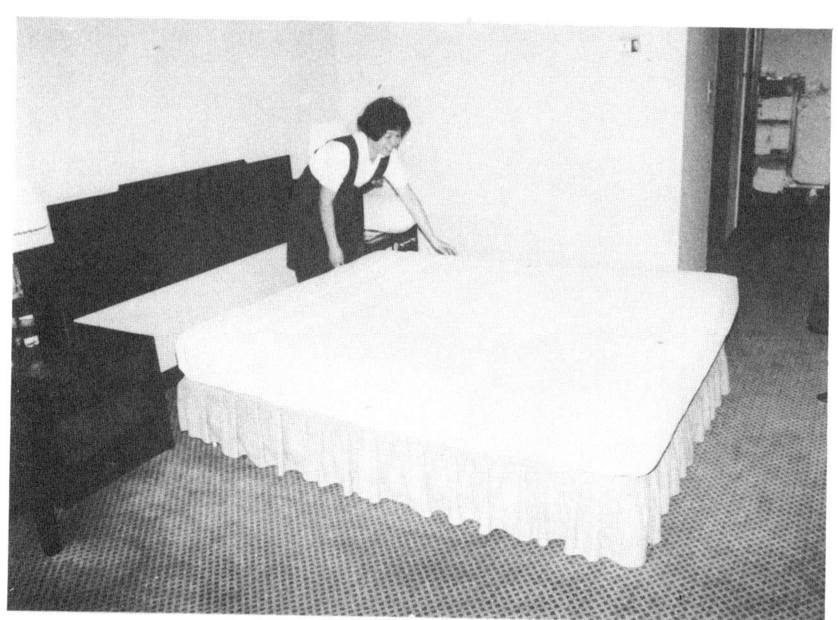

㈥將床單、毛毯拉平折入床墊底。

㈦蓋上床罩。

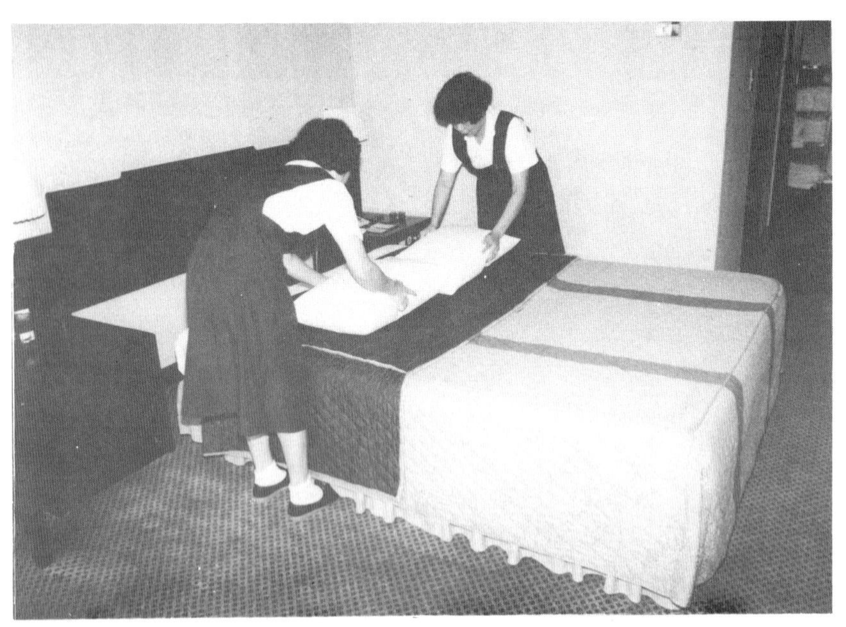

㈧將枕頭置於床罩頂部上方。

㈨將枕頭摺入床罩內後拉平。

㈩完成後整齊美觀。

CENTURY PLAZA HOTEL

CENTURY CITY/LOS ANGELES

NOTICE

The Management reserves the right at all times to terminate the occupancy of a guest for conduct or any unnecessary annoyance arising from any cause whatsoever which the fomer shall deem objectionable. The behavior of the guest or that of his invitees must comply with all reasonable restraints of the Management with due regard to the consideration of the other guests and the maintenance of the Hotel's standards. The guest agrees and promises to observe such restrictions and for his failure to do so agrees that his occupancy may be immediately terminated.

The occupancy of each guest in the Hotel is deemed to be from day to day unless evidenced by writen agreement to the contrary.

Rate of charges by the day for lodging from $ 38.00 to $ 300.00 depending upon the size and location of the rooms for meals furnished, rates will be charged as they appear upon the daily menus. This statement of the rate of charges is made in accordance with the provisions of Section 1863 of the Civil Code.

SECTION 1863. (a) Every keeper of a hotel, inn boarding house or lodginghouse shall post in a conspicuous place in the office or public room and in every bedroom of said hotel board bighouse inn or lodging-house a printed copy of this section and a statement of rate or range of rates by the day for lodging. (b) No charge or sum shall be collected or received for any promist sum than is specified or subdivision tax. For any violation of this subdivision, the offender shall forfeit to the injured party one hundred dollars US$ 100 or three times the amount of the sum charged in excess of what he is entitled to whichever. There shall be no forfeiture under this subdivision unless notice be given of the overcharge to such keeper within 30 days after payment of such charges and such keeper shall fail or refuse to make proper adjustment of such overcharge. PLEASE TAKE NOTICE THAT THE PROPRIETORY OF THIS HOTEL KEEPS A FIRE PROOF SAFE WHERE MONEY, JEWELRY, FUES FUR COATS, DOCUMENTS, OR OTHER ARTICLES OF UNUSUAL VALUE AND SMALL COMPASS MAY BE DEPOSITED FOR SAFE KEEPING AND UNLESS SUCH ARTICLES A RE DEPOSITED TO BE PLACED THEREIN. HE WILL NOT BE RESPONSIBLE OR LIABLE FOR ANY LOSS OR INJURY TO SUCH ARTICLES NORIN ANY CASE FOR MORE THAN THE SUM OF $ 250.00 FOR ANY OR ALL SUCH PROPERTY OF ANY INDIVIDUAL GUEST

CHECK OUT TIME 2:00 P. M.

Guests are notified that Rooms retained after 2:00 p.m. will be charged for 1/2 day. Rooms retained after 6:00 p.m. will be charged for full day.

A Charge will be made for damaged done to any personal property within the hotel

房客須知

ATTENTION

M__________________

Date__________ Room__________

Please inquire at Front Office for

☐ Package

☐ Telephone Message

☐ Special Delivery Letter

☐ Registered Mail

☐ Telegram

☐ Mail

留言條

意 見 書

Agradecemos su interés en el Holiday Inn Caracas, aprovechamos en darle la más cordial bienvenida y desearles una feliz estancia entre nosotros.

Atentamente,

La Gerencia

We are delighted to give you the most cordial welcome to our Holiday Inn Caracas. Our greatest interest is to make your visit with us a pleasant one.

Sincerely,

The Management

viHsa

We would like to improve our services, please make us your comments.
Is this your first visit to our Hotel? YES ☐ NO ☐

RESERVATION:
Was your reservation promptly and courteously handled? YES ☐ NO ☐
¿What prompted you to select Holiday Inn?

Friends	☐	Hotel Appearance	☐
Travel Agent	☐	Road signs	☐

Please give us your opinion on service received from:

	Excellent	Good	Regular	Unsatisfactory
Recepcionist				
Cashier				
Room Service				
Telephone Operator				
Maid				
Bell Boys				

Quality of food service	Excellent	Good	Regular	Unsatisfactory
Restaurant				
Coffeeshop				

Quality of service in:
Bar

ROOMS: (General comments)

GENERAL OBSERVATION: ¿What suggestions do you have which would make your visit more pleasant?

If you or your friends are interested in our facilities, such as banquets, parties, reservations, etc., please be so kind to give us their address, so we can send them information.

Thank you for your cooperation. The Management

Your name:
Address: Date:
Room N°:
Business Address:

第三節　房務管理部與各單位之關係

一、櫃檯：房務部應經常將房間狀況通知櫃檯，以便客人一遷出便可再出售，同時要將住客之行動通知櫃檯以防萬一。

二、工務組：各種應修理之備品，在其損壞程度未甚嚴重前，應通知工務單位迅予處理。雙方均應在平時努力於維持各種設備於完善之狀態，修理時應避免打擾客人。

三、餐飲部：餐飲部需要桌巾及制服等均與房務部取得連繫，尤其在大宴會時，應事先安排妥當。房客在房內叫點餐飲時，由餐飲部供應。

四、會計單位：由會計單位核定帳單及支付薪金，並會同核對庫存品。

五、採購單位：房務部所需清潔用品及顧客用品均由採購單位辦理，但採購何種品牌、品質及規格應由房務部決定。雙方應研究採購品之特性及成本。

六、洗衣工廠：為確保洗衣物能夠迅速處理，雙方應經常取得密切的連繫，洗衣物應由房務部以標誌辨別。而洗衣單位應小心處理布巾類以便保持其耐久時限及美觀，此外，應協助房務部試驗新製品之耐久力及耐色力。

第四節　服務員應具備的一般條件

一、尊敬上司及長輩。團體生活的工作非有秩序之組織是無法相互合作的，故須尊敬上司及長輩。

二、你要使他人喜歡你，就得自己先喜歡別人，對別人的事要誠意表示關懷，對他人之事不關心者，他人亦不會關心你，而彼此不能成爲眞實的朋友。

三、獲得別人的信賴。當同事須要你幫忙的時候，便要樂於幫忙，值班時要於十五分鐘前到崗位，對上司的要求要努力如期完成，並報告工作結果，切勿自傲，以便獲得別人的信賴。

四、不要發生金錢或物品之借貸關係。關於金錢之借貸，貸方絕不會忘記，然而借方卻愈小額愈易忘記，因此，無形中將疏遠彼此間的感情，而影響到職務上的合作。

五、衷心稱讚對方的優點，使他自覺有「重要感」。

六、習爲聽者，關心對方的講話，習慣做個「善聽者」，細察對方的眼神、容態，把握話題之重點，而適時地加以詢問。

七、熟記名字。同事、長輩、上司的名字務須記住，對一個人，尤其是不太熟習的人，能經常稱呼出他的名字，彼此將很快的產生了親密感，故記名字不但可拉近自己與同事間的距離，也是待客的有力武器。

第五節　服務員應具備的特殊條件

一、健康而且有令人好感之姿容者。當然從事任何職業，皆須有健康的身體，尤其在旅館，由於職務代理困難，當你請假時，將增加同事的負擔，而且非健康者不能有敏捷良好的服務，又良好的姿容能留給客人好的第一個印象。

二、注意修飾者。一個從事服務業的人，懶懶散散、隨隨便便是不能爲客人所容忍的。旅館人員，其代表服飾必須保持清潔，每天早晨刮鬍鬚、頭髮等本是理所當然，他如鼻毛、手指指甲也應時時保持清潔，內衣褲、襪子要時常換，領帶要打結整齊，皮鞋要擦亮等等，也應注意。當一個人全身保持清潔整齊時，也會頓感精神煥發，萬事皆如意。

三、能細心注意瑣事者。做事要非常細心，看了客人的動作要能即時推察客人的要求，自動上前服務，這樣客人必會覺得心滿意足。

四、親切地待人接物。對人固然要親切，對自己的職務也要親切、熱誠，隨時注意，不斷研究，同時對物也要親切。尤其旅館比之其他機構備有更多各色各樣的物品，其破損率與從業人員是否能親切接物，有莫大的關係。

五、旅館工作員應易於適應環境。一般人雖然有優秀的才能，精通於各種職務，但當被調到其他部門時，不能即與該部門的人協調的話，工作能率也將會降低。

第六節　服務員服務須知

一、服務員（Room boy）受領班直接指揮工作。客人一旦進入該室，即屬客人之私人房間（Private Room），客人就好比以此劃了一道城廓，所以雖是擔任該處之服務員，亦不可隨便出入，更不允許因細小的事情而進入。各房間門戶閉鎖很嚴，除以該房鎖匙開門之外，任何人皆不得進去，這是所謂旅館的隱居處（Privacy）。房間內得以確保旅客安全是旅館引以自豪者，服務員須知道這是客人之權利，不可隨便打擾，使客人有賓至如歸之感。房間不但每日要定時清潔，客人午睡之後，來訪客出去之後，房間也須整理，使客人舒適愉快。

二、服務員必須了解客人的性格，且要巧妙的遷就其性格。譬如說：有一種人性好整齊清潔，因此親自佈置得無微不至，但是他對於自己的佈置，絕不容忍別人去移動它，甚至於連碰碰他的東西都不高興。遇到這種客人，打掃房間時便須特別注意，儘可能不去移動他的物品，其他如有怪僻者，要獲得完滿的服務更須時時注意服務的技巧。

三、清掃的時間以不打擾客人爲原則，例如利用客人用膳、商務或爲其他事情外出時間最好。但是星期日因客人外出時間不定，所以須請問客人何時可以打掃房間，以求旅客及旅館雙方的方便。

四、服務員因事到房間時，要聯想到其他可同時做的工作，以便減少進出房間的次數，始不致麻煩客人。例如：這客人是口不離煙者，可能煙灰缸已裝滿了，應帶新煙灰缸去調換。又如訪客回去以後便須帶盤子去整理玻璃杯。類此，事先考慮的話，本來要二次往復的工作，一次就可以完成，就本身而言也是一舉兩得。

總之，進入房門後，除被吩咐的工作外，還要將四周巡視一番，查看是否有應整頓的東西，養成這種習慣，必能供給舒服和愉快的服務。

五、旅館中有實施二班或三班或二十四小時制者，所以對特別嗜好的客人要加以注意，以便交代。如對訂菜（Order）有經常不變的嗜好或習慣的，不要忘記交代給接班者，以免客人每次都得做同樣的吩咐，而感到不便。所謂服務之一貫性，甚爲重要。

六、服務員除了接客服務外，不要忘記自己是個旅館從業員，應維護旅館的利益。例如：旅館普通以行李爲支付房租的保證，因此若沒有帶行李住旅館的人，或近乎沒有行李時，櫃臺得請求客人先付房租。因此住宿中行李被搬出或發現沒有價值的行李時，要立刻報告領班，由領班再報告櫃檯，以便嚴密注意。又來訪者如果住宿在房間或客人數日沒回來旅館住等事情，亦須報告領班加以注意。

第七節　服務臺

大的旅館客房部在各樓設有服務檯（Floor Station或service Station），它是櫃檯的先驅機構，受櫃檯之指揮或客人之囑託，負責有關房間之服務工作，其他如外出客之來訪者、電話、信息等，亦均由各樓服務人員直接處理，期能圓滿，親切地達成任務。故客房服務檯在一旅館服務工作上，與客人接觸的時間最長，次數最多，責任也最爲繁重。不過台灣的旅館，各樓服務台大都屬於房管部門故性質不同。

各樓服務檯分別置有領班一人，負責監督並指揮服務員之工作，至於服務員之多寡，則視房間之多少而定，在美國，大概一個女服務員負擔十五個房間。領班必須富有經驗，善於領導者，方能勝任愉快。

各樓（或兩樓、三樓合用）設有一倉庫，以便放置寢具、清潔用具、簡便餐具及客室需用備品等，倉庫內各物均須照規定位置放置整齊，保持清潔，以便隨時取用。其他並備有冰箱、電爐等，以供應冰水、茶或便利客人夜間所需飲料，如咖啡、果汁、汽水、啤酒、冰塊之類，以期廿四小時皆能保持愉快的服務。大型旅館另設有房間餐飲服務單位服務之。

各服務檯對客人已遷出之房間清潔後，應即報告櫃檯，該房間已可出售，其他如客人之動態，亦須隨時向櫃檯報告，經常取得連繫，旅館中常因櫃檯與樓上服務檯聯絡欠佳，而發生引導客人進到未清掃的房間，或客人出去了而不知及時清掃等事所以要特別留意。

再者，夜間值班人員須特別注意安全工作，如檢查房間的門鎖是否已上鎖，因爲有少數客人總會忘記或沒有鎖門之習慣，注意是否有身份可疑者之出入，謹防小偷。客人講話的聲音是否太吵鬧，尤其夜晚喝酒後回來之客人，更須特別注意給予照料。對於十二點以後，仍在房間逗留之訪客，如要在本店過夜時，必須請其登記並報告櫃檯。

在此順便提提，萬一遇到客人死在房間時，無論是因自殺或其他原因，必須即刻鎮靜地暗中報告直屬上司，以便採取法律上應辦的手續，如通知警局、家屬、衛生機關等，絕勿將此消息與其他同事談論，而應保守秘密，若無其事地繼續你的工作。至於屍體之搬運，宜在夜晚由後門靜靜地搬出，儘量避免讓其他客人或無關的工作人員知道，諸位對此心理上事先應有所準備，以免臨事而張惶失措，驚動他人。

各樓服務檯應有日記簿，詳細記載各該樓每日之工作情形，送請主任批閱。

第八節　接客服務

一、接待新客

接到櫃檯或服務檯通知客人已經到達房裡時，首先將保溫瓶（Thermos）裝入新鮮的冰水（Ice water），東方人又要為他準備茶水或熱水（客人另有要求時例外），將杯子一起放在盤上，並帶該日報紙一起送到房間。保溫瓶之所以不預先放在室內，是要讓客人知道冰水是新鮮的。進入房間要輕輕敲門，其要領是輕握手拳，以中指節敲之，並說：「可以進來嗎？」如裡面有「請進」的允許後方可進去。有時客人也會不允許的。例如因旅行疲倦，想立即午睡，他即會回答：「No.」或者在門前掛上「不要打擾」之卡片，這時可不能怪客人不知好歹。進入房間後，先恭敬地對客人打個招呼：「歡迎光臨」，「我是您的服務員」。而後將盤放在所定位置，將報紙送上去說：「今天的報紙（或晚報）」；客人若整理著行李時就幫忙他，整理好了問客人－「請問住幾天」，這雖可由櫃檯通知而曉得，不過以服務員之立場，再問一次亦無不可。知道客人要住一天、二天或二天以上時，對洗衣或其他工作，心裡上便能事先有個準備。而後「請問有其他事情嗎？」如果沒有就請他需要時，隨時吩咐，然後告退。

客人初次在某項服務上有了吩咐時須報告領班，並轉告交班之服務員。

二、擦皮鞋服務

客人的靴普通是晚上放在走廊上待擦，這是歐洲各旅館之習慣。但是穿著髒靴的客人，如在雨天到達者，當他進房間後，如馬上進入浴室時，客人的靴須即時拿去擦，不但為了客人而且可以防止弄髒室內的地板或地毯）（此種實例發生在溫泉所在地的旅館特別多）。

一般旅館服務員只替客人擦黑、褐色皮鞋，白皮鞋即代送給鞋匠擦。又收到皮鞋時應以小紙條寫上房號放入皮鞋內以防因忙於其他工作而忘記其房號。

三、洗衣及燙衣類服務

對客人拿出待洗之衣物有燙、乾洗、水洗（Pressing, Dry Cleaning, Laundry）三種。須注意：第一、件數，其次，查口袋有無東西，使客人有精確安全之感。第三、有無掉落的鈕子、破洞、嚴重的汚點，褪色，布質細弱不堪洗濯等。以避免送回來時件數不足、鈕子不見等不滿，引起麻煩。對外國婦人，此等事情要更加注意。

洗衣表（Laundry List）本應由客人自己記入，但客人有的委任服務員詳查後代爲記入，故如發現和客人所說的不合時，最好當場改正。外國人對送回來衣物的不足等，會不客氣的要求賠償，故非事先讓其知道不可。有的旅館規定發生賠償問題時，只賠洗衣費的十倍爲限。但最好能儘量避免此等事之發生。

洗衣物最好在早上送出才能完成的早，故應使客人知道這種要領。又就時間而言，有快洗（Special Service）、普通洗之分：前者早上送去，晚上即可送回，須另加快洗費（Extra Charge）。諸如此類，對快洗、普通洗之時間，價格應記清楚。隨時解答客人對洗衣物之疑問，儘可能給予客人方便。

對依照規定遷出之客人，注意有無洗衣物尚未送回。行李整理後，須檢查房間內浴室、衣櫥、抽屜等，以避免客人遺忘物品，以求服務週到，且可避免以後追送、保管的麻煩；同時注意房間之備用品，如：臉巾、煙灰缸等有無不足。對這些東西的不足不能確說惡意，或許客人想留做紀念品而帶走，這時應通知領班善爲處理，避免服務員直接對客人講話，而發生衝突。

四、遺忘物品

遺忘物品的處理：客人Check Out後，房間內發現有遺忘物品時，應記錄在Lost And Found登記簿上，要記明房號、姓名、年、月、日、物品名稱，拾得人姓名，然後交給領班送保管部保管，不得以個人之判斷認爲客人不要而據爲己有。如客人已離台灣，應等他來信索取，始可寄去。不可自作聰明，按登記住所寄去，這樣可能會發生意外。我們有義務替客人保密他的行動。

第九節　房務管理實務

近代旅館之投資額九成以上屬於土地、建築物、機械設施與其他裝備，如何保養它確是一件很困難之工作。機械器具之裝備保養係屬於機械部門工作。但這些裝備之清潔、保養即屬於房務管理之責任。在此節主要論及房間之清潔工作。

Housekeeping之工作，如果處理得妥善，客人之健康安全乃得保障，進而使他獲得舒適、欣慰，故Housekeeping之良否，與旅館人員服務之是否熱忱，同是決定讓旅客是否日後將再回來住宿之一重要因素。

床單（Sheet）之耐洗次數是二百次，臉巾、浴巾（Towel）和枕頭套（Pillow Case）平均是一百五十次，這些稱爲Linen，其應準備數量是使用量之三倍，一組放在房間，一組置於庫房，一組送往洗濯，服務員對公物固不得擅自私用，且必加愛惜，以保耐久。其他清掃用具如布巾車（Linen Cart）、掃把、拖把、電動打臘機、眞空吸塵機、水桶、刷子、擦拭用巾，應小心使用，用後均應保持清潔，依照規定位置排置在庫房。遇稍有損害，如能自己修理者即時修理完整，不可隨便棄置。至於肥皂、肥皂粉等清潔劑、臘（wax）或鐵絲綿等均甚昂貴，亦應依照規定適量使用，切不可浪費。保護、愛惜、節約公物乃是個優良服務員所應具備的公德心。

每晨打掃房間之前，應注意住客名單，及今日擬「遷出」、「遷入」之房間號碼，以便對打掃房間順序，心理上有所準備，並將所需之Linen等事先準備好，整齊地放置在布巾車上（或各樓服務臺庫房），並將打掃用具等備妥，以便工作能順利進行。

一、床的種類

旅館內最重要的部份是客房，而客房之中最重要的是「床」，旅館內所用的床，大別之可分爲Single Bed（單人用床）39英寸×81英寸及Double Bed（雙人用床）57英寸×81英寸，但介在其中的叫做，Semi Double Bed（半雙人床），即雙人床的$\frac{3}{4}$大，所以也叫做Three Quarter Bed，51英寸×81英寸，此種床之特點就是可以當單人床或雙人床之用。

如果由床的構造或用途來區別，還有許多種類，即普通床（Conventional Bed），床底比床架邊稍微低些，中間凹處放入床墊，同時前後有床頭板床尾板。此外有一種叫做Hollywood Bed，跟普通床所不同的是，第一沒有床頭板，有時也沒有床尾板。第二床底與床架上緣同樣高度，故床墊只是擺在床架上。它的特點是第一可以做沙發用，第二是如果將單人床（37英寸×81英寸）二張合併起來可以當做雙人床（Hollywood Twin Beds）之用，就是好來塢式雙人床。

還有一種叫做沙發床（Sofa Bed），大約30至36英寸寬，白天當沙發，晚上可當單人床用。另有一種將Hollywood Bed改良過來的叫做studio Bed（也是沙發床），就是將Hollywood Bed不予移動，將其緊靠著牆壁，並將枕頭經常放於床上，再蓋上床套當做沙發用，晚上可當床用，這種床最能適合小間房間之需要。因爲此種床最初由華盛頓的Statler Hilton Hotel所用，故也叫做Statler Bed。

此外尚有：(1)Hide-A-Bed（隱藏式床）。即雙人床兼沙發之用，它的床架邊可予折疊起來當沙發之用。(2)Duo Bed（併用床），白天可分成兩部份，一部份當沙發，另一部份當單人床，到了晚上則可以當雙人床之用。(3)Door Bed（門邊床），床頭的部份用鉸鏈與牆壁相連接，白天將床尾往上扣疊，緊靠牆壁晚上放下來當床用。(4)Space Sleeper（裝飾兩用床），白天可折疊起來靠牆壁做飾架之用，晚上才當床用。(5)Cot（移動床），即臨時搭架起來的床，通常沒有床架、床頭板及床尾板。用金屬製的彈簧床座及床墊均可由中間折疊起來。床腳附以輪子以便移動，其尺寸大約37英寸×75英寸。Baby Bed或Baby Crib（嬰孩用床），即周圍用柵圍豎起來的嬰孩用床。其他尚有較大型的床如：KING SIZE BED 長二〇〇公分，寬一九三公分及QUEEN SIZE BED 長二〇〇公分，寬一五二公分。

二、做床（Make bed）

房間之打掃在氣候允許範圍內，應先拉開窗簾（Curtain），打開窗戶，以調換新鮮的空氣，然後做床。所謂「做床」就是先取去使用過的毛毯（Blanket）、床單、枕頭套，將彈簧床（Spring Mattress）放正。又床墊若時常放同樣位置，則某一地方因時加重量而致凹下，故有時要將頭與腳的方向互相調換。

在床墊上面放床鋪墊（Bed Pad），其上面鋪上床單，床單之摺紋，排在床中央部拉平，將伸出床頭部份及左右折入床墊底下，所以這樣做是爲了防止睡覺時床單向足方縮下。其上面再鋪上一條床單，頭方與床頭齊平，再鋪毛毯，頭方離床單廿公分，以便摺上作襟，這樣將毛毯拉平，頭方留下放枕頭的餘地。毛毯與床單左右伸出部份與足方均折入床墊底下。

最後放置枕頭二個，蓋上床套（Bed Spread）。床套之色彩美麗柔和避免用白色床套，以免給人有一種病態的感覺。　開床（OPEN BED）：

做床完畢後，到了晚上六、七點鐘之後，因客人將就寢，故須將床鋪重新開床，以便客人可以隨時上床睡覺，其要領是把床套摺好，收在行李架或衣櫥等適當場所，床襟之左方或右方拉開成三角形。至於是左是右則依做床方法和客人從椅上起立要上床時較便利的方向而定。

開床的方法按旅館而稍有不同，都是爲了使顧客能安眠而做，各旅館之作法皆有可取之處，自不可妄加非議。

三、打掃房間

旅館之地板若全鋪上地毯（Carpet），則掃除時須先將椅子、咖啡桌、床邊椅等移至一隅，以便吸塵機（Vacuum Cleaner）之吸取塵埃易於進行，有時爲避免噪音及省電起見，亦有以毛刷（Brush）代之。毛織品的地毯，不耐過量沙土之黏著，故入口處及擺椅子處，因客人時常踐踏，須要多下工夫。又椅墊、床墊亦可以吸塵機吸塵。

木質地板即先以鐵絲綿擦除黏著地板上之污點，再打掃乾淨即可打臘，約經十分鐘待臘稍乾後，以打臘機或拖把（Mop）摩擦，使板面顯得乾淨、光滑、明亮。又塑膠地板、磨石地板先以中性肥皂水洗刷乾淨後，再打水溶性臘或地板臘，而後加以擦拭，使其滑亮。椅子、桌子、傢俱的表面，鏡子、電燈罩、圖框、窗門、通風口、冷暖氣機口、牆壁之護壁板等均須以抹布擦拭乾淨。

四、浴室之清掃

浴缸、洗臉盆須用肥皂加以洗刷，但須注意避免所使用之抹布、殘片等會塞住排水口，要知道萬一排水管塞住了，不但這房間不能出售，而且爲了修理這管子，恐怕其他與此有關連之房間也要閉鎖至修理完成爲止，此乃是旅館的一大損失，浴室之壁、簾子（Shower Curtain）容易黏住肥皂沫而發生污點，故須注意洗刷。至於廁所之清掃，馬桶要將坐板翻上，以刷子洗刷內部，便器外側，坐板表裡清潔後用抹布沾消毒劑加以擦拭，最後以印有清潔消毒完畢（Cleaned And Disinfected）之紙條封上，使客人感到既衛生又清潔。

清掃浴室時要注意不要使水流到房間地板上，又清掃完後要將全室各處以乾布擦乾，不可有水份存在。並將客人物品照原來位置排好，最後將新的面巾、浴巾放整齊，肥皂、嗽口杯等均應照規定位置放好。

又銅器類非擦得光亮的話，客人很容易認爲工作不精密。不但銅器類，連制服之銅鈕子也需擦亮。擦後需把銅油擦拭乾淨，手觸到才不會有臭味。

五、其他注意事項

客人已遷出的房間，書桌的抽屜（Drawer）內東西要全部拿出清掃後，照規定將信紙（Writing Paper）、信封（Envelope）、電報紙（Cable Form）其他如旅館簡介等文具備品補充完全。清掃後不許留有前客之遺留物或寫過的便條、小紙片，若有那些東西的話，就是其他部份再整潔，這桌子仍要被懷疑是否曾經清掃過。

又服務員須經常注意房間有無蚊蟲、蜘蛛、蟑螂、蛀蟲等損壞傢俱或地毯的害蟲，有則噴射去蟲劑等殺蟲劑。

以上所述大都是客人遷出後房間之清掃方法，但在客人住宿期間亦沒有什麼特別的差異，只是整頓客人的東西時要注意應儘量順從客人之意整頓，不要加以搬動；如在整理床舖時應注意客人有無將貴重物品遺忘在枕頭邊、毛毯下或壁隅，如果檢到，應交還客人，客人未讀完的書，在翻開之頁要夾以紙籤，丟在字紙簍之外的紙屑片，也可能是重要的備忘錄，故整理時不要任意捨棄，應檢查紙中的內容，如此順應客人的需要去工作，以謀求全室之清潔、舒適、條理井然。而且前節所述選擇客人不在時打掃，其所需時間依房間之大小而定，普通以二十分至二十五分鐘爲宜。

客人時有調換房間（Change Room）之要求，如住在臨街之房間者，因不慣於街道之噪音，要求移到裡面的房間等，客人到櫃檯要求後決定換房間時，原服務員與新移入之服務員應共同將客人的東西搬出，移到房間整頓好，原服務員須將該客服務員所要注意各點轉告新服務員，使客人不必再重新作同樣的指示。

旅館除房間之打掃清潔外，對走廊、地下室之地板（水泥）、樓梯，以及工作人員專用處所，公共場所通路、旅館周圍等亦須注意時時保持清潔，以免將泥土、沙塵等帶入房間。總之，旅館之清潔工作要確立一定之打掃順序與方式、時間，工作人員互相協助，一致遵照旅館之方針與標準，徹底達成工作，以保持良好之清潔與衛生。茲將房間清潔工作順序及檢查方法及項目列表於後，以供參考。

六、房間清潔工作順序

(1)準備：

a 布巾車（Linen Cart）：將布巾車整理乾淨，把所應使用之布巾Sheets, Towels, Bath Mat Pillow

Case和文具類、消耗品類等整整齊齊地排置在車上。

b工具：在乾淨的小水桶裏放乾擦布一條、濕擦布一條、刷子一個、塑膠泡綿一塊、清潔劑罐子一個，整齊地排置在指定的位置，以便打掃房間之用。

c大型垃圾桶把蓋子蓋好，放於指定位置。

d各服務員上班後即先查看Indicator（客房狀況控制盤）和Room Report（Daily），以便明瞭自己所負擔房間情形，決定打掃順序。

e打掃住客房除掛有打掃卡或特別吩咐者外，應利用住客外出時間。

f遷出房間盡量先打掃清潔，報告領班（或記入Room Check簿），以便通知櫃檯出售房間。

(2)進入房間：

a以中指關節處敲房門（不可用key敲），並聲稱Room Boy Service等客人允許後啓門進入。如客人尚在房間應退出。（工作前先把「服務員工作中」之牌子掛在門前）

b把門打開著直至打掃完畢爲止。

c把燈光完全打開，試看是否應換燈泡。

d把玻璃窗、紙窗、布簾全部打開。

e空調開關撥正中央位置，並注意是否故障。

f試聽收音機是否故障。

g注意房間有否損壞部份或遺失物品，有則報告領班。

h如有客人遺留物品應交領班處理。

(3)打掃房間：

a把Room Service餐具全部拿出。

b把煙灰缸的煙蒂倒在垃圾桶（不可倒入馬桶內），並洗乾淨。

c把所有垃圾桶和其他雜物拿出倒在大垃圾桶，應注意是否有客人的物品夾在裏面，垃圾桶經擦拭後放回原位置。

d把髒布巾全部收取以一條床單包起來，拿出放在布巾車的袋裏（Soiled Linen Bag）。

e依照規定方法做床，床墊（Mattress）應每星期調頭一次。發現Bed pad髒時，應隨時送洗。

f清潔傢俱和木製品：

(1)擦拭所有傢俱、木製品、抽屜裏面，並應檢查是否有客人遺留品。桌椅腳部或凹入處應特別注意擦拭。

(2)擦拭電話機，並定期以酒精消毒之。

(3)椅墊、布簾以刷子清潔之，遇有污點以清潔劑洗刷乾淨。

(4)木器部份定期塗傢俱油擦亮。

g銅器部份除每日以擦布擦拭外，定期用銅油擦亮。

h玻璃窗先以濕布擦後再以乾布擦拭。

(4)打掃衣櫥：

a擦拭衣架子、掛衣桿，並注意衣架是否夠用。

b擦拭衣箱、地板，並把拖鞋、擦鞋布、洗衣袋排好。

c注意電燈開關是否故障。

(5)打掃浴室：

a清潔日光燈、大鏡。

b以Sponge洗刷洗臉盆及大理石架、肥皂盒和玻璃杯碟子。

c 已遷出房間之玻璃杯（Room Tumbler）應換上經洗滌套有已消毒紙條包上。（註：玻璃杯之洗滌方法：⑴水瓶及玻璃杯須用肥皂水或清潔劑洗滌。⑵用清水沖洗。⑶整個泡在含有消毒劑之溫水中浸二分鐘，一加侖水中加入一湯匙Clorox消毒劑，取出後置於架上涼乾，切勿用毛巾擦拭。）

d 洗刷牆壁磁磚，把肥皂沫、污點等洗乾淨。

e 洗刷Shower Curtain及Rubber Mat。

f 以濕Sponge撒上清潔劑用力擦拭浴缸。

g 以刷子擦洗馬桶內部後，用來蘇爾消毒之。

h 洗馬桶外面和坐墊、蓋子，然後以印有Cleaned & disinfected紙條封上。

i 擦洗地板清潔後，應使全浴室都是乾的，不可有水份存在。

j 水龍頭等金屬品以乾布擦亮，必要時用銅油擦拭之。

k 排置毛巾類、肥皂、衛生紙、刀片盒、衛生袋等規定備品。

⑹補充客用消耗品：

依照規定補充文具用品及其他有關物品。

⑺打掃地板：

地毯以眞空吸塵器吸淨。壁角、傢俱、床底應特別注意清潔。

⑻其他：

假如舊客人遷出後，這個房間有一天以上空房時間時，應行大清潔如地毯污點之洗刷、牆壁之擦拭，並請工務組將應修部份修繕，使房間的設備清潔能經常保持一定的水準以上。

註：房間文具一覽表

信紙（大）	十張	信紙（中）	十張	信紙（小）	十張

信紙（大） 四張　　信紙（中） 四張　　明信片（一式）四張

意見表　　二張（單人房一張）　　　　　鉛筆　　一支

七、房間檢查法

一、臥房檢查：

「房門」：首先試一試鑰匙孔，然後敲敲門，以確定裡面並沒有人。插入鑰匙，注意轉動是否靈活。看看把手及掛鈎是否適當可用。確定門的鉸鍊不會出聲或卡住不動，假如是這樣，使用機油及「助滑劑」。記下需要工程人員加以注意之所有物件。

「天花板」：注意天花板之情況檢查灰泥有無裂縫，小水泡表示上方有漏水的地方。看看天花板上是否有煙垢，角落裡是否有蜘蛛網，或是否需要清潔。注意天花板上的燈，並確定適當瓦特數之燈泡能照常發亮。一切附屬裝置必須保持清潔。

「牆壁」：檢查牆之情況，是否需要油漆、洗刷，或變換顏色。看看嵌邊和護壁板上的灰塵是否已被除掉。注意門框和空氣調節器開關四週是否沾有手印。對牆壁的檢查也包括下列各處：

帳簾——應該清潔而懸掛優美。注意支桿的情況，務使上面沒有灰塵和黑煙。

窗簾——必須永遠保持清潔，並懸掛適宜。按照需要經常更換，因爲僅需要幾分鐘即可，而對房間幫助甚大。

電燈開關——檢查是否有手印。

書框——應該擦淨灰塵，並使玻璃光潔耀眼。

百葉窗——應該清潔並易於拉動，繩子和帶子亦應保持清潔。

空氣調節器——應該調至適當溫度並保持之。

牆上鏡子——必須適當懸掛上面應無痕跡或手印。

窗子——注意其清潔及窗鎖情況良好。確使它們能容易開關。所有斷掉的窗框吊帶均應立即報告。

窗口遮陽蓬——確使保持清潔，備有良好的拉繩，摺疊容易。

「傢俱」：應該和牆壁同時檢查。走進房間後向右轉，並以反時鐘方向環繞室內工作。

「床」：應該鋪疊完好，床單上應絕對沒有皺摺、穢物或污點。每張床均應保持平穩，注意床套和帳簾顏色的配合。

「椅子和沙發」：確定彈簧均已固定堅牢，座椅扶手未曾鬆脫。檢查座墊是否有隱藏灰砂及紙屑之處。它們應放置整齊，圖案應向上。

「櫥櫃」：應放置穩定。頂面應清潔。發現鬆脫或失落之抽屜把手，應即報告。抽屜應隨時均有乾淨墊紙。

「電燈」：在一間客房裡，電燈通常包括天花板燈、床頭燈、桌燈、梳臺上方之燈，通常還有立燈。注意所有燈泡是否良好。

「燈罩」：必須使其接縫放在後部，並與布上條紋成一直線。

「床頭几」：應置有每日清潔及每週消毒一次之電話。

「書桌」：書桌通常被認爲是代表一家旅館風格的象徵。確定它們已經置放平穩。抽屜把手情況良好，外表整齊清潔。抽屜內應墊以大小適合的白紙，並放有規定的文具用品。

「地面」：應以真空吸塵器徹底清潔。檢查床鋪下面和大型傢俱後面是否有灰塵。假如地毯需要染色或修理，應予報告。確定置放在地面的所有電線均係情況良好，無磨損或接觸不良情事。地毯邊緣的護壁板嵌邊上應無灰塵，門框應洗淨。

二、浴室檢查：

浴室應該一塵不染。注意天花板、牆壁和地面的情況。報告必要之油漆、牆壁洗刷、或灰泥裂縫修理。

浴盆及抽水馬桶必須十分清潔。注意緊靠臉盆後面的牆壁，臉盆之下方亦應保持清潔——不要忘記坐在浴盆中的顧客能夠看到這塊地方。淋浴水管應無灰塵並應擦亮。很多女顧客把她們的衣服掛在這些水管上，她們對上面的灰塵將不能原諒。淋浴蓮蓬頭應予擦亮。藥品架內部應洗淨，架子上的污點應清除。肥皂盒應予清潔，裡面不得有碎肥皂塊和肥皂水。檢查各項浴室用品是否齊全。

三、衣櫥檢查：

牆壁必須有一新穎清潔之外表。架子上應一塵不染。應有送衣袋及足夠之衣架。假如壁櫥有自動開關的電燈，應確定該開關正常，燈泡未曾損壞。

四、走廊及大廳檢查：

對每層樓梯前面走廊的每日檢查是樓層領班重要工作的一部份。走廊應該整齊有序，清潔不亂，並隨時保持如此。檢查煙灰缸是否清潔。

大廳應每日檢查。按照規定，地毯每日應以眞空吸塵機清潔一次，檢查走廊電燈，出口處電燈及消防栓燈，如有損壞燈炮，即叫電工更換。桌子、宴會座椅、奇形怪狀的傢俱，以及掃帚、提桶，或其他用具，不應出現於大廳，使外觀紊亂。

五、報告待修品：

將需要電工、鉛管工、木工、或工程師，檢查修理的一切物品記下，並報告房務管理員辦公室。資料要清楚，以免把所報告的房間號碼或物品損壞情形弄錯。修理後一定要加以檢查，必要時得作第二次報告，不斷檢查，直到房間恢復整齊爲止。

當旅館財產遭到破遭時，立刻向房務主任報告，以便採取適當步驟，爲破損壞物品提出必要之控告。注意打碎或打破的鏡子、被沾上污點的地毯、室內裝飾品被燒處、損壞的椅子、打破的電燈、遺失的毛巾等。傢俱甚爲昂貴，其被損壞所遭受的損失，遠超過所收的房租。一份正確而完整的損壞報告是最重要的。房內不妨掛上主要設備的時價表，遇有旅客損毀財物時，要求照價賠償，並將損毀物歸賠償者所有。

八、房間女服務員的工作

㈠房間女服務員的擔任房間數及工作範圍是根據下列四項條件分配：

(1)旅館的大小和接待住客的方式。

(2)有若干洗浴缸。

(3)有多少服務員。

(4)每一個人的服務範圍及工作時間。

㈡大型的旅館，每一房間女服務員要管十二個房間，並有洗澡間的女工幫忙她工作，小型旅館的房間女服務員每人要管十二到十五個房間，還有兼管理洗澡間的女工幫助她工作，但是一般旅館，因爲旅客的雜務很多，且客人起來很早，實際上也不能管理這麼多房間。

㈢負責每個房間和附近走廊的整潔。

㈣她要向領班報告經管房間的住客動態及工作情形。

九、布巾管理

一、管理員必須要知道布巾的質料和數量，及旅館裡需要的最低限度儲藏量。

二、採購前必須詳細探詢價格後再決定。必要時可先試驗其材料品質的好壞和是否耐用。

三、製作檯布之尺寸應配合桌子的大小，其長度應放下來四周圍碰到椅子爲標準。

四、製作毛巾時，長與寬的比例爲二比一。

五、布巾的儲藏，要乾燥、有光線，應分別存放，並隨時充實儲量，以利供應。

六、布巾儲藏量以下列條件爲決定標準：

㈠多少床鋪。

布巾車內備品

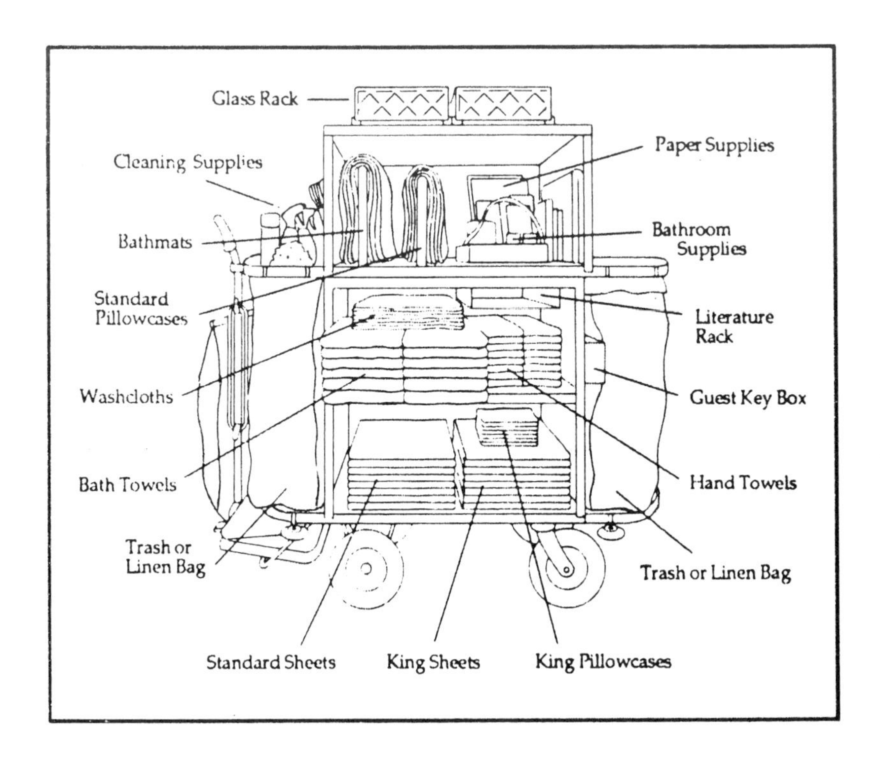

Glass Rack
Paper Supplies
Cleaning Supplies
Bathmats
Bathroom Supplies
Standard Pillowcases
Literature Rack
Washcloths
Guest Key Box
Bath Towels
Hand Towels
Trash or Linen Bag
Trash or Linen Bag
Standard Sheets
King Sheets
King Pillowcases

㈡每天客房利用率的統計。

㈢估計布巾耐用的時間。

㈣規定多少時間換洗一次。

㈤重新洗滌的布巾有多少。

㈥臨時額外旅客的增加。

㈦修補布巾需要時間。

平常每一床位，應備有三至五套的布巾。一套在用，一套放在儲藏室備用，一套在洗，一套備額外應用。如布巾的儲藏量少，則用的次數必多，損壞的程度亦一定很快，所以布巾的儲藏量應該多備爲上策。

十、房間檢查項目

(1)臥房檢查項目：

1.門鎖　2.門的鉸鍊　3.天花板　4.天花板之電燈　5.牆壁

6.門框　7.空調管制器　8.帳簾　9.玻璃窗簾　10.開關

11.掛圖　12.放熱機　13.百葉窗　14.空調調節表　15.壁鏡

16.窗門　17.窗簾　18.床及床頭板　19.椅子沙發　20.衣櫥、冰箱

21.電燈燈罩　22.床頭几　23.電話簿　24.電話　25.書桌及文具

26.地板　27.床底下　28.傢俱背後　29.地毯　30.電線、手電筒

31.門的緩衝器　32.壁紙　33.行李架　34.茶几　35.收音機、電視

36.備忘錄　37.煙灰缸　38.洗衣單　39.垃圾桶　40.文具用品聖經、佛經

(2)浴室檢查項目：

1.天花板　2.牆壁　3.地板　4.浴缸、防滑踏墊　5.臉盆

6.蓮蓬　7.臉盆底下　8.浴室扶手桿　9.藥品架　10.玻璃杯
11.肥皂盒　12.肥皂水或肥皂　13.衛生袋　14.水龍頭　15.馬桶
16.電燈　17.鏡子　18.淋浴掛帘　19.大理石之臉盆架　20.臉巾、毛巾
21.浴巾、腳墊　22.廢刀片盒　23.衛生紙、化粧紙

(3)衣櫥檢查項目：
1.壁　2.衣櫃上下　3.洗衣袋　4.掛衣架、衣刷　5.自動開關電燈
6.擦鞋布　7.拖鞋、鞋把　8.房客須知

(4)各樓接客廳檢查項目：
1.電梯前之接客廳　2.煙灰缸　3.地毯　4.電燈　5.是否有任何工作工具阻礙走廊

茲將有關客房管理實務參考資料：㈠清潔工作所需時間估計表、㈡髒污清除表、㈢地面保養表、㈣房間完成工作記錄表等列後，以供參考。

住宿須知

本飯店爲謀房客本身之安全與便利，特訂定下列應注意事項，務請賜予合作爲禱。

一、本飯店備有保險箱專供貴客寄存財物之用，請將貴重物點交櫃台保管，否則如有遺失，恕不負責，代管之物件，如因不可抗力之災害損失時，本飯店不負賠償責任。
二、貴客外出時，請將房間燈火熄滅，並將房門鑰匙交櫃台保管，以策安全。
三、貴客遷出後，如有郵件需本飯店代轉，請將通訊處通知櫃台。
四、貴客如有親友來訪，請先與櫃台聯絡，按照政府規定，每晚在十一時後，訪客進入房間，不論男女一律必須登記備查。
五、每日清晨八時前及晚間十時後，請勿高聲談話，以免擾及鄰室安寧。

六、請勿在房間內洗燙衣服烹調食品。

七、除電動剃刀及電褥外，請勿在房內使用其他電氣用具，以免發生危險。

八、本飯店嚴禁攜帶獸畜進入。

九、嚴禁在本飯店內吸食毒品及不正當之娛樂。

十、請勿攜帶臭腐或易燃之物品進入。

十一、攜有違禁品或患精神病、傳染病之旅客恕不招待。

十二、請愛護本飯店一切用品及設備，如有損毀須照市價賠償。

十三、如需臨時保姆照顧嬰孩，請與櫃台接洽。

十四、如發現遺失物品，請即報告櫃台。

十五、請勿在床上吸煙或將點燃之香煙置放於傢俱上，必須將火柴及煙蒂完全熄滅，始行丟棄，以免發生危險。

十六、貴客遷出時，請將行李檢點清楚，以免遺落。

十七、貴客因故離店他往，如期間不超過十日者，可將行李免費寄存在行李間內，惟貴客須自負遺失責任。

房租收費

一、本飯店房租訂價因房間之大小、設備及位置不同而各異，貴客惠顧請先向櫃台查明訂價，然後登記，否則一經開始使用房間即須按照該房租金收費，雖佔用時間不足一日，仍按全日租金計算。

二、本房租金每日定爲新台幣＿＿＿元正，每增收一人另加收＿＿＿元，另加服務費百分之十。

三、貴客如需在房內供應餐點及飲料，須照價另加百分之二十。

四、自投宿起至翌日正午十二時止爲一日計算，逾時如欲繼續使用房間，請與櫃台連絡，超出時間在六小時以內者，按半日房租計算收費。下午六時後遷出者，按全房租計算收費。爲避免臨時擁擠起見，貴客惠顧請先訂妥房間。如欲延長住宿日期，煩請事先通知櫃台。
五、帳單一經面呈，敬請即付。
六、本飯店不代兌換私人支票。

緊急事件之處理

一、如遇火警發生時，請即撥「0」號通知電話接線員。
二、貴客離開房間，務請將房門關上。
三、請留意安全門及安全梯之位置，如遇火警時，請保持鎮靜，萬勿慌張，致發生錯亂。
四、貴客身體不舒服或發生急病，請撥「六」號電話，自當代請醫生或作必要措施。

××飯店　謹啓

客房檢查表

ROOM INSPECTION CHECK LIST

日期

Date:______________

房間

Room:______________

檢對者

Inspected by:______________

客房 ROOM CHECK LIST	是 YES	否 NO
門鎖情況良好 Door lock work properly?	☐	☐
電燈開關正常 Light switches work properly?	☐	☐
窗門玻璃清潔 Window glass clean?	☐	☐
窗帘掛得垂直而拉展順利 Drapes straight and work properly?	☐	☐
冷氣開關良好 Controls for air conditioning work properly?	☐	☐
冷氣濾塵器清潔 Air conditioning filters clean›	☐	☐
燈罩清潔及垂直 Lamp shades clean and straight?	☐	☐
床舖整理正確 Beds correctly made?	☐	☐
床套舖得完整 Bedspreads straight?	☐	☐
睡枕鬆軟 Pillows fluffed up?	☐	☐
椅墊清潔及完整 Upholstery clean and in good shape?	☐	☐
牆壁清潔無蜘蛛絲 Walls clean and free of cobwebs?	☐	☐
牆有裂痕 Walls scratches?	☐	☐
行李架穩妥無損 Luggage rack in good condition?	☐	☐
抽屜推拉正常 Furniture drawers silde easily?	☐	☐
電話情況良好 Telephone working?	☐	☐
衣櫃門開關容易及無聲 Closet doors open easlly and quietly?	☐	☐

	是 YES
牆壁清潔 Walls clean?	☐
冷氣槽清潔 Aircon ducts clean?	☐
走廊板安放妥當 Pannels for shafts are placed properly?	☐
走廊木板清潔及打腊 Around corridor wooden skirting clean polished?	☐
走廊窗頭板清潔 Window wooden edges around corridor clean?	☐
浴室設備 BATHROOM CHECK LIST	
	☐
浴室膠墊或安全膠條 Bath mats/safety strip?	☐
廁板兩面清潔 Toilet seat clean both sides?	☐
水廁底部清潔 Underside of lavatory clean?	☐
浴室異味全消 Bathroom free of odors?	☐
沐浴帳帘掛桿平滑無損 Shower rod in good condition?	☐
水喉漏水 Faucets leaking?	☐
沖廁系統正常 Flushing System?	☐
沐浴帳帘清潔 Shower curtains clean?	☐
磁磚乾潔無水漬 Water spots in tile?	☐
清潔毛巾充足 Good supply of towels?	☐

Item		
男女裝衣架各半打 12 coat hangers:(6L & 6M)	☐	☐
乾淨煙灰碟及火柴數量充足 Enough clean ash-trays with matches?	☐	☐
窗帘緊閉 Drapes closed?	☐	☐
床套清潔無漬 Bedspread clean and free of stains?	☐	☐
燈泡操作正常 All light bulbs work properly?	☐	☐
衣櫃內清潔 Wardrobe inside clean?	☐	☐
自動飲料機清潔 Bell captain unit clean?	☐	☐
冰塊充足 Enough ice-cubes?	☐	☐
需要溶雪否 Needs defrosting?	☐	☐

房間清潔

CLEANING CHECK LIST

Item		
梳檯面 Dressing table top?	☐	☐
床頭架 Bed headboards?	☐	☐
梳粧椅 Arm-chairs?	☐	☐
畫架頂 Tops of picture frames?	☐	☐
窗帘頂箱面 Tops of curtain boxes?	☐	☐
電視正常 T.V. in good order?	☐	☐
電視螢光幕清潔 T.V. screen clean?	☐	☐
鏡 Mirrors?	☐	☐
所有抽屜 All drawers?	☐	☐
衣櫃內格 Closet shelves?	☐	☐
衣櫃掛桿 Closet rods?	☐	☐
電話 Telephone?	☐	☐
燈及燈罩 Lamp & shades?	☐	☐
燈泡 Light bulbs?	☐	☐
窗緣裝飾 Window cornice?	☐	☐

Item	
電鍍水龍頭光潔如新 Chrome sparkling?	☐
廁板安穩 Toilet seat firm?	☐
一切附屬裝置穩固 Fixture firm	☐
磁磚破裂 Broken tiles?	☐
廁座無污漬 Toilet bowl is free of stains?	☐
鏡面無污漬 Mirrors are free of stains?	☐
冷氣出口清潔 Aircon grill clean?	☐
牆及天花板清潔 Walls & ceilings clean?	☐
肥皂盛器清潔 Soap bowl clean?	☐

必需物品

SUPPLIES CHECK LIST

Item	
請即打掃牌 Please Make Up Room sign?	☐
請勿騷擾牌 Do Not Distrub sign?	☐
備忘卡 Tent cards?	☐
酒店服務指南 At Your Service directory?	☐
客房餐務菜譜 Room Service menu?	☐
文具 Stationery?	☐
房間資料應用文具齊全 Compendium properly stocked?	☐
洗衣袋 Laundry bags?	☐
水杯，攪拌棒 Glasses stirrers	☐
電話指南及聖經 Phone book and bible?	☐
塑膠廢紙籃 Plastic wastepaper basket?	☐
木製廢紙籃 Wooden wastepaper basket?	☐
擦鞋紙 Shoe shine cloth?	☐
廁紙兩卷 Toilet Tissue (2 rolls)?	☐
保安措施告示牌 Security stickers?	☐

窗框 Window frame?	☐	☐
床底地面 Floors under beds?	☐	☐
角落處地上 Floors in corners?	☐	☐
窗頭板 Window wooden edges?	☐	☐
走廊竹簾 Corridor bamboo drapes?	☐	☐
窗簾掛好 Curtains are properly hooked?	☐	☐

REMARKS:

商業服務中心小册 BMC Brochure?	☐
逃生圖 Fire escape pIan?	☐
拍紙簿 Writing Pad?	☐
煙灰盅 Ash-trays?	☐
全新充足肥皂 Full supply of soap?	☐
火柴 Matches?	☐

利用小船送餐服務

館內介紹

YOUR ACCOMMODATION

Whether your accommodation be Standard, Medium or Deluxe, the price quoted is based on the European Plan-excluding meals. A maid will clean your accommodations and change the linens daily. If you would like to sleep late, a "Do Not Disturb" card is provided in your room to hang on your door knob. This will insure your privacy. When you leave the hotel during the day, please leave your room key at the front desk. When retiring you may leave a call with the operator (Dial "O") and she will awaken you by phone at the desired hour. Should you wish any special service-bed board, sewing kit, special pillow, typewriter, stenographer-please inquire of the operator by phone.

MAIL AND MESSAGES

As you check in to the hotel your name will be put on our information register, so that you may receive all mail, messages and telephone calls. Your mail and messages will be placed in your key box at the registration desk. A copy of all telephone messages, special delivery and package notices will be placed on your room door.

ROOM SERVICE (food & beverage)

Food and beverage service in your room is available from early morning until late evening. Dial "5" on your room phone for this service.

LAUNDRY AND DRY CLEANING

Laundry and dry cleaning of your clothes can be handled by one-day service. Please dial "6" and place the items to be cleaned in the Servidor compartment on your room door before 8:00 A.M. Laundry bags and lists are in the desk or dresser drawer. All cleaning and laundry will be returned to your room.

TELEPONE SERVICE

Direct dial telephones are available in your room for calling both in and outside the hotel. Attached to the phone is a special directory for in-hotel "service" numbers. If you require further assistance, dial "O" for the operator.

ADVANCED RESERVATIONS

During your stay here, we may be able to help you in making hotel reservations at your next stop. The Hotel maintains a teletype network to its sister hotels in the Hotels system. This is a complimentary service. When a reservation is made via this system to another Hotel, your reservation will be confirmed and gurarantee.

清潔工作所需時間估計表

工作類別	地點	時間
打掃	小房間	每二十分鐘一千平方呎
打掃	無障礙之走廊	每十分鐘一千平方呎
打掃	樓梯	每十二分鐘四十至五十級
水拖	無障礙地帶	每十分鐘一千平方呎
濕拖及清洗	較無阻礙地帶	每三十分鐘一千平方呎
機械擦洗	無阻礙地帶	每小時一千平方呎
眞空吸塵器吸收濕氣	無阻礙地帶	每四十五分鐘一千平方呎
打臘	無阻礙地帶	每三十分鐘一千平方呎
機械磨擦	無阻礙地帶	每十五分鐘一千平方呎
擦淨灰塵	各辦公室	每十分鐘一千平方呎
水擦灰塵	各客房	每十二分鐘一千平方呎
浴室清潔	浴盆地面	每小時五百平方呎
牆壁清洗		每小時四百平方呎
窗戶清洗		每八小時六十至八十個窗戶

髒污清除表

髒污	種類	程序
油性物質	牛油、油脂、油、搽手霜、原子筆油	移開黏著物，塗上乾洗液；使地毯乾燥；假如必需再塗上溶劑，使地毯乾燥後輕刷毯毛。
油質食物動物物質	咖啡、茶、牛奶、肉汁、巧克力、血、蛋、冰淇淋、醬油、沙拉醬、嘔吐	移去黏著物，吸去液體並刮去半固體，塗上清潔劑，醋及水的混合溶液；使地毯乾燥塗上乾洗溶劑；使地毯乾燥並輕刷乾毛。
食品澱粉與糖	糖果、飲料、酒類	吸去液體或刮去半固體；塗上清潔劑，醋及水的混合溶液，使地毯乾燥再塗上溶夜如必需的話；使地毯乾燥並輕刷毯毛。
污點	水果斑點、可洗墨水、水便	
重油脂口香糖	口香糖、油漆、柏油、重油脂、口紅、臘筆	移去黏著物；塗上乾洗液；塗上清潔劑，醋及水的混合溶液；再塗乾洗液；使地毯乾燥並輕刷毯毛。

地面保養表

地面類別	清潔劑	打臘及磨光
瀝青花磚	稀薄之中性肥皂溶液，人造清潔劑或除臘劑——依照廠商之指示使用。	臘類或聚合體類水乳劑。
橡皮	最好用人造清潔劑——依照橡皮製造業協會之建議。	臘類或聚合體類水乳劑。
塑膠	任何良好之肥皂、清潔劑、或除臘劑。	臘類或聚合體類水乳劑、清潔磨光兩用臘溶劑。
油氈	中性肥皂、清潔劑、除臘劑，勿用強鹼溶液。	臘類或聚合體類水乳劑、清潔磨光兩用臘溶劑。
膠泥	中性肥皂、清潔劑、或除臘劑。	臘類或聚合體類水乳劑，可以乾擦而不用臘。
軟木	限密閉的地面——中性肥料，人造清潔劑，或除臘劑避免使用過多的水。	清潔磨光兩用臘溶劑、臘類或聚合體類水乳劑，限用於密閉良好的地面。
木質	限密閉的地面——肥料、人造清潔劑、除臘劑，少用水	清潔磨光兩用臘溶劑、臘類或聚合體類水乳劑，限用於密閉良好的地面。
磨石子	限密閉的地面——無鹼性人造清潔劑，勿用肥皂。	清潔磨光兩用臘溶劑、臘類或聚合體類水乳劑，限用於經硬化及中和的地面。
粘土或陶製花磚	中性肥皂、人造清潔劑或除臘劑	清潔磨光兩臘溶劑、水乳劑，限用於經硬化及中和的地面。

房間完成工作紀錄表

房間號碼	窗子	牆壁	地毯	帷幔	傢具	寢具	浴室
101	1／6清洗	30／6清洗				5／7換新床墊、席夢思、泡沫橡皮膠	
102	1／6清洗		1／7濕洗	15／7換新金色纖維玻璃	16／16換新亞麻色丹麥時新品		
103	1／6清洗	3／8油漆一層62號PLEX-TONE（金色）					20／8牆壁清洗
104	1／6清洗	4／8油漆一層94號PLEX-TONE（綠色）	10／7換新MAS-LAN-CAPRO-LAN（綠色）				

第十節　夜勤工作人員注意事項

一、巡查房間、安全門、安全梯及注意未歸之住客和晚間來訪客人之進出情形。
二、對於防火、防盜等安全問題須特別注意，並應瞭解緊急措施。
三、發現可疑人物及影響房客安寧情況時，應即報告夜間主管處理。
四、對喝酒大醉或生病之住客應加以特別保護，並防發生意外。
五、發現住客有神智喪失、精神萎靡、情緒激動者（女房客較多），應特別監護，並報告夜間主管，以防未然。
六、房客交待事項，如早晨喚醒、早餐服務等，除應登記於日記外，並應通知總機等有關部門接辦。
七、夜勤人員如遇緊急事情，必須暫時離開崗位時，應經夜間主管允許臨時派人接替始可離開。
八、嚴禁媒介色情或協助他人媒介不良行爲。
九、交班時需將夜勤動態，詳細交待清楚後始可下班。

第十一節　保防工作

一、注意旅客交談有無反政府的言論。
二、注意有無攜帶反動書刊、傳單等情事。
三、注意旅客及同伴有無行動詭譎、衣著及其身份有不相稱情事。
四、注意國外來台觀光旅客及其他人員，言行可疑，是否有刺探我國家機密之情事。

五、注意長期投宿，行蹤詭譎來往份子複雜，房門緊閉，不敢大聲談話者。
六、注意深夜偷聽廣播者或有攜帶無線電收發報機嫌疑者。
七、注意打聽政府要員行止者。
八、高談闊論，涉及國家機密者。
九、三五成羣，行蹤可疑者。
十、身份來歷不明，揮霍無度與不良份子爲伍者。
十一、注意攜帶武器或危險可疑物品進房者。
十二、注意攜帶走私、漏稅或違禁物品、毒品、危險物品者。
以上發現可疑之「人」、「事」、「物」應立即與主管報告處理。

第十二節　消防常識

一、儲存客用火柴，應盡量放置於通風處以策安全。
二、如發現住客使用熨斗、電熱器、電爐、電鍋、臘燭時應隨時加以勸阻。
三、注意住客之煙蒂務必熄滅後，始可倒入垃圾桶內。
四、安全梯及通道，應經常保持暢通，不得任意封閉、加鎖或堵塞。安全門之自動鎖應經常檢查，以免故障而無法開啓，阻礙疏散。
五、養成勿隨地亂丟煙蒂的習慣。
六、經常檢查滅火器之噴嘴是否堵塞，藥劑是否過期。
七、如房內之警報器突然發響，應迅速檢查，是否發生意外，切勿驚慌，必要時通知有關單位協助。

八、注意工人前來修理冷氣、水管等銲接工作，以免不愼將火燭導入迴風管而發生火災。
九、住客外出時，應隨即進入房間檢查，以防煙蒂未熄而引起火災。
十、發現客房或其他地方之電線絕緣體破損時，應隨時通知工務人員更換。
十一、停電時應準備手電筒，以防萬一。
十二、電器發生故障，應及時通知工務組修理，以免引起電線著火。
十三、電器插頭務必插牢，不使鬆動，以免發生火花，引燃近旁物品。
十四、電視機、收音機內部塵埃厚積時，應即予清除，否則容易使絕緣劣化發生漏電，引起燃燒或爆炸。一根煙蒂，一枝火柴頭如隨意亂丟，均可引發一次大火災，所謂「星星之火，可以燎原」不可疏忽。

第十章　餐廳管理

第一節　餐廳經理的職責

在飯店裡的餐廳負責人爲餐飲部經理，在獨立經營的餐廳，其組織型態亦大致與在飯店內者相近似。餐廳經理的職責很多，其負責督導之單位有：宴會業務、酒庫、酒吧、儲藏室、廚房、餐廳、宴會廳，對顧客的服務等等。另有外燴及野餐等業務。

尤其對採購、驗收、儲存、加工、服務等特別要嚴格管理。在實際情況下管理的責任要委託在各單位主管來執行，但最後的管理責任應歸在經理身上。經理不能祇坐在辦公室等候單位的工作報告，而應經常到各單位深入觀察，發現問題的所在，並尋求解決方法，協調各單位透過各單位主管來執行。

經理不必事事親自動手，但應澈底了解問題之所在及其解決方法，並應明察各單位人員之權責分擔。處處表現公正無私的態度。處處細心，當機立斷，爭取時效。

除了對專業知識而外，經理應知悉有關餐廳的各種法令及稅務問題。對廣告推廣應有充分認識，最後更應對各種公共關係能有充分把握。

營業金額的重要性，這是每一行業所共同的成敗關鍵。如營業額偏低，則應立即在經營上作有效的改變對策。

營業額偏低的原因可分爲下列八點來檢討：

(1)價格偏高，不能與同業競爭。
(2)菜色單調、無特色、不能吸引顧客。
(3)菜的品質欠佳。
(4)服務不好或不夠勤快。
(5)不衛生。
(6)餐廳裝潢單調、太差或太鬧。
(7)地點欠佳，門口的方向不對或不夠醒目。
(8)推廣工作不夠或變成反效果。

第二節　成本及利潤問題

薪資費用及食品成本爲餐廳經營上所應特別注意的成本控制項目。高的食品成本可能由下述各原因造成：不洽當的採購、浪費、過分生產、漏失、或訂價太低，浪費是缺乏專業知識，不適當的菜色調配，督導管理失當，或員工訓練欠佳等原因所促成。員工應經常嚴加訓練，管理規則應明確製訂公告之，並嚴格要求徹底執行已訂規則。物品漏失可製訂控制制度加以管理。

在員工進出口應派有能確實負責任的人守衛，對員工攜帶物品應加檢查，並對不屬於員工私人物品之攜帶憑主管簽發之放行條放行。對下腳、垃圾、毛巾之搬運應時加注意抽查。這些東西是私藏食品、酒類的最佳掩護。

營業損失原因之追查：

飲料生意的利潤較高，往往是整個餐廳經營利益的決定所在。這種情況在觀光飯店尤爲明顯。普通餐廳則因無酒吧而須全力在餐食方面尋求利益。

觀光飯店內餐廳不能獲利可能是由於惡習之不能革除。較小型的觀光飯店盲目地模仿大型觀光飯店設有豪華的餐廳以滿足經營者的趣味是最愚蠢不過的事。

第三節　餐廳與其他單位之關係

餐廳的工作不能單獨而爲，要取得其他單位的協助才能完滿的達成任務。

會計單位負責資金的控制，對全店的帳務有關記錄員負有統計蒐集及管理的責任。因之，飲食稽查員應直屬會計主任而不應由餐廳直接管理。餐廳的收款員亦應如此。餐廳經理應與會計單位保持密切連繫，經常注意各種成本的變動。

餐廳服務員應加訓練注意顧客在帳單上的簽名，房號須要能看的清楚。領班或主任對非房客之簽帳要負責鑑別是否可靠。

餐廳的業務與客房部的業務有密切的關係。餐廳的清潔工作，房內飲食之處理，宴會之打掃工作等等要由清潔工來負責，電梯之控制使用要與客房部取得協調。

工務養護及營繕單位與餐廳也有密切的關係。燈光冷凍、修理等等無不需要其支援。

第四節　組織系統

餐廳應備有明確的組織指揮系統圖，明白的劃分各單位的權責，每一職位更要備有職位說明書，規定每一人的職守工作內容。

在日常工作的實際作業應由各單位主管負責執行。每一員工應只對一個主管負責，只接受這個主管的命令，不可越級命令或向非本單位所屬員工下命令。

餐廳本部門內可分爲總辦公室，即經理辦公室，負責協調其他所屬各單位業務，及業務推廣；廚房、樓面服務、宴會服務、餐器洗滌保管；宴會服務人員即可支援任何一個餐廳的宴會。在目前臺灣的餐廳中員工薪金有由服務費抽成分配者。這種制度與固定薪制各有好處，但各單位人物之流通運用上，則較困難。

會計控制人員，此類人員有四：(1)餐飲控制員、(2)收款員、(3)品質稽核員、(4)物品驗收員。餐飲控制員負責採購、入庫、領用、儲存、營業分析、食品成本計算等會計工作。其主要作用在提供經理有關經營上之數字分析資料，以作決策之依據。收款員之職責爲收取顧客應付現金及簽帳並分別發給統一發票及將簽帳單送櫃臺登帳或交給一般帳戶經辦登帳。稽核員之職務在於核對傳票上之記錄與實際端出之飲料或食品是否相符，品質是否劃一等。

第五節　各項報表

餐飲成本日報：餐飲成本計算應在中午以前完成一日的成本計算，這祇是一種概算不能完全正確的表示實際成本，但其累計數準確性亦高，可表示成本變動的方向，而可做經營上的參考。

薪資費用日報：薪資日報應以實際工作人工數及時間爲準，以便與過去的資料及預計資料做比較，這種日報可使單位主管對人工之運用，如固定工與臨時工、加班等之運用提高警覺。

菜色分量分析：對一樣菜的每日實際銷售量應做統計以供修正菜單之依據。這工作可由稽核員或收款員來做。

專案研究：營業額或成本如有顯著的變動，應由經理召集專案研究小組來研討其原因及對策。小組可由經理、主廚、主任、會計主任或餐飲控制員組成。

行政及總務費用：此項費用在觀光飯店因無法明確劃歸給各營業部門而常被遺忘。在飯店的二項主要收入來源為餐飲及客房，行政及總務費用乃應由此二部門負擔。

這項費用可因下列各種原因而增加：

(1)應修理的小破損未及時報修，如水龍頭漏水等。
(2)洗碗工之惡習在工作時任使自來水流溢。
(3)員工廁所內用品之浪費。
(4)洗碗機之水龍頭未在加水後關妥。
(5)冷氣冷卻用水未能完全使用而有浪費。
(6)不需點燃的電燈未關熄。
(7)動力機械在不用時未關閉。
(8)冷凍庫、冰箱、保溫器、保溫蒸氣台等的門或蓋子沒關好。
(9)器具機械的不適當使用。

第六節　統計資料

餐飲成本：如過高即表示採購不當，材料之浪費，儲藏不當而起的耗損、竊漏、生產過剩，成本如過低即表示分量及品質太低。如此顧客即得不到滿足，進而營業量減少。

顧客人數統計：顧客人數受住客人數及餐廳容量的影響。在獨立經營的餐廳，則祇有與後者因素有關。

如顧客人數不與上述因素發生關連，則應檢討推廣政策，菜色的選擇等等因素。

薪資支出：應將薪資費用與營業額作百分比比較，較高的百分比表示應減少人員，薪資報表表示每月用人人數及各單位人力配備。

利潤：應盡量將飲料及餐食部門的利潤明白分開以避免隱藏餐食部門之損失。

在觀光飯店的營業報告表外，應附帶報告行政與總務費用，以便提高有關人員之警覺。因經營不善而來的費用不能使其隱藏在行政及總務費用。這些費用應可明白分開表示。

第七節　檢查督導

檢查單內之各項目應記入檢查日期及情況。

(1)突擊檢查驗收程序
(2)市場調查
(3)儲藏室抽查
(4)餐廳檢查
(5)酒庫檢查
(6)宴會服務抽查
(7)衛生檢查
(8)酒吧服務抽查
(9)店內業務推廣檢查
(10)冷凍庫檢查

(11)營業時間外保溫台檢查

(12)安全檢查

以上爲基本檢查表，其他應依營業需要而增加檢查單。

定期檢討：每一單位，無論其成績如何均應舉行業務檢討，以求改進。

第八節　餐飲部職員簡介

一、點心麵包師　BAKER

二、調酒員　BARTENDER

三、餐廳練習生　BUS BOY

四、餐廳服務員　WAITER, WAITRESS

五、助理服務員　COMMIS DE RANG（法式）

六、正服務員　CHEF DE RANG（法式）

七、洗碟員　DISH WASHER

八、廚房清潔員　UTILITY MAN

九、食品管理員　PANTRY MAN

十、領班　CAPTAIN或ASSISTANT HEADWAITER

十一、督導或領檯員　HOSTESS

十二、各別餐廳經理　RESTAURANT MANAGER

十三、宴會廳經理　MAI'TRE D'HOTEL（法式）

十四、宴會廳或餐廳經理　CATERING MANAGER

十五、餐飲部經理　DIRECTOR OF FOOD & BEVERAGE

十六、餐務主任　CHIEF STEWARD

十七、宴會經理　BANQUET MANAGER

十八、執行主廚　EXECUTIVE CHEF

十九、副主廚　SOUS CHEF

各種酒吧名稱

1. CABARET BAR　傳統酒吧

2. SKY LOUNGE BAR　高樓或頂樓酒吧

3. LOBBY BAR　大廳酒吧

4. COCKTAIL LOUNGE　酒廊

5. CASH BAR = COD BAR = A-LA-CARTE-BAR
   爲團體臨時設的付現酒吧

6. PAID BAR　事先已由主辦單位付畢，故使用飲料票

7. HOST BAR = OPEN BAR
   由主辦單位事先付錢，用來招待客人

8. BAR LOUNGE　酒廊

9. SOCIAL LOUNGE　交際酒廊

10. WORKIN LOUNGE = BUSINESS LOUNGE
    商務客專用酒廊

11. MINI BAR　客房內小型酒吧

12. FRONT BAR　酒吧台，由調酒師服務

13. SERVICE BAR　由服務生服務

14. FRIGO BAR = MINI BAR

15. APERITIF BAR　開胃酒吧

餐飲部經理之職務

JOB TITLE: CATERING MANAGER

Specific Job Duties

Specific Job Duties

Inspects work of kitchen and dining room employees.

Consult with chef concerning daily menus.

Adjusts guest complaints concerning service or quality of food.

Sees that service is technically correct, efficient and courteous.

Makes arrangements. with guests for conventions, dances, receptions and other social occasions.

Obtains information from guest concerning number of persons expected, decorations, music, entertainment, etc.

Analyzes the occasion and informs guest of suitable services available.

Decides on and quotes prices for social occasions.

Forwards necessary information to chef and other employees concerned with social occasions.

Decides on table arrangements for social occasions.

Decides on food service schedule for social occasions.

Inspects completed arrangements for social occasions.

Supervises service at social occasions.

Promotes social functions such as luncheons, dinners, dances etc.

Supervises food and beverage preparation and serving.

Assigns prices to items on menus.

Orders special food items for banquets or dinners, such as cakes, nuts and wines.

Prepares menu and instruction sheets for each banquet or party.

Consults with manager on daily menus and turns them over to the chef and employees.

Contacts entertainment groups to entertain at banquets, conventions and parties.

Seeks out local business.

Sets up and lives within a promotion budget.

Develops and uses diagrams for selling public space for banquets, conventions etc.

Works closely with sales manager in developing plans and accommodation for conventions.

Supervises training of restaurant and public space personnel.

Designs menus.

Schedules and develops employee training sessions.

Supervises room service.

Keeps informed of changes in food costs.

Sets up personnel budget plans for kitchen and dining service.

Confirms reservations for banquets, parties, etc.

16. SPECIAL PURPOSE BAR

如接待團體或宴會時特設的酒吧

17. SPORT BAR　放影體育新聞的酒吧

18. BAR TROLLEY　空中機內活動酒吧

19. COFFEE BAR　出售 COFFEE 及冷飲的酒吧

20. OYSTER BAR　海鮮及白酒酒吧

21. SANDWICH BAR　三明治酒吧

22. SNACK BAR　簡便餐廳

23. WET BAR　套房內酒吧

24. DISCO BAR　跳 DISCO 舞酒吧

大型旅館餐飲部作業組織系統表

SUGGESTED PLAN OF ORGANIZATION FOR FOOD BEVERAGE OPERATION

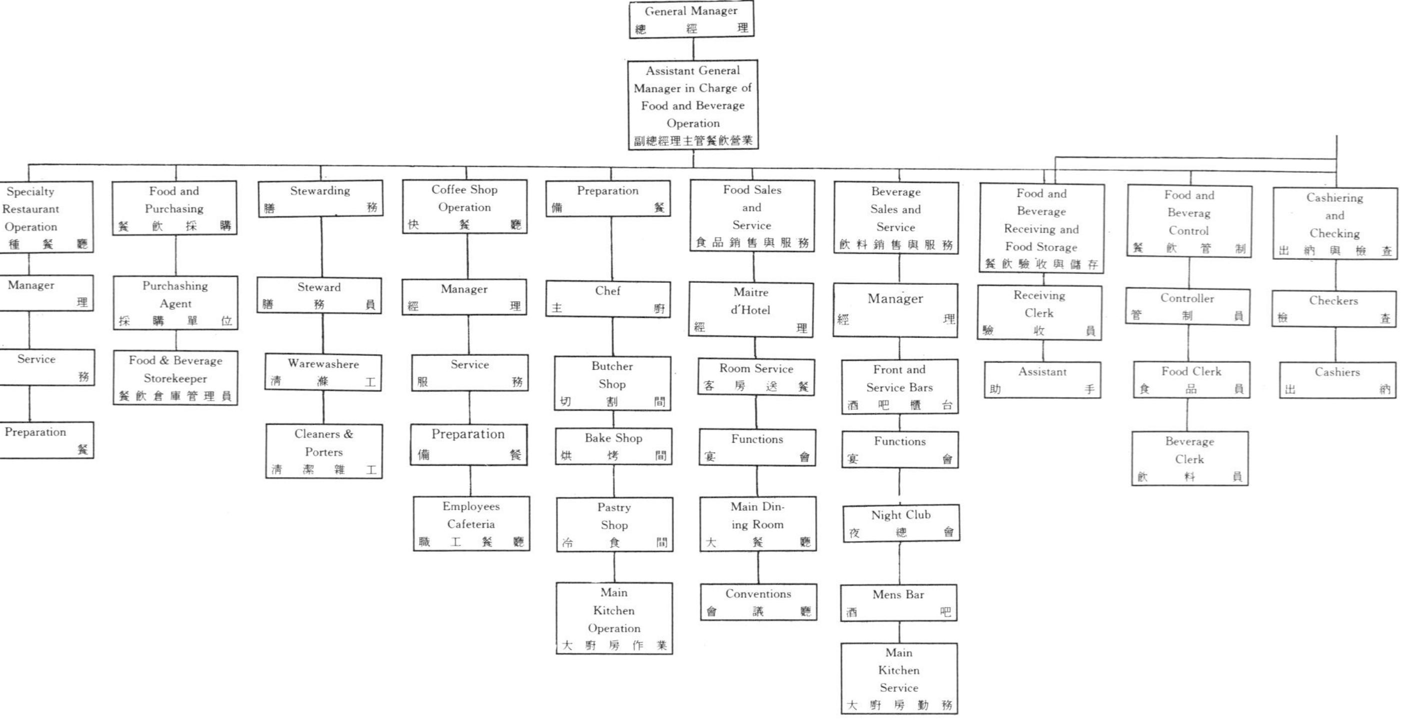

主廚的職務

JOB TITLE: EXECUTIVE CHEF

Specific Job Duties:

Makes up menus.

Considers such things as probable number of guests, popularity of various dishes, religious or other holidays, availability of seasonal foods and weather conditions when planning menu.

Assigns prices to items on daily menus.

Arranges for printing of menus.

Posts copy of menu in kitchen for employees information.

Checks methods of food preparation and cooking.

Checks sizes of portions.

Develops recipes.

Instructs chefs and cooks in cooking techniquess.

Tests cooked foods by tasting or smelling.

Purchases food supplies and equipment.

Requisitions food supplies and equipment from purchasing agent.

Consults with catering manager concerning banquets, etc.

Employs and discharges workers.

Trains and instructs new and experienced kitchen employees.

Is responsible for making a netprofit out of food preparation and serving.

美國式餐廳組織

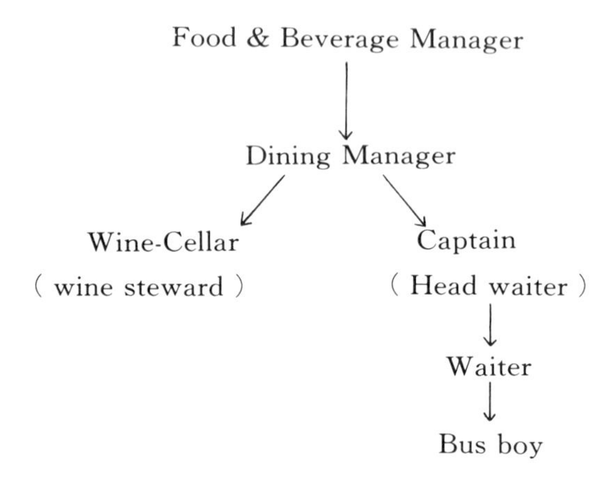

歐洲式餐廳組織

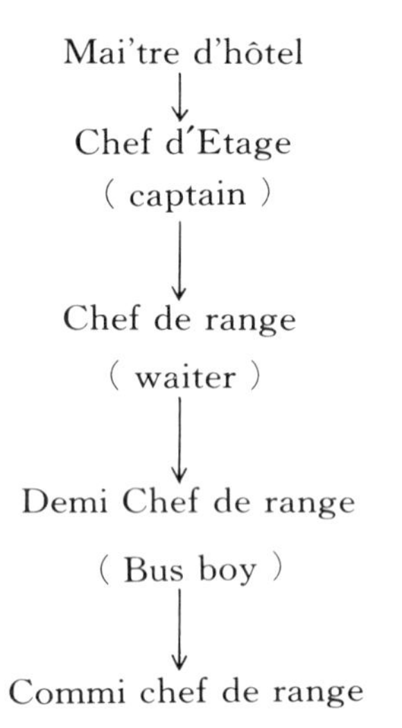

STATLER INN

Statement of Profit and Loss for the Month

Ending____________

Schedule B-2

FOOD DEPARTMENT			Yearto-Date	
Sales：	Amount	%to Dept Sales	Amount	%to Dept Sales
Main Dining Rooms	$		$	
Rathskeller				
Cafeteria				
Banquet				
Catering				
Total Sales	$		$	
Less： cost of sales				
cost of food	$		$	
Less： Employee Meals				
Total Cost of Sales	$		$	
Gross Profit				
Other Income				
Total Gross Profit	$		$	
Operation Expenses：				
Salaries & Wage				
Joint Food & Beverage	$		$	
Food				
A & G				
Vacation & Holiday				
Disability & Sick Pay				
Total	$		$	
Employee Meals				
W. C. I.				
Social Security				
Unemployment Insurance				
Health Insurance				
Rep., Maint. & Replacement				
Replacement of Silver				
Replacement of Linen				
Replacement of China & Glass				
Steam				
Electricity				
Water				
Chilled Water				
Laundry				
Kitchen Supplies				
Kitchen Fuel				
Kitchen Utensils				
Promotion				
Menu and Paper				
Decorating & Signs				
Banquet & Miscellaneous				
Other Expenses				
Meal Plan Expense				
Charge Card Expense				
Total Operating Expenses	$		$	
Administrative & General Expenses				
（Schedule B-4）				
Total Expenses	$		$	
Dept. Profit （Loss） before Subv.				
Add： Club Subvention				
DEPARTMENT PROFIT （LOSS）	$		$	

損益表（餐飲部）

第十一章　餐飲管理

第一節　管理的目的

「食物及飲料」部門關係整個旅館之財務收入甚鉅，如不善於做合理的控制，勢必造成增加成本，甚至於虧損。這一部門應由餐飲部經理負全責控制、調節及決定食品的採辦、儲備及調製的方法。茲將廚房作業說明如左：

廚房內於肉類及蔬菜等經過處理清淨之後，乃進入烹調製作程序，此時應由餐飲部經理決定菜類的烹調及製作方法並予以嚴密管理控制。因爲食物的損失，亦就金錢的損失。在烹調過程以後，即出菜至餐廳部服務員手中而立刻送到顧客面前，出菜以後次一步就是服務員從客人處收到帳款後，送到會計人員處，以避免其中有所漏洞。

爲避免增加成本，必須減少浪費及其他可能的損失至最低限度，而又不致影響到食物的品質及數量，進而烹製高級品種及低價格的菜單而得到相當利潤。

我們先討論關於菜單的製作。我們每天祇要提出一、二種定菜，以客飯方式，在菜單中主菜只列五、六種，或兩種湯可以供客人選擇，尾菜點心也只有一、二種。我們可以依此準則準備少量蔬菜，使不致增加儲存的困難，減少損耗。例如魚都是難于保持新鮮而且容易腐壞的食物，如意大利麵我們通常都不準備，因烹調此麵須加上肉汁等物，假如今天無人點此食物，麵雖可以不壞，但肉汁卻不能存放，必須拋棄，這種損失，無形中增加了一般食物的成本，所以任何大飯店，每天只照菜單準備指定的三、五樣菜品，如此就可以避免浪費，減低成本而能提供價格低廉，最高品質的菜品，並且可以得到相當的利潤。

有效的控制制度可以達到以下的四種目的：

(A)減少浪費來保持食物最低的成本，且提供最好的質量。
(B)可以擬定出最受歡迎的菜單。
(C)可以改進菜品的品質。
(D)可以最低的價格，得到相當的利潤。

爲了施行有效的計劃及管理制度，首先要製定一個例行的程序及標準的步驟。這種控制程序，必須是循環的。我們可將這種程序分爲三項：

(A)計劃：（著重在預計菜品的提供以避免浪費）。
(B)比較：（與其他飯店交換資料比較）。
(C)改進：（應經常檢討，即時改進，並衡量其效果）。

這三種程序並沒有時間性，必須是不斷的繼續實行，才能奏效。

何謂標準？

第一、購買菜餚的標準。
第二、菜品配量的標準。
第三、標準的烹調菜譜。

所有標準應由經理來決定，而不是主廚所能決定的。

關於採購的標準，應採取下列步驟：

採購—驗收—儲存—發貨—烹調前的準備（肉類的切割、蔬菜切洗等）一定量分配準備（烹、煎、冷菜之調製）—出菜—結帳。現在分別就各步驟分述如下：

第二節　採購

在採購方面除非有極稱職精明的人員及方法，否則無法採購良好的品質和低廉的價格。採購員必須能分辨物品的品種、優劣及價格的漲落，須知物品的季節，食物是否合乎飯店的需要，物品儲存的情況，儲存的有效時間及適當溫度等。辨別各種食品的分類，就牌子、容量、重量等。至于種類，仍由經理決定，並應了解各種食物烹調後收縮情況，此外採購員必具備良好品德，否則一切的制度方法都將成爲紙上談兵。

至于品種的決定，就是根據預定菜單及經營財務狀況而定。有效的採購方法，及步驟是㈠調查幾家疏菜商的價格，比較那一家最合理，㈡抽查採購的物品是否合乎要求，㈢比較價格，各飯店之間應互相查詢物品採購的價格，㈣分析我們所花的錢是否值得。經理可隨時到廚房或倉庫巡視以明瞭實情。

第三節　驗收

食物驗收的目的就是要確實知道所採購的食物及其價格是否合乎要求。換言之，驗收人員必須驗查其價格、品質等，所以除非該驗收員對貨物的辨別甚爲熟悉，否則就無法擔任此一任務。這種驗收員並不固定某種人員，廚子或經理等都可以擔任，驗收時，應打開箱子逐一查收，並記載品種、採購日期、重量等於帳上，並在物件上訂上標籤，記載①售貨處②收貨日期③重量及④價格。如購進幾大塊肉，每塊肉上都須附上標籤，特別是肉類儲存的時間，久暫于烹飪有密切關係，所以標籤對于食物的管理，提供三種有價值的資料：

(1)記有購買時的價格。

(2)記有購買的時間，避免其儲存過久而未加使用。

(3)記帳時之便利，食物記帳有明確的資料以一目了然，不必常常盤查存貨。

第四節　儲存

儲存的主要目的就是要保存足夠的食物，以減少食物因腐壞或被偷盜而招致的損失至最低的限度。也可以因有優良的儲存設備，而能在某種食物最低價格時，作適時的預先購存，以減低我們的食物成本，增加利潤。

爲要達成此項目的，必須要有足夠的冷藏、儲存設備，對於冷藏箱庫的設備中最重要的一項是鎖，每個大小冷凍都應有良好堅固的鎖，沒有鎖就等於大開庫門任何人都可以隨便取用。更重要的是管鎖匙的人選，必須是誠實可靠。

雖然有了各種冷凍冷藏及乾燥儲存倉庫，但仍有食物因儲存的不適當而遭到損壞，這種原因不外是：

(1)不適當的溫度。

(2)儲藏的時間不適當，不作輪流調用。我們常常把食物大量的堆存，當取用時就在表面，或由外面逐漸的取用，因此常常致使某項物品堆存數月，甚或更久而未取用。因此變質以致不能使用，所以前面所說明每件物品必須註明日期、價格，在取用時，可不必翻閱查尋原冊，帳簿，即可按期先後使用。

(3)儲藏時堆塞過緊，空氣不流通，堆存物時應中間留空隙，使空氣循環流通，不要密密堆疊，而使物品有不必要的損壞。

⑷儲藏食物時未作適當的分類。有些食物本身氣味外洩，若與他種食物堆放一起，很容易使他種食物感染到異味而變質。

⑸缺乏清淨措施，各種存庫，應常常清洗乾淨，不使有污物堆積而使食物損壞。

⑹儲存時間的延誤，在物品購進後，應即時分別將易腐爛之食物儘速放入冷藏或冷凍庫，如魚肉蔬菜，罐頭食品等，應先處理魚肉，其次蔬菜，最後罐頭食品，以免延誤時間，致使蔬菜已經開始腐爛時再存入。

第五節　發貨

食物的配發應僅根據請領單，，而且食物配發應每日登帳。

1.標準的釐訂：

菜單上通常供應六道菜，㈠副菜㈡主菜㈢蔬菜㈣沙拉涼菜㈤甜點㈥飲料。每種菜都應有定量，如湯類應有多少東西，都有一定數量，主菜的一塊肉應有一定的重量，嚴格分量的規定，不僅保障我們的利潤，而且亦是給予顧客所付代價而應得公允的保證。

2.標準的食譜——配菜調製的配方。

標準的食譜就是配菜的方程式，有定量的品質的配合，廚房才能依照規定的質量作出規格的菜品。

這種標準的食譜的功用是㈠幫助決定菜品的價格，㈡易於計算菜品的成本。㈢可使菜品烹調保持常態，不致因廚師之不同而變質。標準的食譜就是寫出的一種實際執行方程式，而不是憑想像作出的公式。

有了標準的食譜，採購食物就可有定量的限制，甚至於尚可以計算出標準的菜類收縮量，這些都是餐廳的基礎，也是菜品成本的依據。

此外我們可以㈠計算準確的出售菜品。㈡記載菜市場的價格。㈢依售出菜品的價格，逐漸的作出統計，以作將來我們製定菜單的依據。

飯店一般的通病是無人知道確實食物的成本，僅是知道一個大概的百分比而已。因此也無法作確切的控制，我們應該經常徵求工作同仁的意見，以爲改進。其步驟如下：

(1)使大家明瞭我們的目的所在，如要採取新辦法，必先告訴大家，否則必會使大家互相猜疑而人心不安，影響工作。

(2)擬定改進的計劃。

(3)收集各種資料，售出的菜品種類等。

(4)分析資料。

(5)了解資料。

(6)研究可行的辦法。

(7)選擇最好的辦法。

(8)採取建議的改進辦法。

(9)立即行動，並衡量其效果。

第六節　飲料管理

飲料的管制雖然比較簡單，但我們也應該與食物同樣要有一套管制方法。普通我們的酒瓶打開後總是因噴出而漏掉一些，這些漏掉部份，都是無法計算也無法查出的，所以我們管理酒料也有幾種標準方法：

1.標準的酒瓶暗記制度。

2.標準的斟酒量。

3.標準的配酒方法，這種方法須由經理同意決定，因爲各種配酒法很多，經理應採取味道可口而成本低的一種方式，不能任由調酒人員隨意配製。

4.標準的容酒器，應指定一種容酒器皿。這就有很大的差別，如以冰塊而言，冰塊大小不同，而且形狀不同，大而無中空的冰塊放在酒杯內，我們斟酒入內，酒的需用量少而顯得多，否則需用量即較大。

5.標準的儲酒方法，我們通常發酒至酒吧，有的以瓶計算，或以酒的成本計算或以酒的售價計算。但酒卻並不全是整瓶售出，以分杯售出較多。而將酒注入酒杯內，多少總有點出入差別，這種差別應該只是1-1.5%至多不能超過5%。

將酒發給酒吧間後，我們應注意：

1.斟酒過量—調酒員爲討好顧客，常多斟一些酒給予顧客，以便獲得額外小費，所以雖然不是偸酒卻是變相的耗酒，而飯店卻遭受到損失。

2.酒中滲水。調酒員或者以滲水方式，多賣幾杯酒，中飽私囊。爲防止此法，必須用密度計抽查。

3.調酒員自己帶酒，矇混出售，以取厚利。

4.帳單須放置於封妥之箱中，每一帳單必須經過記帳打印機。

5.確使每一顧客攜去其帳單，以免以一張帳單收取數份現款。

6.必須準備打印記帳機。

7.隨時派人到酒吧間檢查，使調酒員感覺時有人在監視就不敢作任何越軌行爲。

8.酒吧打烊後應將空瓶送交酒庫。

9.補充用酒應採用「空瓶換實瓶」方式。

Reception Drink* and Service Estimator

No OF GUESTS	½HOUR	¾HOUR	ONE HOUR	1¼HOURS	1½HOURS	1¾HOURS	TWOHOURS
25-55	2	3	3¾	4	4¼	4½	4¾
60-104	2	3	3¾	4	4	4½	4¾
105-225	1¾	2½	3	3½	4	4	4½
230-300	1½	2	2½	2¾	3	3¼	3½
315-&UP	1½	2	2½	2¾	3	3¼	3½

NO OF GUESTS	NO. OF BARTENDERS	NO. OF WAITERS W/FOOD	NO. OF WAITERS W/OFOOD
25-100	1	2	1
105-205	2	3	2
215-325	3	3	2
350-475	4	4	3

BOTTLE	DRINK SIZE	NO OF DRINKS
4/5QT	1OZ.	25
4/5QT	1¼OZ.	20
4/5QT	1½OZ.	17
QUART	1.OZ.	31
QUART	1¼OZ.	25
QUART	1½OZ.	21

*BASED ON ALL MALE ATTENDANCE-EASY ACCESS TO BARS.

1 WITH 50 0/0 FEMALE ATTENDANCE-AVERAGE 2½-3 PERHOUR.

2 WITH 100 0/0 FEMALE ATTENDANCE-AVERAGE 2-2½- PERHOUR.

SERVICE WORLD/31

酒會飲料消費量

SPIRIT AND STILL WINE INVENTORY

Period. From ______ To

Brand	Open (Ozs)	Received (Ozs)	Total (Ozs)	Close (Ozs)	Used (Ozs)	Cost (Oz)	Selling (Oz)	Total Cost	Total Sales	Profit	Actual Receipts	Remarks
Canadian Whisky												
Seagram's V. O.												
Crown Royal												
American Blended Whiskey												
Seagram's Seven Crown												
Bourbon Whiskey												
Benchmark												
I. W. Harper												
Old Grand-Dad												
Scotch Whisky												
Chivas Regal												
100 PiPers												
Teacher's Highland Cream												
Cutty Sark												
Passport												
Gin												
Beefeater's London Dry												
Calvert												
Rum												
Ronrico White Label												
Ronrico Gold Label												
Myer's Jamaican												
Cognac/Brandy												
Augier Freres Louis D'or												
Christian Brother's Brandy												
Liqueure												
Leroux Creme de Cacao												
Leroux Creme de Menthe White												
Leroux Creme de Menthe Green												
Wines												
Melini Chianti												
Liebfraumilch Gloria												
Campari												
							Grand Totals $					Signed:

酒儲存調查表

訂菜單（房內餐飲服務）

PLEASE HANG ON OUTSIDE DOOR KNOB BEFORE RETIRING FOR BREAKFAST IN YOUR ROOM

TICK (√) ITEMS DESIRED FOR SINGLE ORDERS OR
INDICATE NUMBER OF ORDERS IF MORE THAN ONE REQUIRED.

GUEST'S NAME: .... DOCKET No.

ROOM No.: .... No. OF PERSONS ....

Wentworth HOTEL

CONTINENTAL BREAKFAST ORDER ON OTHER SIDE

"A LA CARTE"

FRUIT OR JUICES:
- ☐ ORANGE JUICE ... 40c
- ☐ GRAPEFRUIT JUICE 35c
- ☐ GRAPEFRUIT HALF 50c
- ☐ STEWED FRUITS ... 50c
- ☐ PRUNE JUICE ... 35c
- ☐ PINEAPPLE JUICE 35c
- ☐ TOMATO JUICE ... 35c
- ☐ PAW PAW ... 50c
- ☐ PINEAPPLE SLICE ... 50c
- ☐ FRESH STRAWBERRIES AND CREAM ... 95c

CEREALS:
☐ PORRIDGE ☐ CORN FLAKES ☐ ALL BRAN ☐ RICE BUBBLES ☐ WHEAT FLAKES
☐ WITH MILK ☐ WITH CREAM ... 40c

EGGS: (2 PER PERSON)
- ☐ BOILED (... Mins.) 95c
- ☐ POACHED ... $1.30
- ☐ FRIED ... $1.30
- ☐ SCRAMBLED ... $1.30
- WITH ☐ HAM OR ☐ BACON OR ☐ SAUSAGES ... $1.55
- OMELETTE ☐ PLAIN ☐ FINES HERBES ... $1.40
- OMELETTE WITH ☐ HAM OR ☐ MUSHROOMS ... $1.65

GRILLS:
- ☐ SIRLOIN STEAK—UNDER/MEDIUM/WELL DONE $2.70
- ☐ LAMB CHOPS OR ☐ CUTLETS AND BACON $1.95
- ☐ SAUSAGES & BACON ☐ LAMB'S FRY & BACON $1.85

FISH:
- ☐ GRILLED FILLET OF FLOUNDER ... $1.95
- ☐ FRIED FILLET OF WHITING ... $1.95

BEVERAGES:
- ☐ TEA WITH MILK/CREAM/LEMON ... 40c
- ☐ COFFEE BLACK/CREAM/MILK ... 40c
- ☐ MILK HOT/COLD ... 25c

SPECIAL REQUESTS ....

TOAST, PRESERVES AND BUTTER INCLUDED IN THE PRICE OF COOKED BREAKFAST.

ROOM SERVICE CHARGE 30c PER ORDER TOTAL ....

TO BE SERVED BETWEEN: (PLEASE MARK THE TIME)
☐ .... ☐ 7.00 - 7.30 ☐ 7.30 - 8.00
☐ 8.00 - 8.30 ☐ 8.30 - 9.00 ☐ 9.00 - 9.30
☐ 9.30 - 10.00 ☐ ....

TICK (√) ITEMS DESIRED FOR SINGLE ORDERS OR
INDICATE NUMBER OF BOTTLES IF MORE THAN ONE REQUIRED

GUEST'S NAME.. | TICKET No.

ROOM No..

SPIRITS	Miniature	½ Btl.	Btl.
Bourbon			
Brandy (Australian)			
Gin (Australian)			
Gin (Imported)			
Bacardi			
Vodka (Australian)			
Vodka (Imported)			
Whisky (Australian)			
Whisky (Scotch)			
Whisky De Luxe			

CHAMPAGNE	¼ Btl.	½ Btl.	Btl.
Local			
Imported			

ALES AND STOUT	13oz. Cans	½ Btl.	Btl.
Local			
Interstate			
Imported			
Guinness Stout			

SOFT DRINKS (Splits)

Schweppes—

- Dry Ginger
- Soda
- Bitter Lemon
- Tonic

Coca Cola

Shandos Lemonade (26oz. Bottle)

OTHER REQUEST..

TOTAL $

Should you wish us to pre-stock your refrigerator. Please complete this card, hang it outside your door, and dial "6" to arrange for collection of the card.

PLEASE DELIVER TO ROOM BEFORE ..................**A.M./P.M.**

7/73 QWH 234

宴會合約
BANQUET AGREEMENT

№ 001709

日期
DATE:

宴會名稱 Name of Party:		付款人或簽約者 Payer or Contract Person:
地址 Address:		電話號碼 Tel. No. Office Home
宴會日期 Date of Function:		宴會時間 Time of Function A.M. Noon P.M.
宴會地點 Location:	場租 Rental:	宴會性質 Type of Function:
人數或桌數 No. of Cover or Table:	訂金 Deposit: NT$	訂席員 Handled by:
備註 Remarks:		

1. 宴會時凡有樂隊演奏及歌唱等娛樂節目，
   應事先向市政府教育局申請持有准演證明方可演出。
   本店將代徵百分之三十九之娛樂稅。
2. 最低保證桌(人)數必須於宴會前四十八小時內予以確認。
3. 宴會帳款請於宴會結束後全額以現款一次付清，
   如係簽帳，必事先經單位主管核准簽認。
4. 取消
   合約一經簽立，雙方即負有遵守合約之責。
   一旦客方無法履行，應負擔因取消而引起之費用。
   除非該場地又被他人簽訂，否則訂金歸本店所有。
   任何變動、取消應以書面通知，若無法重立合約，
   原先之條款仍然適用。
5. 合約外由本店(或第三者)提供之額外勞務，
   經列出明細並逐條加以確認，視同該合約之條款。
6. 損壞本廳設備裝潢，客方須負賠償責任。

1. Any performance of music band, singing or entertainment shou get the approval from the Education Bureau of the Governmen in advance and subject to 39% entertainment tax.
2. Confirmation of a lowest guarantee number to be made not later than 48 hours prior to banquet.
3. Term of the Agreement calls for cash payment on completion the function unless credit facilities have been previously arran
4. (Payment) Cancellation procedures and Deadlines:
   You incur cancellation charges for all contracted services after the first deadline has expired.
   Deposits are retained by the Hotel unless space could subsequently be resold.
   Changes, cancellations should be made in writing, but even if no contract is issued, the rules established previously do still apply.
5. Further services rendered by the Hotel or others have to be specified and confirmed separately, but are still subject to the conditions of the Agreement.
6. Any damages incurred on premises, equipment, fixtures & fittings should be compensated.

客戶 Customer:

Howard Plaza Hotel, Taipei 福華大飯店

第七節　食品衛生

飲食衛生的良否，都掌握在我們的手中，因此，養成良好的衛生習慣，以防止食物中毒和疾病的傳播，是非常重要的。

在準備餐點時，必須要注意所供應的食物，會不會引起食物中毒的危險，飲用水是否符合水質標準，而不影響到旅客及員工的健康。

一、飲用水

飲用水是指供應餐廳、廚房、客房之茶水及洗澡水，甚至包括游泳池的池水。

1.間接使用自來水的飯店之蓄水池最容易受污染。應該注意：

(1)有無漏水，(2)池蓋有無密封，以制止塵埃、細菌的發生，(3)有無完整的消毒設備。

2.如果使用井水或其他水源之飯店，就必須要有適當之水質處理及消毒設備，並應定期送水樣給衛生機關化驗，以策安全。

3.供應蒸餾水之飯店由於容器之消毒、運輸及操作之不妥，常會發生大腸菌，也應特別小心。

4.各飯店都應備有餘氯比色計，及簡易大腸菌檢驗設備，以加强對飲水衛生之管理。

二、對細菌應有的認識：

要做好飲食衛生，應先對細菌的性質有所認識：

1.細菌是極小之微生物，即使是一個針頭上可以聚集百萬以上之細菌。

2.雖然用肉眼看不到細菌，但經常在我們四週之空氣、水及土壤中。

3.有害的細菌引起疾病；如食物中毒肺結核等（通常被稱爲病菌），也有許多細菌是對人類有益的，這種細菌有助于食物發酵。如醋、乳酪等。

4.細菌的生存條件是：

(1)合宜的食物

(2)適當的溫度

(3)足夠的濕度

細菌大約每二十分鐘繁殖一倍，一個細菌在二十四小時內可成爲幾十億個。

5.冷的溫度（華氏45度以下）可制止細菌繁殖，高溫（華氏140以上）可將其殺死。

6.人、動物、昆蟲和不潔的器具是細菌的傳播媒介。

7.病原菌經過食物、飲料進入人體內，而戕害身體組織或污染血液，致引起疾病。

8.毒素—細菌體分泌出來的有毒物質。

熱往往不足以消滅毒素，所以最重要的是設法避免毒素在食物中孳生。

三、飲食衛生：

要做到「只供應合乎清潔衛生的食物」便應「讓食物遠離細菌」—食物在貯藏、陳列、銷售及運輸過程中，應防範其受污染，故從業人員應要切實記住下列守則：

1.使用肥皂和足夠的水洗手：

(1)烹飪食物、預備餐具人員工作前，便後或手弄髒，一定要徹底洗淨手和指甲。

(2)手指甲必須要剪短並經常保持清潔。

2.保持身體和衣服清潔：

(1)例行作身體健康檢查。

(2)暴露在外的皮膚應徹底地除去附著之污穢物。

(3)工作人員必須穿戴清潔的工作衣帽和圍裙。

(4)保持頭髮整潔。

3.不要在食物或餐具的近處、咳嗽、吐痰、打噴嚏或吸煙；打噴嚏時要用手帕或衛生紙罩住口鼻。

4.不要讓你的手沾染食物：

(1)不管你的手指如何乾淨，千萬不可用手觸及別人的食物（顧客是最厭惡用手碰過食物），拿湯匙、刀子、叉子、杯子時要拿把柄。盤子要拿邊緣，玻璃杯和碗應托其底。

(2)多用器皿或機器操作食物，以取代用手的操作，可減少污染的機會。

5.自己患病時應請假休息，尤其是感冒、皮膚外傷及傳染病症時，都應留在家裏休息，以免傳染而影響別人的健康。

6.餐具要清潔，不要讓骯髒的餐具沾污食物：

(1)餐具要洗乾淨並加以消毒，消毒過器皿表面應避免用手觸摸，並存放在有防鼠蟲設備的櫥內。

(2)酸性食物和飲料放在陶製容器中，可以避免金屬毒素——鉛、鋅、錫、銅製容器不得使用。

(3)龜裂或破損的餐具不宜盛裝食物，細菌易在裂痕內或破損的粗糙面上繁殖。

(3)餐具之洗滌，洗餐具機械或三槽式，水槽應保持乾淨。

(5)應準備充足的餐具。

(6)不要用同一塊斬板切生的、熟的食物。

洗餐具的方法

用手（三槽式）

(1)刮除餐具上殘留食物。

(2)用水沖去黏於餐具上的食物。

(3)用滲有清潔劑華氏一百一十度至一百二十度的溫水洗滌。
(4)用清潔的熱水沖洗。
(5)消毒。
(6)放在清潔安全的地方風乾，或使用清潔之布巾擦乾。
(7)用熱水和清潔劑洗淨水槽。

用洗餐具機器

(1)（與三槽式相同）
(2)（與三槽式相同）
(3)疊置餐具（茶杯及玻璃杯應倒置）後放入機器內以華氏一百四十度至一百六十度熱水洗滌。
(4)以華氏一百八十度熱水沖洗。
(5)消毒。
(6)清除殘餘食物容器及洗滌機器（用消毒溶液洗清機器）。

注意事項：

(1)儘可能避免用布巾擦乾洗妥之餐具。
(2)殺菌劑和洗滌劑不得與殺蟲劑等放在一起。

消滅餐具細菌方法：

(1)浸在華氏一百七十度熱水內至少兩分鐘。
(2)在開水中煮沸半分鐘。
(3)浸在自由餘氯二〇〇ＰＰＭ溶液內至少兩分鐘。
(4)放在華氏一百七十度蒸氣之櫥內十五分鐘。

7.食物要貯藏在清潔而乾燥之處，容易腐敗的食物要放在冰箱內。
(1)放入冰箱之食物，應使之迅速冷凍，不要太密集，容器之間須有足夠的空間以使空氣流通。
(2)冷凍的溫度應保持華氏四十五度以下，並經常檢查冰箱的溫度。
(3)熟的和未洗滌、未烹調的食物要分開貯藏。
(4)唯一防止細菌繁殖的方法是要確實做到不要將食物暴露在普通溫度中太久（超過三十分鐘）。
(5)食物的陳列必須放在玻璃或紗櫥裡。
(6)澈底洗淨蔬菜和水果。
(7)有毒的物質須要標明放在固定的場所，並指定專人管理。
8.防止鼠類、蒼蠅、蟑螂和其他害蟲接近食物。
(1)將食物的殘渣或廢棄物倒入密蓋容器內。
(2)要有防鼠、蠅、蟲等設備，不讓其在室內進出、繁殖。
9.工作場所要經常保持清潔：
(1)保持廚房衛生、整潔、美觀是一件值得自傲的。
(2)絕對不可傾倒污水於地面上。
(3)廚房內不可飼養動物。
(4)廁所必須經常保持清潔，要有沖水及洗手設備。

四、病媒及昆蟲的管制：

病媒是某些傳染病之來源，它們不但構成旅館、餐廳的騷擾，也妨礙了旅客的健康。有效的控制必須先了解它們的習性，在細菌中最常見的病媒及昆蟲有老鼠、蒼蠅、蟑螂、螞蟻、臭蟲等。清潔的環境以及適當的處理食物殘渣及廢棄物，就可以防止病媒的孳生。

1.老鼠—食物及儲水處是老鼠隱匿棲息好地方，如能適當的處理殘餘的食物，以及其他可供藏鼠的地方，將可大大的減少老鼠構成的騷擾，其他防鼠的方法，例如捉鼠籠、毒餌以及堵塞所有老鼠可能進入的空隙。

2.蒼蠅—通常是孳生在糞便以及腐敗物的地方，防治蒼蠅的最好方法是消除這些骯髒的環境，使用密蓋垃圾容器，在門窗上加紗網及自動關緊的門以防止蒼蠅的進入。

3.蟑螂—性喜溫暖，它們通常都活動在熱的板子、廚房、大爐以及碗櫃的下面或是熱水管，水槽的下面經常保持清潔及噴灑藥品，可防治這些昆蟲。

4.螞蟻—性喜羣居，它們喜歡找尋食物，尤其喜歡甜的東西，如果醬、蜜糖、蛋糕以及含澱粉質的物品，防治的秘訣是尋找蟻窩並放入藥品。

5.臭蟲—吸取我們的血液，並可能傳染疾病。臭蟲通常躲在床縫之中，或是被褥的扣子上，所以這些地方應該定期檢查，並應使用化學藥品加以洗刷或噴撒。

按：我國觀光主管機關、爲加强旅館之經營、服務、建築、設備、環境衛生、防火及防空避難設備、消防設備、社會治安等。定期會同上述有關機關檢查旅館。如發現不合規格者，即要求隨時改善。否則將予處罰。如重新評定其等級或責令暫停使用全部或一部份的設備。

第十二章　餐飲服務

第一節　餐廳的起源

restaurant一語，按照法國大百科辭典的解釋，意爲恢復元氣；給予營養的食物與休息。餐廳是提供餐食與休憩的場所，故可以使顧客恢復元氣的地方。餐廳的起源遠在羅馬時代，在羅馬市有名的「喀拉喀拉」浴場，可容一、六〇〇人，其間有許多休息室、娛樂場所，並供應餐食及飲料，此即爲早期餐廳的原始設備，同時，在古時的客棧、修道院也曾供給旅行過路者餐食與住宿，漸而獨立發展爲現代的餐館。

在英國，餐館的出現是在十七世紀，當時的餐館在一定的時間內，供應餐食，羣聚於同桌，不得有各別擇食的自由，與現代餐館實有差別。

一七六五年，在法國有一位Mon Boulamge所開的餐館，供應一種restaurant soup，並在店門招牌上寫著「本餐館正出售神秘營養餐食」以號召顧客，其實是用羊腳煮成的湯。當時經營餐飲業者，必須參加公會，因爲MB未參加公會，所以同業提出抗議並控告他。但MB結果勝訴，因而更替他作了一次有利的宣傳。以後，就以他的湯名restaurant爲餐館的名稱，而被人廣泛地採用。

至於我國的餐廳起源，在唐朝詩選中，李白、杜甫、韓愈、白居易皆曾提及有關餐館的名稱，如：旗亭、酒家、酒肆等，可能就是早期的餐館。清末時在北京才出現了西餐廳。

第二節　餐廳的定義

由以上的起源觀之，似可認爲：餐廳即爲設席待客，提供餐食與飲料的設備與服務之一種接待企業。依內容來看，餐廳必備的條件是：

(1)以營利爲目的的企業。

(2)提供服務。包括人力與設備的服務。

(3)具備固定的營業場所。

成功的餐廳應該要提供佳肴美酒、週到的服務、合理的價格、清潔的環境，與舒適的氣氛。

第三節　餐廳的種類

在美國，餐廳種類有：

①restaurant②coffee shop③cafeteria④lunch counter ⑤refreshment stand⑥drive-in⑦dining car⑧dining room⑨grill⑩drug store⑪industrial restaurant⑫department store restaurant等。

以上各種餐廳佔全美的餐廳百分之八十以上，其他尚有：

①bar②cabaret③night club④candy confectionary⑤motel⑥tourist court⑦delicatessen store。

一、按服務方式可分爲：

(1)table service restaurant:

此種餐廳是各位熟知的，有桌、椅的設備，按客人的訂單，由服務人員端菜到餐桌。諸如飯店中各種餐廳，restaurant, club, coffee shop, tea room, fruits parlar, theater restaurant, cabaret, night club 等。

(2) counters service restaurant:

餐廳中設置開放廚房，其前擺設服務台，直接提供餐飲，其好處爲較table service restaurant之供應速度爲快。諸如：soda fountain, luncheonette, refreshment stand, coffee stand, juice stand, milk stand, ice cream及snak bar等屬此類，其優點爲①節省小費，②可目睹廚師的烹調技術③可得到即時的供應，節省時間。

(3) self-service restaurant:

顧客依各人所好，將餐食由自己選擇搬到餐桌食用。其優點：①迅速享受餐食②節省人工③餐費較便宜。諸如：cafeteria, buffet, viking。

註：viking:此字原爲稱呼七至八世紀間，在北歐，尤其在挪威活動的海盜團，在西洋史上，更把當代稱爲viking age。因爲，海劫歸後，衆盜同樂，各自揀選吃喝的，所以演爲後代「自助餐」之稱。又另稱爲smorgasbord; smor即奶油gas即goose, bord即board，筵席上擺設各種山珍海味，供人品嚐，該語原爲瑞典語，如今，普遍使用於英國。而北歐人反而不用，另以kold-bord代之。即英文之cold-bord。另有smorbrod之稱，爲丹麥語。smor爲奶油、brod即bread，古時銀器餐具尚未普遍時，多在麵包上塗抹奶油，再夾以魚、肉，或蔬菜，即今日之open sandwich。

(4) feeding:①industry feeding：公司所提供給員工使用的餐廳。

②feeding-in-plant：工廠中的餐廳。

③school feeding：學校內的餐廳。

④hospital feeding：醫院內的餐廳。

⑤fly-kitchen：供給航空公司或飛機場之餐廳。

(5)其他餐廳服務方式：

①vending machine：自動販賣機的服務。在美國，因人工費用增高，爲節省人工起見，普遍設立。

②automat restaurant：投錢幣於各人所嗜的餐食機器中，即時可得食物。

二、按所提供之餐食內容：

(1)綜合餐廳：包括中餐、西餐與日本料理。

(2)特種餐廳：(speciality restaurant)如專賣牛排或羊肉等單一種類的。

三、按經營形態分類：

(1)independent restaurant(2)chain restaurant

獨立經營的餐廳及聯鎖經營的餐廳

第四節　餐食的種類

一、按時間分類：

(1)breakfast：包括附有雞蛋的regular breakfast與不附蛋的continental breakfast。美國人早餐多喜歡juice, toast, egg, ham, bacon, coffe即爲regular breakfast。若更簡單，則喝咖啡加丹麥餅，或以hot cake代替egg。

歐洲人則多喝咖啡或牛奶，再加上croissant或borscht，皆塗抹許多奶油，介於麵包或派中間，再配以牛奶、果醬，是故歐洲旅館房租都計算早餐費用在內。

(2)brunch：介乎breakfast與lunch之間，如中國的粵式飲茶點心類。

(3)lunch：(luncheon)：較非正式的稱爲tiffin。
(4)afternoon tea：此爲英人傳統的午茶時間。包括牛奶加上薄麵包或melba toast。
(5)dinner：外俗有"light lunch, and heavy dinner"之語，可見dinner是較豐盛的。所費的時間亦較長，所以經營餐廳者若能研究更多種餐食以招徠顧客，並多推銷美酒，則更能增加收入。
(6)supper：格調較高，且較爲正式的晚餐，但近來在美國常把supper用作「宵夜」解釋。

二、按餐食內容分類：
(1)Table d'hôte：即set-menu。包括湯、魚、主道菜、甜點、飲料，等事先由餐廳設定的完整菜單。
(2)Ala carte：由顧客個人的喜好，分別點菜。todays special,亦是其中一種。
(3)buffet：又叫smorgasbord即自助餐。

供應餐食之順序

一、hors d'oeuvre：美國人稱爲appetizer中國人稱爲前菜hors，代表「前」oeuvre代表「餐食」。即在正式餐食前所供應的。其目的在增進人們食慾。所以法國菜在正餐以前提供hors doeuvre，北歐則爲smorgasbord。中國則爲冷盤，在蘇聯稱爲zakuski（在melba toast上放置cavier（魚子醬），再配以vodka酒）。前菜應以少量，美味可口，帶有地方色彩，並以季節性材料爲原則。古代傳統，是英文字母拼音沒有「r」的月份，供應瓜類，有r的月份，則以蠔類。近來，在美國除蠔類外，亦有使用蝦或蟹作成sea-food cocktail。更簡單的，則有沙丁魚或乳酪或火腿肉，或雞蛋或芹菜的。

註：一般都把caviare 放於melba toast上或放入挖去中心的胡瓜內。caviare是最珍貴之物，所以俗諺caviare to the general有「高貴地使一般人不敢接受」,也有「對牛彈琴」之意。

二、relish：以手指撮拿的方式食用豆類或杏仁，即　side dish通常放在桌上，直至甜點出盤後才可收回。

三、soup或稱potage：可分爲濃湯(potage)及淸湯(consomme)。

在法國濃湯稱爲“potage lie“3淸湯稱爲“potage clair“，在美國，因人工費用激增，製作湯材料昂貴，又費時，所以一般採用sea-food-coc ktail, fruit cup(fruit cocktail)或juice來代替。所應注意者外國人說：「Eat the Soup」而不說「drink the soup」。意思是吃湯」而不是「喝湯」。因此湯應由客人座位的左邊供應，不能將湯視爲飲料，由右邊供應。

喝湯要懂要得要領，要注意不可出嘶嘶的聲音。外國人喝湯是將湯匙拿到嘴邊將湯慢慢倒入嘴裏，所以不會發出難聽的聲音。但中國人是用嘴去吸湯，所以聲音特別大，眞叫外國人無法忍受。

四、Fish:

除正式餐以外，通常都把魚的供應略去。但也有將魚當作正菜食用的。

如天主教徒，每週五一定要以魚爲餐食，所以許多餐廳都把魚當作週五的特別菜。配合吃魚的酒以白葡萄酒最適合。

五、Entree：

由字義上就可知，從此就要開始進入正餐。其實，用餐至此，正是全程的中間，所以也可叫作中間菜。

提供中間菜的三大原則是：

㈠富於變化㈡濃淡均勻㈢易於銷售。

作成entree的八大基本材料是：

㈠魚貝類㈡魚肉㈢牛肉㈣小牛㈤羊肉㈥豬肉㈦雞肉和㈧各種家禽及其蛋類。

最受歡迎的當然是牛肉。尤以牛排最容易吸引顧客，也最利於推銷。

一般說起來，西歐人嗜好小牛，東歐人與回教徒則喜愛羊肉。除此之外，也可用咖哩、生菜或義大利麵、蔬菜類來代替。

六、Vegetables：

蔬菜類是附於entree而食用的又叫garniture，因主道菜所含脂肪較多，爲幫助消化，平衡營養，所以提供馬鈴薯、甘藷等澱粉類。最近也有用米來調理，以代馬鈴薯。

七、roast（烤肉）

此菜就是主菜，是顧客所期待的。其中的roast beef是最高級的牛排，如fillet, rib, Sirloin,其次是雞、火雞、鴨等等。烤前必先徵求顧客對食物烤度强弱的意見，是要well-done, medium, rare, medium-rare或medium-well-done。當然啦，這些烤肉都必須附以馬鈴薯或不油膩的生菜，以助消化。

註：食用的牛肉，以五至七歲的雌牛品質較佳。英國是以烤肉聞名的國家。牛之好壞可由脂肪的顏色辨別，若爲純白，則品質最佳，若爲黃色則較差。sirloin steak的稱呼是由英王查理二世命名的。有一天，他嚐了美味可口的牛排後，問了主廚該牛排是取那一部份作的。主廚回答"Sir, Loin Steak.即爲腰肉上部"自此就稱之爲Sirloin Steak了。

八、salad（生菜）

單用一種蔬菜的稱爲plain salad，多種混合的則稱combination salad。作salad的蔬菜，有用其葉的lettuce（萵苣），parsley（香菜），cress（水芹）。有用其莖的asparagus（蘆筍）。用其花蕊的有cauliflower（花椰菜），broccoli（硬花甘藍）。用其果實的有Okra, Line beans,。用其根的有radish, parsnip。西洋菜中、肉食較多，易使人體血液呈酸性，故要以鹼性相平衡。所以應多供應生菜，以補鹼性食物之缺乏。

九、cheese（乳酪）

歐洲各地都有各種不同種類的乳酪。瑞士產Gruyere, Emmenthal。英國產Cheshire, Cheddar, Stiltono義大利產Parmesan, Gorgonzola。荷蘭產Gouda Edam. Cheese。按性質可分爲①嫩的：如Brie, Camembert, Coulommiers。①硬的：Dutch, Roquefort, Cantal。其他最常見的有：Blue, American. Munster, Port Salut, 一般吃法是與餅乾或黑麵包切片一塊吃。在正餐中，甜點與水果未出前，吃乳酪，而絕不可在其後吃。

十、dessert：（點心）共有八種。

(1)Pie (2)Cake (3)Pudding (4)Fruit (5)Gelatin (6)Ice Cream (7)Sherbet (8)Cheese，可歸之爲三大類：(1)Cheese(2)甜食(3)水果。

十一、Beverage：（飲料）

正餐中提供的咖啡份量應少，特稱之爲Demi-Tasse（半杯），即英文的Half Cup之意。

早餐的種類

英式 ENGLISH	美式 AMERICAN（另稱 MEAT BREAKFAST）	大陸式 CONTINENTAL	定食 TABLE D'HOTE
（最豐盛的早餐）	BERMUDA PLAN	CONTINENTAL PLAN	AMERICAN PLAN
冷或熱穀物類			菜單由飯店指定
鹹肉或（火腿蛋）	雞蛋、火腿、鹹肉或香腸		
烤麵包	烤麵包	卷麵包	
奶油	奶油	奶油	
果醬	果醬	果醬	
飲料	咖啡果汁	咖啡、紅茶、可可、牛奶（選一）	

TABLE SETTING (BREAKFAST)

1. LINEN NAPKIN
2. MEAT KNIFE
3. MEAT FORK
4. COFFEE CUP & SAUCER
5. BREAD PLATE
6. COFFEE SPOON
7. BUTTER SPREADER
8. BUTTER KNIFE
9. BUTTER COOLER
10. GOBLET
11. SALT SHAKER
12. PEPPER MILL
13. SUGAR POT

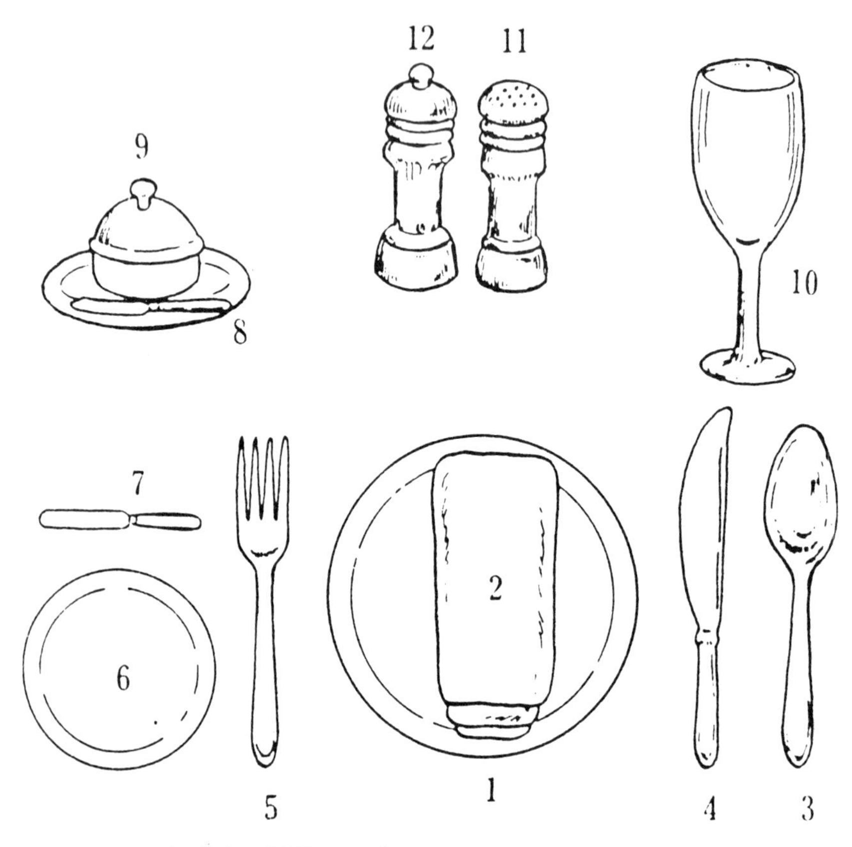

A LA CARTE (LUNCH & DINNER)

1. SERVICE PLATE
2. NAPKIN
3. SOUP SPOON
4. MEAT KNIFE
5. MEAT FORK
6. BREAD PLATE
7. BUTTER SPREADER
8. BUTTER KNIFE
9. BUTTER COOLER
10. GOBLET
11. SALT SHAKER
12. PEPPER MILL

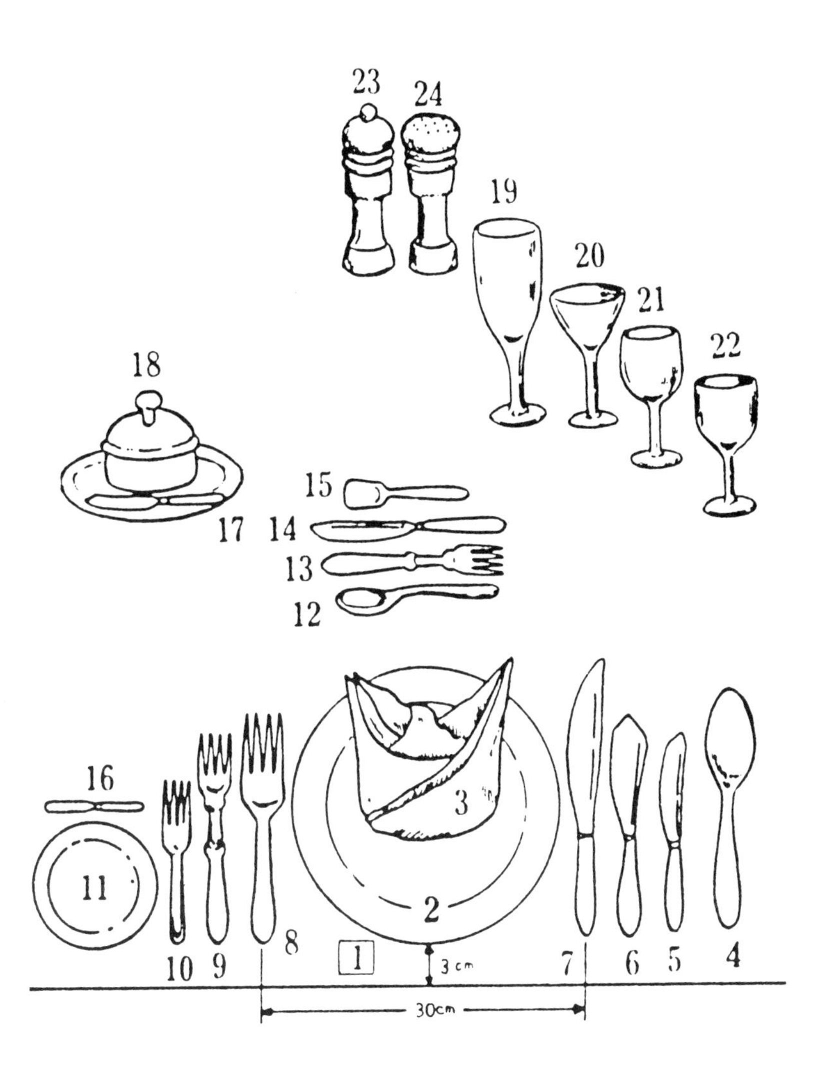
23
24
19
20
21
22
18
15
17
14
13
12
16
3
11
2
10
9
8
1
3cm
7
6
5
4
30cm

FULL COURSE SETTING

1. NAME CARD
2. SERVICE PLATE
3. NAPKIN
4. SOUP SPOON
5. HORS D' OEUVRE KNIFE
6. FISH KNIFE
7. MEAT KNIFE
8. MEAT FORK
9. FISH FORK
10. HORS D'OEUVRE FORK
11. BREAD PLATE
12. COFFEE SPOON
13. FRUIT FORK
14. FRUIT KNIFE
15. ICE CREAM SPOON
16. BUTTER SPREADER
17. BUTTER KNIFE
18. BUTTER COOLER
19. GOBLET
20. CHAMPAGNE GLASS
21. WINE GLASS (RED)
22. WINE GLASS (WHITE)
23. PEPPER MILL
24. SALT SHAKER

1. Seafood fork
2. Fish fork (often used for salads and desserts)
3. Dinner fork
4. Fish knife
5. Dinner knife
6. Butter knife
7. Steak knife
8. Ice tea or parfait spoon
9. Serving spoon
10. Clear soup spoon
11. Teaspoon
12. Cream soup spoon
13. Demitasse spoon
14. Lobster pick.
15. Lobster fork
16. Escargot fork
17. Escargot clamps
18. Sugar tongs
19. Serving or ice tongs
20. Serving fork
21. Slotted serving spoon
22. Cake server
23. Crumber
24. Carving set-
fork, knife, steel

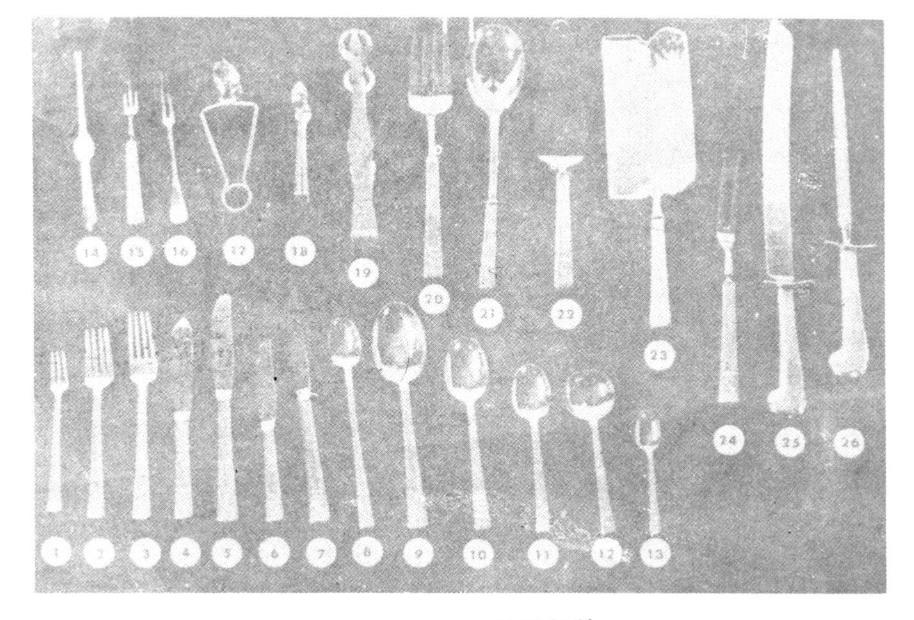

各種餐具

各種服務方式比較

1. PLATE SERVICE

※適用於翻檯次數頻繁的餐廳，如咖啡廳。

※所有的菜餚皆已上盤，由服務人員由客人右手邊上菜服務。

※麵包、奶油及菜餚的配料由客人左手邊服務。

※優點：服務時便捷有力，同時間內可服務多位客人。

員工經短期訓練即可上場操作。

※缺點：不是一種親切的服務。

2. 法式服務： FRENCH SERVICE

※適用於精緻華麗的場合或宴會上。

※服務人員將「盛菜盤」由客人左手邊呈現給客人過目，然後由客人自行挾取食物到餐盤上享用。

※服勤方式—以左手腕托持「盛菜盤」把服務用手巾墊於盤下，在「盛菜盤」上放有服務用的叉匙。

—由客人的左手邊，將所盛裝的菜餚讓客人過目。

—服勤時，要彎腰靠近客人，把「盛菜盤」托持於客人的左前方，靠餐盤邊緣的上端，好讓客人自行挑取菜餚於餐盤中。

—在服侍下一位客人之前，服務人員需先將「盛菜盤」中的其它菜餚重新排列擺設。

※優點：不需要多位人手和很熟練的服務人員即可上場操作。

不需要太大的空間，擺放器具。

※缺點：服勤的過程緩慢。

3. 英式服務： ENGLISH SERVICE

※當宴席中需要較快的服務時，適用此服務方式。

※與法式服務大半雷同，唯一不同者是客人之食物需由服務人員以右手操作，服務叉匙，將菜餚配到客人餐盤中，讓客人享用。

※優點：—提供個人服務。

—可為客人提供份量均量的食物，因為在廚房內已事先按規定的份量切好。

—服務迅速、高級，且不需太多人員。

—不需太大的空間放置器具。

※缺點：—大些菜餚不適用此類服勤—如魚或蛋捲。

—假如很多客人，各點不相同的菜餚時，服務生必須從廚房端出很多的「盛菜盤」。

4.俄式（手推車）服務：RUSSIAN OR GUERIDON SERVICE

※適用於在客人面前調製菜餚之桌邊服務的高級餐廳裏。

※服務方式—將所盛裝的食物，要呈送給客人過目。

—再放置在加熱器皿上保溫。

—左手持服務叉，右手持服務匙，將菜餚配送到客人的餐盤內，同時可借此機會，詢問客人的喜好和份量的需求。

—配送在餐盤中的菜餚，要排列美觀。

—由客人的右手邊，以右手端盤上桌，讓客人享用。

※優點—適於服務各式的菜餚。

—不易弄髒客人的衣物和檯布。

—對客人提供最週到的個人服務。

—對客人感覺被重視。

※缺點：—因使用推車服務，故需較寬大的空間，餐廳座位被減少。

—服務速度緩慢。

—需要較多且熟練的人手操作。

提高營業額要素

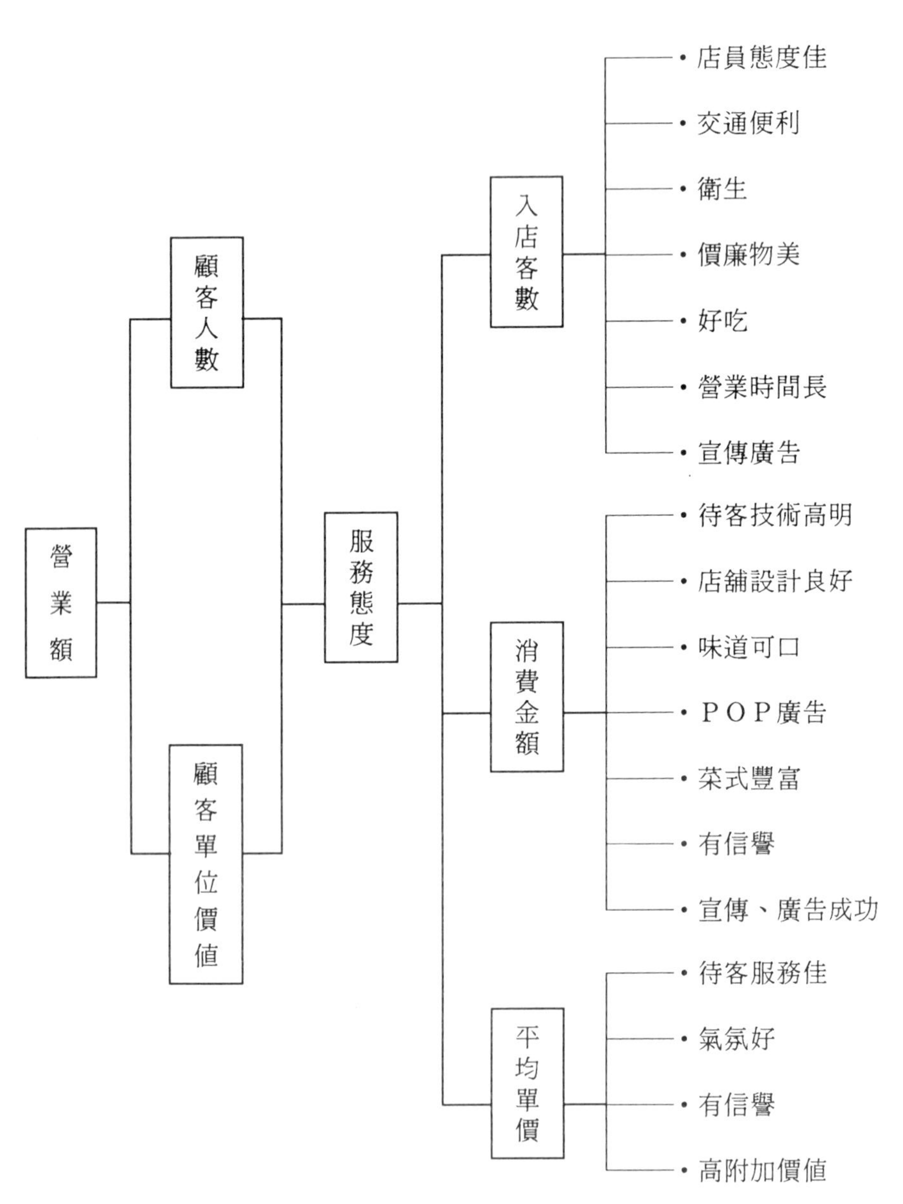

營業額
顧客人數
顧客單位價值
服務態度
入店客數
消費金額
平均單價
‧店員態度佳
‧交通便利
‧衛生
‧價廉物美
‧好吃
‧營業時間長
‧宣傳廣告
‧待客技術高明
‧店鋪設計良好
‧味道可口
‧ＰＯＰ廣告
‧菜式豐富
‧有信譽
‧宣傳、廣告成功
‧待客服務佳
‧氣氛好
‧有信譽
‧高附加價值

酒杯的拿法

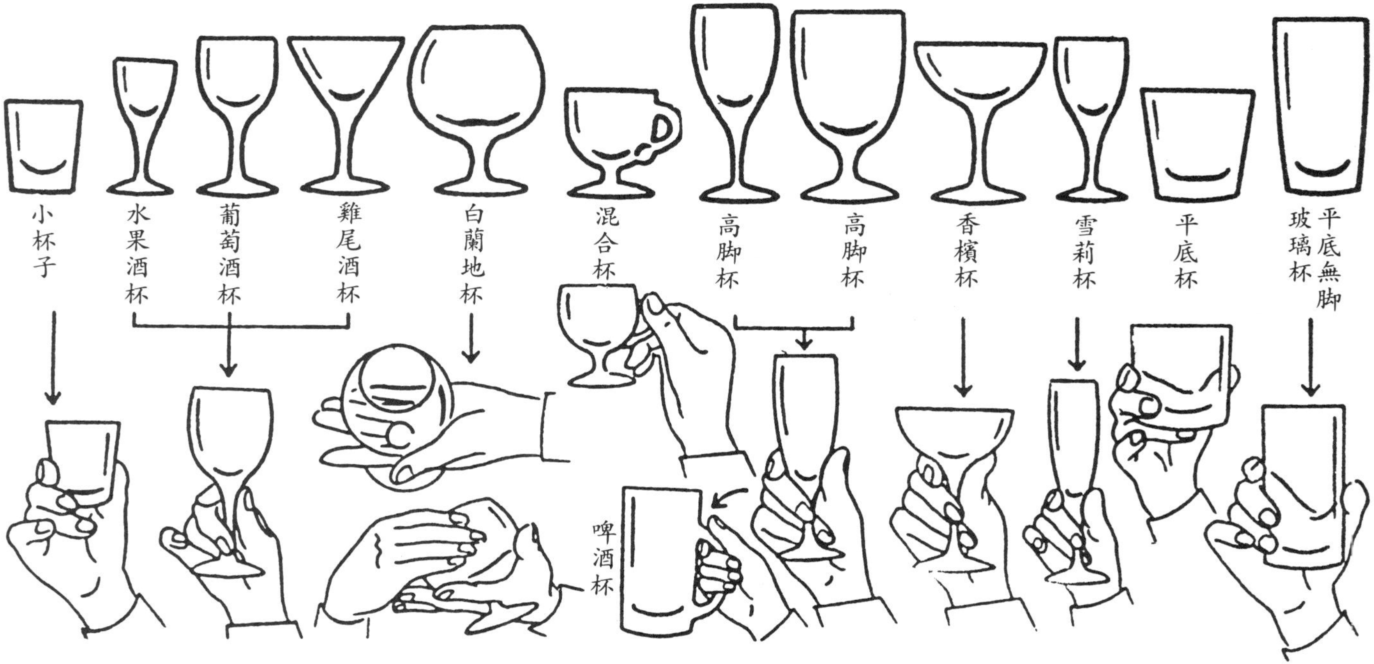

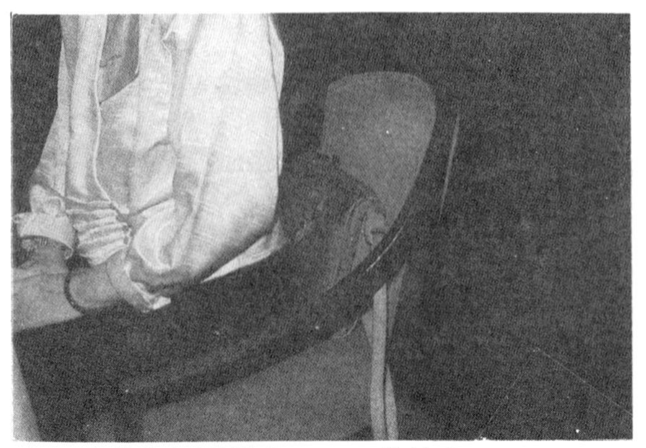
坐的姿勢背部要挺直，不可靠椅背上。

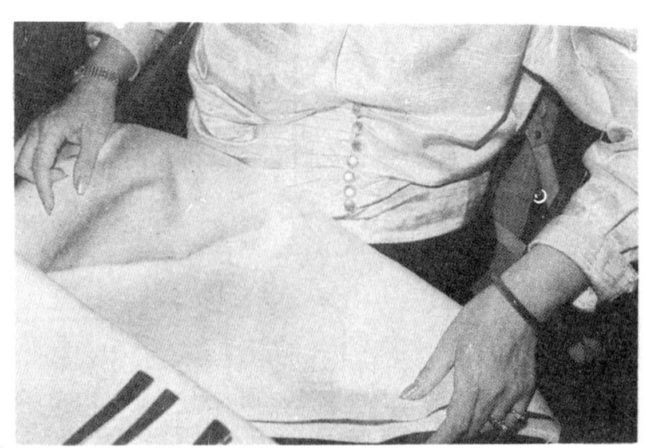
將餐巾打開平放在膝蓋上。

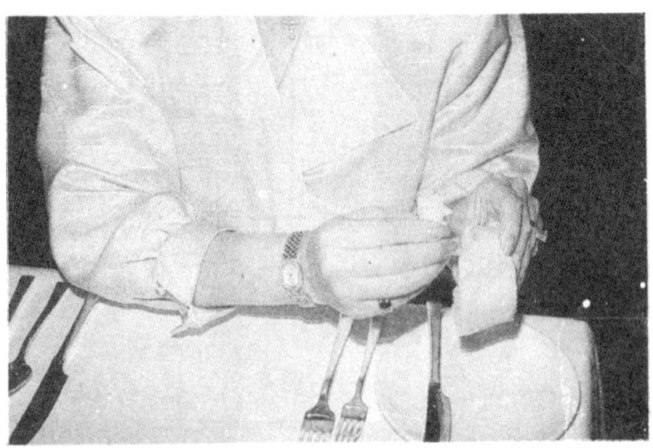
不可整片啃吃麵包，應撕成小塊沾上奶油或果醬再吃。

手的姿勢是凌空的，不可靠在桌上。

由食物的左邊往右邊食用。

用畢後刀叉放在盤上。

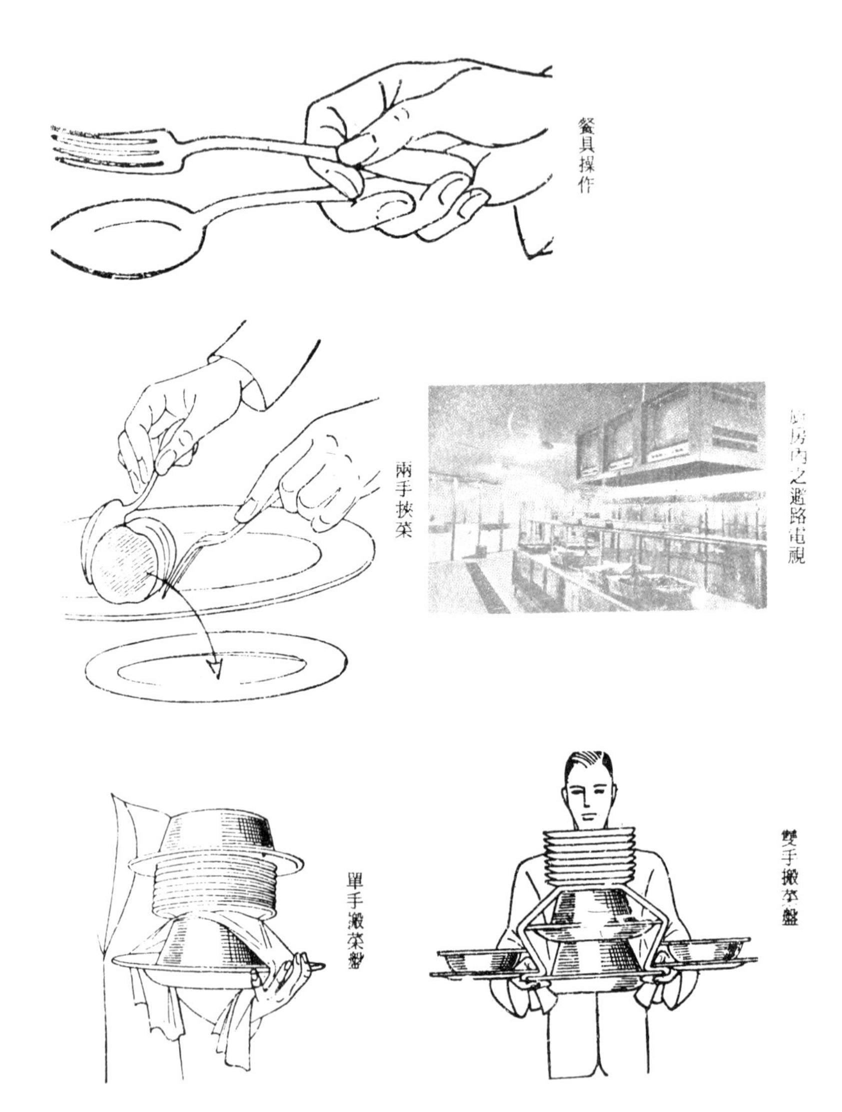

餐具操作

兩手挾菜

廚房內之遞路電視

單手搬菜盤

雙手搬菜盤

那一酒，配那一種菜

餐食葡 葡萄酒	甜點	乳（硬）酪	乳（軟）酪	家禽	（牛沙羊司）	（牛沙羊司）	雞	鵝肝	（魚沙類司）	（魚軟類炸）	（海殼鮮類）	
WHITE DRY			○				○		○	○	○	
WHITE MELLOW	○	○						○	○			
ROSE	○		○				○			○		
LIGHT RED			○	○	○	○	○		○	○		
FULL BODIED RED		○		○	○	○						
SPARKLING	○		○				○	○			○	
CHAMPAGNE	○	○	○	○	○	○	○	○	○	○	○	

酒杯　GLASS WARE

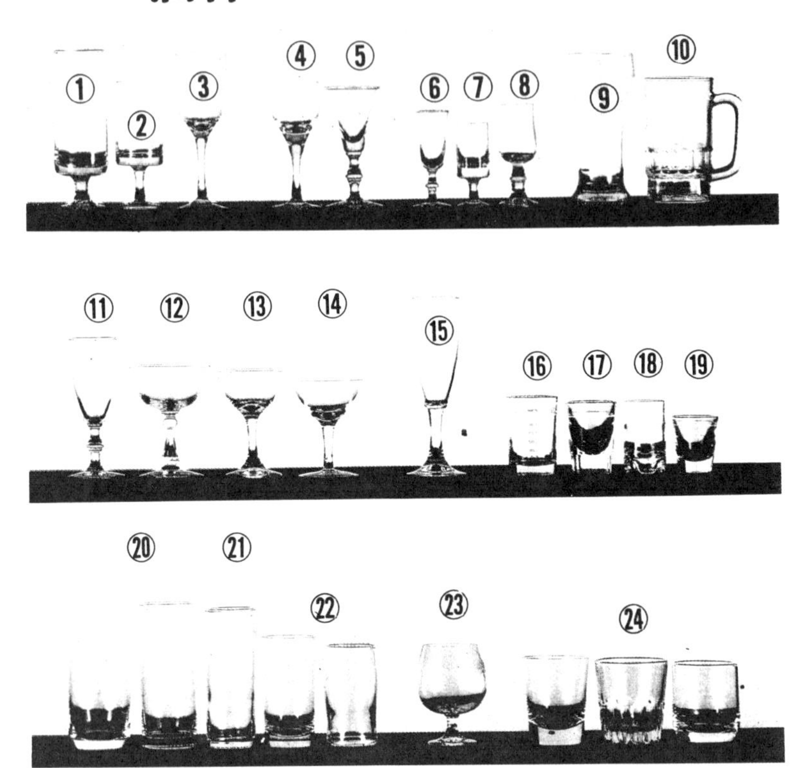

1.紅餐酒杯RED WINE GL.
2.白餐酒杯 WHITE WINE GL.
3.酒吧餐酒杯BAR WINE GL.
4.雪莉杯SHERRY GL.
5.砵酒杯PORT WINE GL .
6.色酒專用杯POUSSE CAFE GL.
7.白蘭地小杯SNIFTER GL.
8.香露酒杯BRANDY GL.
9.啤酒杯BEER GL.
10.生啤酒杯MUG GL.
11.酸甜酒杯SOUR GL.
12.香檳杯CHAMPAGNE GL.
13.曼哈頓杯MANHATTAN GL.
14.馬丁尼杯MARTINI GL.
15.新型香檳杯NEW CHAMPAGNE GL.
15.量杯MEASURER GL.
17.線杯LINE GL.
18.威士忌純杯WHISKEY GL.
19.盎士杯OZ - OUNCES GL.
20.哥倫斯高杯COLLINS GL.
21.飛士杯FIZZ GL.
22.高杯HI-BALL GL
23.白蘭地專用杯SNIFTER
24.老時髦杯 OLD FASHIONED GL.

第五節　房內的餐飲服務

房內餐飲服務

房內自動冰箱酒吧

Room Service在旅館用語上意指把客人所訂購的飲食物送到房間。在此種服務中送酒精類(Spirit)、飲料類(Soft Drinks)是不定時的，但餐食方面則早餐(Breakfast)爲多。這是因爲客人假如想到餐廳吃早餐，起床後須即梳粧，穿著整齊的衣服，但在自己室內用餐卻不必受此約束且較自由，故多喜歡Room Service。不過一般說起來，要多加百分之二十的服務費。

一、Room Service須注意下列幾點

(1)客人之訂菜不論在餐廳或房間，應視爲相同，不應把Room Serivce當做麻煩的事情或無關緊要者，

必須同樣地盡量迅速準備供給，不可使客人等待過久。

⑵房間離廚房較遠，餐食容易變冷，故應力求良好的送菜要領，以熟練、親切的態度送到房間，方值得客人之讚許。

⑶餐具、餐巾(Napkin)，調味料等要準備齊全。粗心大意或缺少經驗之服務員容易忘記湯匙(Spoon)或缺少鹽瓶(Salt Shaker)、胡椒瓶(Pepper Shaker)等物品，以致客人在吃飯當中又須以電話催促補送，這是最令人感到不愉快的。為期萬全計，當客人點菜時，自己應站在客人的立場對這些必要之餐具、調味查看清楚，不可遺漏。

⑷Room Service是展出服務員技巧最佳的時機，沒比這更能在客人身旁展出圓滑熟煉的服務機會的，同時也容易被人看出你的缺點，怎可不慎重以赴？

二、關於餐食的常識

首先談到菜單(Menu)；服務員的任務是站在第一線將廚房所做的餐食，運用技巧，善以勸誘客人得以出售的Salesman。餐食即是供給出售之商品，故記載商品之菜單即是一種商品目錄，服務員必須將記載商品之目錄熟記清楚，以便應付客人隨時之發問。這對新的服務員或不容易，若漠然不加理會永遠是學不會的。何況，菜單是一家餐廳的象徵與推銷的武器。

因客人不會考慮到waiter之職務與廚司不同。要知道隨時都有被質問到餐食的內容與烹飪方法之可能，故對烹飪方法應有一些常識。他如酒類也是一樣了解其種類，配酒方法及各酒類之香苦淡濃等知識。

至於新服務員應如何訓練自己，其要領是先將每日之定餐(Table d'hôte)及特別餐食(Todays Special)請教領班(Head Waiter)，其次注意到點菜(àla carte)，時常點到的及大廚師之拿手菜(Chefs Dishes)逐步擴大記憶範圍，終究因熟而巧於應付，並加深對廚師之了解與尊敬，自然增加彼此之感情而易於領教。

三、酒與飲料

威士忌(whisky)、雞尾酒(Cooktail)等之訂購須到酒吧(Bar)去端取，送去時放在盤上應小心不使溢出杯外。這當然要相當熟練的技術。

至於飲料類，舉例說：客人如訂購可樂(Cola)三瓶，則以一瓶一個玻璃杯之比例送去，若知道室內人數，則依此準備足額之玻璃杯，同時將碎冰塊放在小冰桶內一起盛在盤上送到房間。注意玻璃杯非揩拭清潔不可，端到室內將盤放在桌子上，依客人意思以開瓶器(opener)打開蓋子，然後取出帳單，請求簽名後，道謝退出房間。

四、早餐

早餐訂菜以下列餐食最多：

(1)季節性的新鮮水果(Fresh Fruits)，諸如柳橙(Orange)、鳳梨(Pineapple)、木瓜(Papaya)、西瓜(Watermelon)、香蕉(Banana)等依其季節將新鮮之水果冷藏供應之。

服務時盛在水果盤(Fruit Plate)或肉盤(Meat Plate)，連同水果刀、叉，必要時又加上湯匙與鹽等。

果汁(Fruit Juice)有蕃茄(Tomato)、橘子(Orange)、檸檬(Lemon)、蘋果(Apple)鳳梨汁等。把冰冷之果汁，盛在玻璃杯，供給之。

(2)穀類(Cereals)

所謂“Cereals“即歐美人作早點吃的穀類粥，如衆所知的Oatmeal（麥片粥），其他Cornmeal

Puffed Rice Shredded Wheat等尚有十幾種。其中 Oatmeal Cornmeal是烹飪後保持溫熱，供給客人，但是其他穀類是已經烹飪加工完成品，故隨時供給即可。

送去時盛在湯盤(Soup Bowel)準備點心匙(Desert Spoon)，附上鮮牛奶(Fresh Milk)，糖、鹽。

美國人訂此菜時，稱爲Oatmeal, Cornmeal，但英國人因其爲粥狀，故稱爲 Porridge

通常在菜單(Menu)上面寫著 “Eggs to Order“表示可按客人的要求供應各式的蛋，可分爲下列數種：

Boiled Eggs水煮蛋是連殼放入熱開水中煮沸者。須問客人要 Soft（軟）或Hard（硬）的，硬的是沒什麼問題（五分鐘以上者），但軟的，外國人是不允許只是半熟的。有的客人會指明二分熟或三分熟的時間。

Fried Eggs煎蛋，美國人說 Sunny Sideup，是煎單面之意，煎兩面的叫做Turn Over或只說Over。並以附上 Ham（火腿）或 Bacon（鹹肉），又 Bacon有的客人會要求Crisp者，即酥脆之意。又煎蛋半熟叫Over Easy，全熟叫 Over Hard。

Poached Eggs水浮蛋：是將蛋殼剝開，水煮三至五分鐘，然後放在土司上面送去。

Scrambled Eggs：攪炒蛋，放在土司上面供給之。常加牛乳而攪炒。

Omelette：煎蛋捲，都不包什麼的叫Plain Omelette，包入Ham或Asparagus（蘆筍）等者，則稱爲Ham Omelette或Asparagus Omelette

做好後盛在肉盤上送去，Boiled Eggs要添附蛋杯 (Egg Cup)與小型匙，其他則均附上肉刀、叉、鹽、胡椒。

土司(Toast)

土司依各人嗜好而異。有好薄的，有好厚的，或稍爲烤一下的，烤焦的等等。亦有Cinamon（肉桂）土司，Buttered（奶油土司），French（法國）土司等。客人訂菜時，應詳問其所好。

土司不可以冷者供給客人，，不可因此而以盤子蓋上致使烤得好好的變濕，那便不能算是土司了。烤好後盡量迅速送出。因爲是Room Service所以土司應在其他餐食做好後才烤，烤好後，以紙餐巾或餐巾包起來送上爲妙。要知道客人得以嚐到稱心的溫暖土司時，內心是何等的快慰。可見要想獲取最高的評價，就必須平常勤於學習餐飲的服務技術。

(5) 咖啡(Coffee)

歐美人士在早晨飲一兩杯又熱又美味的咖啡，即所謂"Morning Coffee"故早晨須將熱咖啡盛在咖啡壺

(Coffee Pot)送去。注意咖啡不要置冷，外國人以爲早晨喝到冷的咖啡，是不吉祥的預兆。

須將壺子和杯子先以熱水燙過後才將咖啡送給客人。更不能忘記附帶茶匙、糖和牛奶(Cream)

咖啡不一定是餐後的食物，美國人有與餐共飲者，或餐前飲者，特別是早晨餐前飲者居多，故須問清楚後送去，又要求紅茶 (Black Tea)時必須問明是要檸檬或牛奶(Milk)。

一般外國客人對自己喜好的蛋食與早餐都有固定不變的習慣，故對長期住客的訂菜只要問他是否與往常一樣即可。

五、正餐(Formal Dinner)

正餐的出菜順序如左：

(1)前菜(hors d'oeuvre)可當做下酒菜，並以其鹽味酸味來刺激，使唾液分泌旺盛，以增進食慾。

(2)湯(Soup)：有時沒有前菜而以湯爲第一道菜。有濃湯(Thick Soup)與清湯(Clear Soup)兩種。

(3)魚類(Fish)：因爲魚肉纖維比其他肉類之纖維柔膩，故吃的順序是在肉類之先較爲合理。

(4)中間菜（法語叫Entree）是正餐中，介在魚菜肉之間的菜，故又稱爲 Middle Course，有鳥獸、蒸燒肉、牛排之類。

(5)肉類(Roast)

(6)冷菜(Salada)

(7)甜點心(Dessert Sweet)

最後是咖啡，以上稱爲FULL COURSE（全餐）。

又洋酒在用餐時開始是Cocktail（雞尾酒），接著出 Sherry（雪利酒），White Wine（白葡萄酒），Red Wine（紅葡萄酒），Port（紅葡萄酒），依次而出，最後是Liqueur（甘味的烈酒）。

房間服務之訂餐單(Order Slip)應備幾份，因旅館之制度而異；通常是三份：一份送廚房，一份自備存查，一份給客人簽名後交給會計。

應注意餐具，如刀、叉、匙送進房間幾套，拿出來時也要符合。因爲外國人有以蒐集湯匙爲嗜者，否則餐具不足其責任在於服務員，如發現不足時須報告領班。

以上只是房間服務之基本常識，希望諸位對餐飲方面多加學習研究，並請教老同事，注意如何服務，務求技術之熟練爲要。

六、主菜烹調時間

了解各種主菜烹調所需時間，以便向客人說明，以免客人等候太久不耐煩。不過這些時間要看廚房的設備與忙碌程度有所不同，只供參考而已。

烤雞(Broiled Chicken)……25至30分鐘
烤魚(Broiled Fish)……10至15分鐘
各種蛋(Eggs Cooked to order)……5至10分鐘
炸雞(Fried Chicken)……30至40分鐘
炸魚(Fried Fish)……15至20分鐘
炸牡蠣(Fried Oysters)……10至15分鐘
炸鮮甘貝(Fried Scallops)……15分鐘
牡蠣濃湯(Oyster stew)……10分鐘
牛排：嫩的(steak, Rare)……10分鐘
　　　中的(Steak, Medium)……15分鐘
　　　老的(Steak, Well done)……20分鐘

二合一牛排(Porterhouse Steak)……………………20至25分鐘
大塊沙朗牛排(Sirloin Steak for two)……………………25至30分鐘
烤豬排(Broiled Pork Chop)……………………15分鐘
煎豬排(Fried Pork Chop)……………………20分鐘
小牛排(Veal Chop)……………………20分鐘
烤羊排(Broiled Lamb Chop)……………………10分鐘

F & B營運作業程序

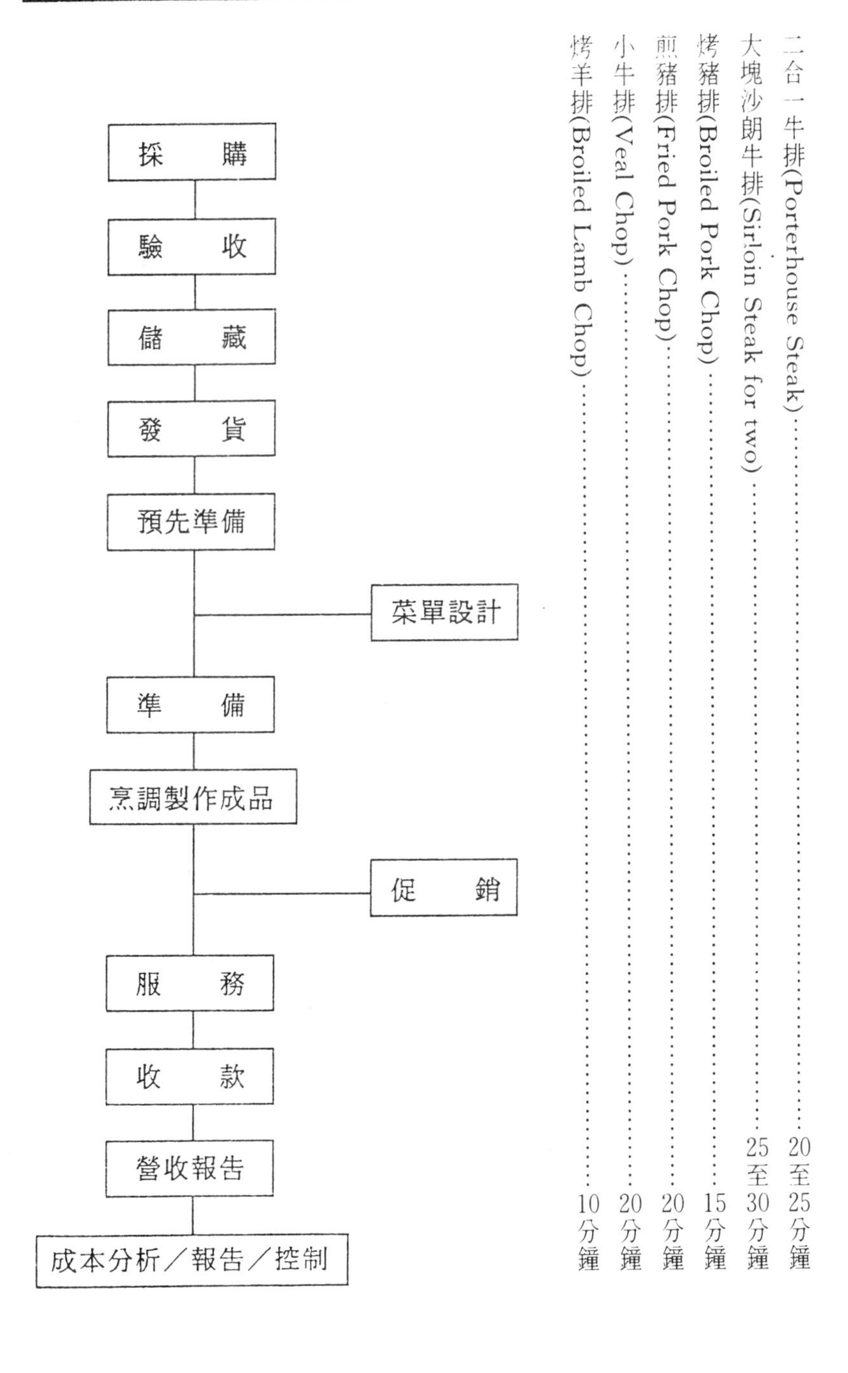

牛肉部位名稱

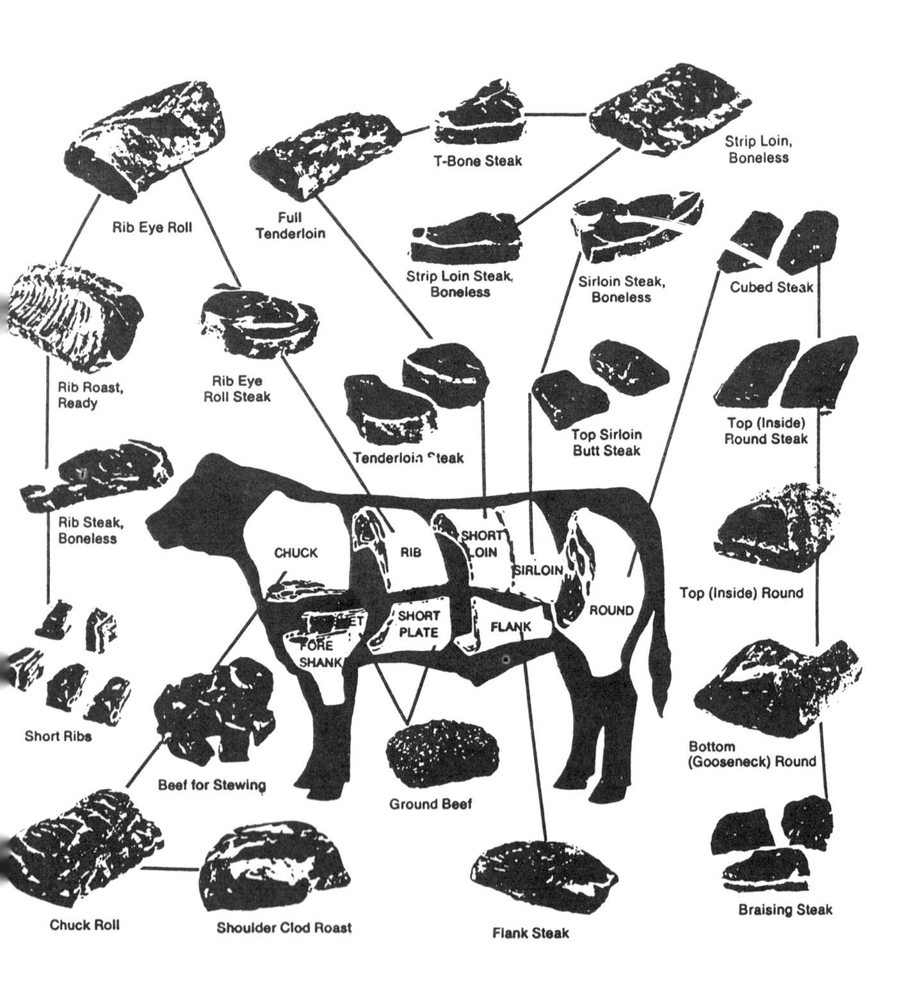
Rib Eye Roll
Full Tenderloin
T-Bone Steak
Strip Loin, Boneless
Strip Loin Steak, Boneless
Sirloin Steak, Boneless
Cubed Steak
Rib Roast, Ready
Rib Eye Roll Steak
Tenderloin Steak
Top Sirloin Butt Steak
Top (Inside) Round Steak
Rib Steak, Boneless
CHUCK
RIB
SHORT LOIN
SIRLOIN
ROUND
Top (Inside) Round
FORE SHANK
SHORT PLATE
FLANK
Short Ribs
Beef for Stewing
Ground Beef
Bottom (Gooseneck) Round
Braising Steak
Chuck Roll
Shoulder Clod Roast
Flank Steak

第六節　餐廳服務

前　言

旅館的二個主要收入來源雖是客房與餐飲的收入，但客房由於房間數及收容能力有限，就不得不設法另找出路。

因此餐廳的地位就非常重要。不但其收益較客房部多，且明顯的服務較能直接影響到飯店本身之評價，其所留給顧客的印象將永留不滅。如果以不善之服務態度接待顧客必會損害飯店之名譽，顧客之光顧必趨減少。

如果每個服務員均能以誠懇的態度，以最高的熱誠服務顧客，則不但能使顧客輕鬆愉快，心滿意足走後亦將念念不忘，稱讚不絕，不但業務繁榮，服務員本身也將感到光榮。

在餐廳部工作，接觸客人的各位都是飯店的有力推銷員，飯店所供給之菜餚，能否得到顧客的稱讚，取決於各位服務的手腕。

我們要時常站在顧客之立場著想，積極服務賓客，使其在安逸舒適的氣氛裡享受美味可口的餐食。良好的服務是無窮的，時時用功學習，以增加專業化的知識，提高本身之品格，以殷勤、理解、誠懇的態度，並以「榮譽」的心情服務賓客。

一、餐廳服務型式

㈠英國式：(ENGLISH SERVICE)：英國式服務在採用美國式的房租計價的旅館，（即房租包括三餐費用在內）很普遍，但一般餐廳則很少採用。服務員以左手端銀盤呈向客人左邊，服務員並以右手夾菜送至客人面前的食盤。這是宴會所採用的方式。

㈡法國式：(FRENCH SERVICE)或稱(HOTEL SERVICE)：此種方式多在高級的飯店或餐廳採用。餐食經過(BUS BOY)由廚房搬到餐廳的邊桌，然後由此盤再放在餐車上，推到客人面前，將餐食加溫後，分配於客人的盤上。除麵包、奶油碟、沙拉碟及其他特殊盤碟應由客人左側供應外，其他飲食品都由客人右側供應，但習慣於用左手端盤的服務員，可用左手由客人的左側供應。

略式為節省時間，將食物盛於食盤上端出，即為：PLATE SERVICE

※俄國式服務也可稱為推車式服務
WAGON SERVICE 或 GUERIDON SERVICE

◎正服務員的工作：

(1)代領班安置客人入席。
(2)記錄客人點菜。
(3)供應飲料。
(4)餐食端入餐廳後，在客人面前完成最後烹飪。
(5)送帳單及收帳款。

◎助理服務員：

(1)將正服務員交下的訂菜單傳送給廚房。
(2)由廚房將餐食放於托盤，端進餐廳，放在手推車上。
(3)將正服務員烹調好的餐食端送給客人。

註：如將食物放於食盤中，再將食盤放於服務盤上，供應客人，就叫TRAY SERVICE。

㈢俄國式：(RUSSIAN SERVICE)又稱修正的法國式。

由廚師將烹調後的餐食盛於大銀盤。由服務員將熱的空盤與大銀盤搬到桌邊。

⑴安置空盤：由順時針方向，由客人右側，以右手逐一放置。

⑵供應餐食：把大銀盤端給主人及客人過目，然後依反時針方向，由客人左側，以右手供應。

美式是將盛在盤碟的菜直接端給客人，但俄式是將大銀盤的菜分配到客人面前的盤碟上。

㈣瑞典式：(SWEDISH SERVICE)另稱(BUFFET SERVICE)：即由客人自己選取，服務員只是幫忙切肉，或供應麵包、飲料、甜點。並先在客人桌上事前供應前菜及湯道。

㈤銀　式：(SLIVER SERVICE)：與英國式同。

㈥美　式：(AMERICAN SERVICE)：爲各種形式的混合。食物在廚房中裝飾在食盤中，有時候小盤的蔬菜端到桌上。食物用左手從客人左側供應。飲料用右手由客人的右側供應。並由客人的右側收拾。客人進入餐廳時，安排客人入席，遞送菜單、倒冰水、餐食烹調後盛於盤上，由服務員以托盤端進餐廳，先置於供應台。

㈦簡易自助餐式：(CAFETERIA SERVICE)客人由陳列桌上的食物中選取自己所需食物，只有熱食由服務員供應。取菜後到長桌的最末端出納處先付錢，然後選位子用餐。

二、餐廳工作人員必須具有下列的條件

A　頭腦、眼睛、手腳心情等之活動。

1.頭腦

反應要敏捷，記憶力要正確，並要有豐富的常識。

2.眼睛

時常留意客人之表情，注意客人之動作，以便隨時應付。

3.手、腳

手腳之舉止，須要配合適當時之要求，不要有浪費的動作。

男服務生基本姿勢

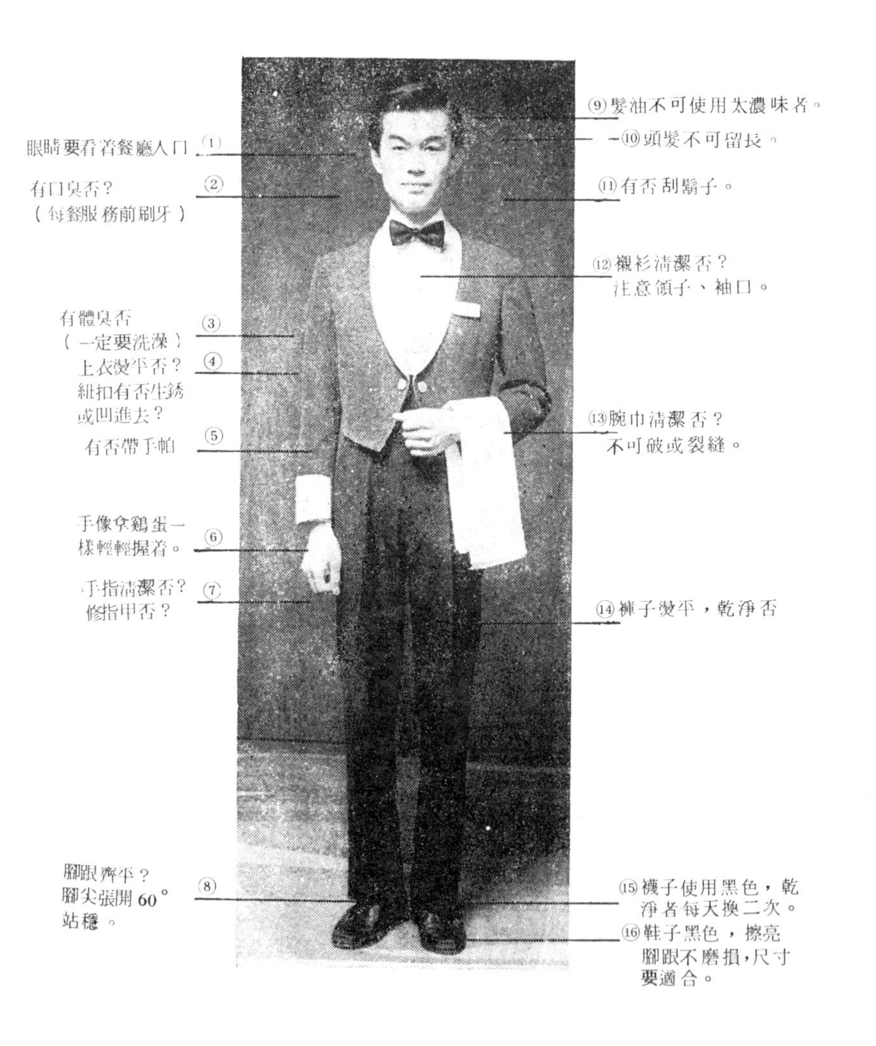

眼睛要看着餐廳入口 ①
有口臭否？
（每餐服務前刷牙） ②
有體臭否
（一定要洗澡） ③
上衣燙平否？
紐扣有否生銹
或凹進去？ ④
有否帶手帕 ⑤
手像拿鷄蛋一
樣輕輕握着。 ⑥
手指清潔否？
修指甲否？ ⑦
腳跟齊平？
腳尖張開 60°
站穩。 ⑧
⑨髮油不可使用太濃味者。
⑩頭髮不可留長。
⑪有否刮鬍子。
⑫襯衫清潔否？
注意領子、袖口。
⑬腕巾清潔否？
不可破或裂縫。
⑭褲子燙平，乾淨否
⑮襪子使用黑色，乾
淨者每天換二次。
⑯鞋子黑色，擦亮
腳跟不磨損，尺寸
要適合。

女服務生基本姿勢

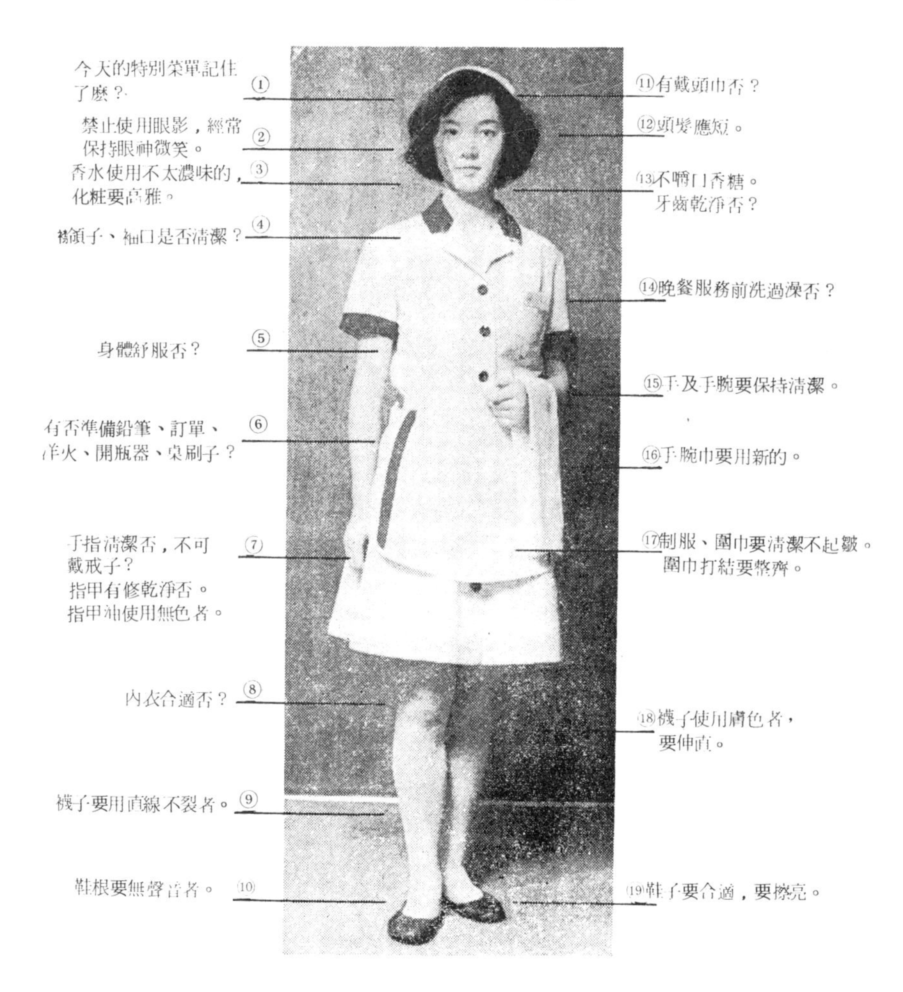

今天的特別菜單記住了麽？
①
禁止使用眼影，經常保持眼神微笑。
②
香水使用不太濃味的，化粧要高雅。
③
襯領子、袖口是否清潔？
④
身體舒服否？
⑤
有否準備鉛筆、訂單、洋火、開瓶器、桌刷子？
⑥
手指清潔否，不可戴戒子？指甲有修乾淨否。指甲油使用無色者。
⑦
內衣合適否？
⑧
襪子要用直線不裂者。
⑨
鞋根要無聲音者。
⑩
⑪有戴頭巾否？
⑫頭髮應短。
⑬不嚼口香糖。牙齒乾淨否？
⑭晚餐服務前洗過澡否？
⑮手及手腕要保持清潔。
⑯手腕巾要用新的。
⑰制服、圍巾要清潔不起皺。圍巾打結要整齊。
⑱襪子使用膚色者，要伸直。
⑲鞋子要合適，要擦亮。

餐廳服務程序

1 GREET THE GUEST
2 SERVE WATER
3 CHECK FOR COCKTAILS
4 TAKE FOOD ORDER
5 PLACE SALES SLIP ON TABLE
6 CHECK FOR WINE SALE
7 SERVE SOUP
8 SERVE SALAD
9 SERVE ENTREE
10 SERVE BREAD OR ROLLS
11 SERVE WINE
12 SERVE BEVERAGE
13 SERVE DESSERT
14 CHECK FOR AFTER DINNER LIQUEURS
15 CHECK FOR ADDITIONAL SERVICE
THE CHAIN OF CORRECT SERVICE
Steps to enjoyable dining through correct serving.

4. 心情

經常以沈著而冷靜的心情去服務客人。

5. 語言

講話要有禮貌，聲音清晰大小適中，並應使用正確而標準的語言。

6. 態度

應親切誠懇，自然大方。

B 衛生服裝：

1. 手、指甲

服務前手應該洗乾淨，尤其注意指甲要修剪清潔，女子除無色之指甲油外不得使用。。

2. 頭髮

不要倣效流行式頭髮，要梳理整潔。

男子應定時理髮，塗上適量髮油（髮油使用香味較淡者）。

3. 臉部

化粧要輕淡，口紅使用薄色者，不要畫眉塗眼或濃粧，宜保持樸素幽雅之外觀，予人以好感。

4. 香水

香水之氣味，容易影響及破壞餐食的美味及室內的氣氛。故不宜使用，但可以使用止臭劑。

5. 汗水

宜穿著能吸收汗水的汗衫，注意汗水不要滲出上衣，應經常更換汗衫。

6. 口臭

吃過葱蒜等具有强味之食物後，應特別注意口臭。

牙齒要刷洗乾淨。

7.鞋與襪子

襪子每日應更換，皮鞋時常要擦亮；不要使用指定以外之顏色，襪子與鞋應使用黑色爲宜。

8.制服

著用整潔之制服，褲子要顯出線條，圍巾、帽子要維護良好狀態。

9.襯衫與領帶

襯衫要燙平不得有破損者。特別注意其領子、袖子及衣扣。領帶應對鏡打結美觀。

10.指戒及手錶

指頭、手腕爲客人最注意的地方，戒子、手錶及時髦的首飾不宜使用。

但結婚、訂婚戒子則不在此限。

三、對餐廳物品應注意事項

餐廳裏有很多種類之餐具，它們是服務客人所必要而且重要的物品，無論粗細、大小，必須愛惜它們。

有些人往往熟悉了工作後，對處理物品就容易疏忽，這樣將給公司蒙受莫大之損失。

客人對於餐廳物品都有銳利的觀察力，我們應善加保養愛護。

一、布巾類：(LINEN)

布巾類有顧客用與員工用兩種，員工絕不得使用客人專用的。

布巾類各有各之用途，應視其用途分別使用，否則不但容易損壞，而且外表也不美觀。

1.桌巾(TABLE CLOTH)

桌巾有疊折線，或折紋，這是最受人家注意的。最要緊的是順著這折紋調整桌巾的位置。如果桌巾過長時，應要特別注意。不得使用破爛之桌巾。客人使用後之桌巾，應檢查有否污穢，如果污穢應立即更換。

2.餐巾(NAPKIN)

餐巾是客人在食桌上用來揩嘴的，因此要使用最乾淨之布料。疊折要整齊，外表亦要美觀。佈置要適當。

3.服務用臂巾(ARM TOWEL)

此種餐巾係服務員在賓客之面前服務時，搬運熱類碗盤時使用。不可當作揩汗及拭手臉之用，盡量保持清潔，如有污染時，隨時更換。

4.廚房用布巾(DUSTER)

此種布巾係爲裝餐食於盤碗上所用的。要保持其清潔，並不得與其他混淆使用。

5.其他

其他還有擦拭玻璃杯、銀器及食器等之布巾。應妥爲運用，不得使用於其他用途。

以上布巾類應時時與洗衣部連絡，並經常準備整潔之物品，隨時供給服務之用。在管理方面，亦應予充分的注意，不得遺失。

二、使用銀器、食器應注意事項：(SILVER WARE)(TABLE WARE)

銀器、食器等類在一般家庭均視爲珍貴的財產，非常愛惜。飯店亦有很多銀器、食器，此等物品既相當昂貴，應加小心處理。銀器，應時常擦潔光亮，不擦亮之銀器，不宜使用。銀器、食器在搬運途中，不可印上指紋。同時銀器易於氧化，變爲青綠色，故使用以前應泡在熱水中擦洗清潔後，才可使用。

1.刀類

刀子有下列幾種，肉用、魚用、餐後甜點用、水果用、奶油用等。

各有各種之用途，刀柄及刀叉同樣要緊，注意有無彎曲和壓平情形，尤其要處理牛排用刀子時，因其刀叉較爲銳利，避免與其他刀子放在一起。以免相混生疵。

2. 匙類

種類：分湯用、餐後甜點用、冰淇淋用、茶用、小咖啡杯用、肉湯用、長柄、服務用等數種。

匙子容易損壞其原型，尤其是圓凸部份易於生疵，應特別注意。

匙子如果汚穢了，特別引人注意，應予經常擦洗乾淨。

3. 叉類

種類：分肉用、魚用、餐後甜點用、水果用、雞尾酒、糕餅、蛤蠣等數種。叉類之前端銳利更要小心擦洗，又前端部份鍍金易於磨損，同時叉類前端之間隙，易於沾染食物，尤其蛋類等餐食。

4. 服務時所使用者

種類：分湯杓子、調味汁杓子、洗指碗、蛋糕夾、調味汁容器等東西係服務賓客送菜餚之用，此等銀器非經常保養清潔美觀不可，如果汚穢將會破壞餐食之味道。

其他銀器尚多，均甚重要，應每日檢查，不可遺失。

三、玻璃類(GLASS WARE)

玻璃類是最易損壞的東西，應時常特別注意，不得有亂用或供爲其他用途等情形。玻璃類亦是最易染汚的，如有汚穢必給與賓客不潔之感。拿玻璃杯時，注意不可印上指紋，最好拿著杯的下方，不要拿上方。

使用前，須以熱水燙洗之。

1. 餐桌上的杯類

指排在餐桌上之玻璃杯類而言。注意杯底有無瑕疵或邊緣缺損等情形，應有經常檢查之必要。搬送時應使用盤子，不要夾住手指間搬運。

2.酒吧用玻璃杯

與餐桌上杯類相同。

3.其他玻璃製品

其他還有很多玻璃製品，厚的如煙灰缸、水壺等不可突然間放於熱水內或加以冷却，否則極易破裂。以上玻璃類，均係耗損率極高的東西，應嚴格管理細心注意。以防過度之消耗。

四、其他器具

在餐廳使用之東西，還有其他種種器具，服務用餐車及桌椅等等，此等器具經常要保養清潔，並使用於適當的場所及正當的操縱方法。

五、陶器(CHINA WARE)

陶器因較重，服務時，如果同時搬運數個，極易損壞，尤其陶器價格昂貴，在工作尚未習慣以前，絕不可勉強一次搬運數個。

1.盤類

種類：分湯盤、肉盤、甜點盤、麵包盤、青菜盤等數種。

(1)使用時應注意記號及銀線，色樣有損者，不可使用。

(2)搬送時不可拿邊緣，應拿下方。

(3)服務菜餚時熱類餐食應使用熱的盤子，冷菜要使用冷的盤子。

(4)不得亂放盤子。

(5)盤子不得疊積太高。

(6)要分門別類加以管理。

(7)注意污點，以免破壞食物美觀，減低顧客食慾。

2.其他陶器

其他陶器有直接倒入倒出之闊橢圓形盤類、茶罐等，還有日本餐用食器，處理上均應加以注意。

四、餐廳內之注意事項

以上概述了餐廳內之各種設備。當你們要親自招呼客人的時候，在餐廳裏你們好比是舞臺上的演員一般，要經常以最大的努力表現自己，使客人愉快滿足。

客人是永遠不知足的，不管你如何誠懇服侍他，也很難獲得他的滿足。有時甚至會遭遇困難，而使你們手足不知所措尷尬萬分。

雖然如此，你們必須十分有耐性去工作。相信只要遵守下列幾點，始終以誠懇的態度去服務他們的話，必能順利完成你們的任務。

一、接待要領：

1.當客人踏進門來，應含笑鞠躬，千萬不要忘記招呼。

2.引導客人到座位應拉出椅子，請其坐下，使其儘量靠近桌子坐。

3.與客人談話，口齒要清晰。

4.客人有什麼奇異舉動，千萬不要譏笑或批評。

5.不得介入客人之談話。

6.如遇有客人爲難你，必須忍耐，不得生氣。

7.有關客人較細的事情，亦應向上司報告。

8.客人之訂菜，應重說一遍。

9.如果不甚明瞭應立即報告上司，不得自作聰明。

10.接受訂菜時，應站在客人之側邊，易於談話之處，最好站在客人之左側。

11.訂菜要記錄，以免招致糾紛。

12.訂菜的記錄，應寫淸楚明瞭，以免再次詢問客人。

13.客人有無理的訂菜，做不出的餐食，或無貨時，應以和氣態度給予婉謝。在可能範圍內給與客人方便。

14.供給冰水以前盡量推銷飲料品。

二、服務技術：

1.菜餚是從客人之左側送入右側退出爲原則。（各餐廳如有特別規定則從之）

2.飲料品是從客人之右側送入右側退出爲原則。（各餐廳如有特別規定則從之）

3.送菜餚時左腳踏進一步，身體轉向客人。

4.服務之型式，雖有很多種，但最後的目的在於如何使賓客在安逸舒適的氣氛中享受美食。

5.使用盤子時，以左手平衡搬運之。

6.較重的東西放在盤子中間，輕的放在邊緣。

7.如有不明瞭之處，應立即請教。

8.倒水時不可拿起杯子倒。

9.洋酒各有倒酒的方法平常應加以研究。

10.記憶顧客姓名及嗜好。

11.餐桌上之器具、鹽、胡椒等常要留意補充，煙灰缸時常更換。

三、同事間之協調：

餐廳服務最要緊的是如何提供良好的服務，以表現各位在餐廳的工作成就。但只靠一個人的努力怎麼也不能產生良好的服務。最要緊的是，彼此要同心協力，大家分工合作推行業務，造成愉快的氣氛，才能達到服務至上的目的。

1. 合作至上。
2. 勤務中不要講話。
3. 不要同時集合在一個場所。
4. 不得在餐廳內接聽私人電話。
5. 定期開會，討論菜單及服務問題，以便隨時改進。

四、衛生問題：

餐廳工作的人員，對於衛生管理，尤不得疏忽，必須研究學習這方面的專門知識；如

1. 食品衛生
2. 公衆衛生
3. 環境衛生

五、其他應注意事項：

1. 剛開店及閉店時間前來之客人，尤應特別給予方便。抱怨最多的時候常在這個時段發生。
2. 餐廳內之裝飾品很貴，應予愛惜保護。
3. 客人離開後，注意有無遺留物。
4. 當發現有任何遺留物時，立刻把餐桌號碼及時間註明，呈報招領。
5. 有任何不明事情都得向上司報告或請教他人。
6. 客人要離開的時候，與進來的時候一樣要緊，應以笑容送行，道謝並請再度光臨。

7.對飯店之設備，要認識淸楚（如電氣開關、音樂、溫度調整器之操作等）。
8.對飯店全盤之構造也要了解，不可當客人詢問時，一無所知。
9.各餐廳及其他場所之營業時間也不可不知。
10.接到預定桌位時，立刻製成記錄註明日期、時間、人數及內容以便報告上司。

六、替客人選擇座位，應注意事項：
1.肥胖而且年老的客人，應請他們坐靠近餐廳的入口處。
2.帶有小孩的客人儘量請他們坐在角落，以免因小孩的哭聲打擾別人。
3.服飾華麗、打扮時髦的客人，請他們坐於易見的地方。
4.年輕的夫妻，選個較邊僻的地方，讓他們敍情。
5.單獨的客人，應選窗邊。不可選在中央。
6.有些客人不願與生客同桌，如因客滿不得已時，應徵求雙方之諒解。
7.警察或稅務人員應選靠入口的地方，而且不易使人注目的地方為宜。

七、餐廳領班之職責：
1.迎接客人，安排就席，並引導離開餐廳。
2.督導及檢查餐廳佈置與服務情形。
3.對服務員之間，保持公平無私的立場。
4.出面調解顧客與服務員之糾紛，必要時報告經理。
5.執行其他有關任務。

八、服務員之職責：
1.沒有領班時，安排客人入席。

2.接受及記錄客人的訂菜。

3.供應酒類及飲料。

4.供應餐食及點心。

5.送帳單及收取帳款。

九、練習生之職責：

1.安排客人入席，搬走不必要的佈置及設備。

2.給客人倒冰水，從廚房拿出奶油及麵包。

3.收拾盤碟及銀具。

4.將服務員所訂菜單送入廚房。

5.將廚房的餐食端進餐廳，放在手推車上。

6.在可能範圍內，協助服務員。

第七節　餐飲帳單的管理

一、核查制度CHECKING SYSTEM

餐飲收款之管理方法，普通採用CHECKING SYSTEM應以在下述情形，更顯其必要性。即由同一個服務員接受訂菜，又要填寫訂單，同時還要搬運餐食供給顧客，最後又要將帳單交給顧客換取現款時，採用此種制度是最適合的。最理想的方法是顧客自己向餐廳之出納直接付帳，但一流的飯店往往認為經過服務員收款才算是服務週到。另一面，像今日流行的自助餐式或快餐廳，實在無法個別記帳時，最好，請顧客直接向出納付款較為妥當。

所以核查制度，實際上，只能適用於服務員直接向客人收款的時候。

二、核查程序與方法

一般餐館所採用之順序如下：

一、服務員備有一本聯號的帳單CHIT或CHECK，以便記錄所有出售的金額，訂正事項或變更事項於上面。

二、由廚房運搬餐飲到餐廳時，必須經過核查人員查對，他可使用圖章或機器在帳單上記入價錢，俾無法塗抹更改。

三、一方面，核查人員備有出售餐飲之記錄簿。

四、當服務員收到現款時，連同帳單提給出納，出納根據此帳單製作餐廳會計出售報告表。

五、每一帳單都應加以記錄，連同帳單提給出納，出納根據此帳單製作餐廳會計出售報告表。

六、帳單內之記錄與計算有無錯誤，均可拿來與核查人員所作成之出售記錄互相核對。

因此，各種核查制度之不同，應基於服務員在帳單內記入價錢的方法或核查的出售記錄樣式之不同而有所異罷了。

核查制度，大別之有三種方法：

一、在服務員的帳單上與核查人員的記錄單兩張上面，由核查人員蓋上表明價格的騎縫印。

二、服務員複寫兩張帳單，由核查人員蓋上價錢印章後，第一聯送出納，第二聯由核查人員當做出售記錄之用。

三、利用CHECKING機器，將服務員的帳單插入機器內，自動打上價格，另一面，機器內部裝有紙條，印有菜名及價格。該紙條即成爲核查人員的出售記錄，同時該紙條上面的金額可利用機器自動合計起來。

目前美國採用此種機器最爲普遍，故願將此法介紹給各位讀者參考。

(一)服務員之帳單：

有時稱爲WAITERS CHECK-REST CHECK-CHITS, BILL等等，按旅館之情形有不司，但不管如何稱法，它必須具備以下三個要素：

(A)旅館名稱、帳單號碼、及服務員編號等必須預先印在帳單上且印有客數、餐桌號碼。

(B)帳單分爲三欄，即餐食數、餐食名稱、及金額。

(C)帳單的下聯印有帳單號碼及服務員號碼以及總金額，只要按點線一撕，可以與上聯分離。下聯稱爲STAB或WAITERS RECEIPT。

除以上三要素外，最好使用薄紙，萬一偷改或塗改，可以隨時看出筆跡或痕跡。並應以顏色來分別各種不同的餐廳。

(二)服務員帳單之發行：

核查員應查明交給服務員之帳單數目。當核查員向稽核室領用帳單時必須塡寫「領用帳單申請書」CHECKERS REQUISITION TO AUDITOR申請書複寫二份，正本由稽核室抽存，副本存於核查員的地方。服務員上班時，每人分給他們二十五張帳單。按各人的服務能力發給張數，服務員收到帳單時必須在簽名簿簽收。該簽名簿分爲正副兩本。正本由稽核存查，副本由核查人員保存。簽名簿上有服務員號碼，及發給服務員帳單之最初號碼及最後號碼。下班後未使用完之帳單由服務員退還核查人員。此時，應將最後剩下的帳單號碼記入CLOSING NO一欄內以明責任。然後，再由核查人 員將未使用完而收回之帳單連同簽名簿正本交回稽核室。

(三)核查機器：

如因機器打錯金額或某些原因，客人退還餐食時，可利用機器在帳單金額上打上「取消」字樣，並將取消之金額打在帳單背面。這樣機器將自動地會調整總數。

核查機器通常放在廚房通往餐廳之中途，核查人員的桌上。服務員可將餐食放於桌上讓核查人員核查。服務員在接受訂菜時，將菜名、份數、人數記於帳單上，然後將帳單帶去廚房接受餐食，放於服務盤上端去核查人員處，將帳單交給核查人員，由核查人員插入機器內核對菜名，及金額後交還服務員。如因某些理由，要修改時（前面已述）核查人員必須在「取消報告書」記明服務員號碼、帳單號碼、理由及取消金額。採用此種機器，必須雇用具有高度工作能力的核查人員，否則將影響服務之速度。

三、服務員的責任

服務員服務客人後，在帳單上既已註明菜名，且金額亦經機器打上，故現在要去餐廳會計或核查人員處請他們在帳單上記入總金額（用紅鉛筆最好）。

爲避免服務員作弊，服務員之帳單總計，應由核查人員或會計來計算，並用紅字或機器打上數字以防塗改。

同時，在帳單上註明：「請按紅字總計支付」。服務員收款後，連同帳單拿去會計，然後由會計在帳單上蓋章表示收訖。同時將下一聯WATERS RECEIPT撕下交給服務員，這樣，服務員對核帳單所負責任算已盡了。但服務員須將下一聯保存三天，以便隨時由稽核員查閱。

如支付現款的客人要求收據時，可由會計將現款放入機器內，自動地由機器打出收據來。

如係賒帳，請客人在服務員帳單填明房號及簽名，然後蓋上「賒帳」CHARGE字樣轉去櫃台出納。

四、餐廳會計

會計將帳單下一聯交給服務員後，就要對所收帳單及現款負責。

餐廳會計直屬收入稽核室或會計課。收到現款時應蓋「收訖」章，賒帳時應蓋「賒帳」章。該圖章應刻有日期及會計收款人姓名。以印泥的顏色來區別。如紅色爲現款，藍色爲賒帳。餐廳會計報告書所包括項目如左：

服務員號碼、帳單號碼、客人人數、餐食金額、飲料金額、香煙錢、合計金額、房間號碼、顧客姓名、現金收入等，最基本之十項目。

此外，稅金、服務費、小費等視各飯店之需要而增加。會計由服務員接來的帳單，應將每一項目轉入報告書內。

尤其是賒帳之帳單，應儘快將其轉入報告書內，以便送去櫃臺出納處理。

餐廳會計在餐廳關門後，應將報告書內之金額算出總計以便結帳。然後連同支付現款的帳單送去收入稽核室（有時須經過櫃臺出納或夜間稽核員提出）。

至於現款，應另做現金報告書送去出納入款。

第八節　餐飲材料的採購管理

在旅館經營活動裏負責採購消費材料者爲採購組視規模的大小，有的採購組也兼辦倉庫管理業務，以便保管物品及請領物品等工作。但仍以採購物品爲其主要業務。因之，採購組可謂事務管理之中心。

餐飲材料的採購及管理

A、訂貨

凡要交給主廚所管理的冷凍倉庫之材料，應根據主廚所提出之請購單訂貨。請購單應根據廚房內冷凍倉庫或主廚所管的補助冷凍倉庫內材料的數量，並按預定消費日數而作成。

至於保管在倉庫內的材料、主食、酒、啤酒、雜糧、調味品及其他物品則應根據預約及庫存去採購。雖然視旅館之立地條件，情形有所不同，但至少應以五天至十天的存庫量爲標準去採購。不過價格漲落不定之材料，或由於大批採購價格低廉的物品，應即時把握時機採購。

依旅館規模的大小，負責訂貨者亦有所不同。實際訂貨者與製發訂貨單者，同一人亦可。惟應避免由主廚辦理。

訂貨單應複寫二份。即使用電話或口頭訂貨事後亦應有訂貨單爲憑據。

交貨單可作成三聯。第一聯爲採購單，第二聯爲請款單，第三聯則爲交貨單副本。然後將這些表單存放於交貨商店。如此，不但可節省人工，亦可簡化事務。

交貨商店在交貨時，只要記入貨名、數量、單價，並在交貨時，附上採購單即可。到了月底再提出請款單請款。

B、驗收及事務處理

採購單位可將採購單當做交貨單併用，並將訂貨單的副本與採購單核對，以便確認有無多交或不足數量，而且按採購單確認重量、數量、破損、品質等項，然後在採購單上蓋單。如果係直接交給主廚管理下的冷凍倉庫物品，應請主廚蓋章。

主廚爲烹飪之參考，經常備有物品價格手册，應將採購價格記入此册內。

賒帳購貨時，應將採購單，分別製作轉帳傳票，記入採購商戶總帳內，並在傳票與總帳上蓋印。

現金採購時，在三張複寫的採購單上記入貨名、數量、單價、金額。備考欄內可記入交貨人姓名。在一天終了時，將賒帳購貨單與現金購貨單裝訂成册，並將日計表附於上面，分別記入總計。大科目可分爲烹調材料費，小科目則又可分爲蔬菜、魚、肉類、加工品等，各按其種別轉記於種別補助帳內，到了月底，製成烹調材料費的種別月計，以爲將來舉行菜單會議，檢討用於菜單之種種材料，在購買當時之市場價格，是否高昂或便宜。

C、保管

在大規模的旅館裏，諸如鮮魚、蔬菜、肉類及其他加工品，必須保管於冷凍庫的材料，應在倉庫保管單位設立冷凍庫，存放於內。同時必須根據以每天的菜單及住宿人員為基準的出庫傳票申請出庫。至於中小型旅館，這些材料，一採購進來就可存放於廚房內或附近設立之冷凍庫，直接由主廚加以保管。

D、出庫

出庫時，由廚房、酒吧、餐廳各單位提出出庫申請單，並根據負責者蓋印之出庫傳票出庫，應按類別集計，在一日之終了，記入於在庫物品臺帳內。根據差額經常與在庫物品的數量核對。中型以下的經營，則可按不同貨品項目所集計的出庫傳票，月計與月底的存貨彼此核對。這樣就可不必記入在庫品臺帳內。如由節省人工這一點上著想，確有其效果。

另一方面，在出庫傳票內記入出庫材料之價格，分別單位，予以合計，然後記入各單位之材料消費額帳內。

如此由這個月計表可以明確看出各單位直接消費之金額，並可當作各單位部門計算或各單位成本管理之資料。

第九節　簡便餐廳

美國的大衆簡便餐廳為什麼這樣普遍繁榮而到處可見呢?要了解這個原因，必須從兩方面加以觀察與分析。如果站在顧客的立場去分析，不難看出他們的共同願望：

一、想在上班的路上，能有個簡便的餐廳，可節省時間。

二、有了簡便餐廳就可免去攜帶「便當」的麻煩。

三、由於公私忙碌，希望供餐迅速。
四、既是日常不可缺的餐食，希望價錢便宜。
五、每天在家吃同一種菜不免生厭，所以希望自己有個任意選擇多種類以及份量的自由。
相反地由業主方面看起來，他們一致希望：
一、節省人工費用。
二、在有限的營業時間與所限的場所內，儘量多銷，以便增加收入。
三、藉這種大量生產方式來降低餐食成本。
四、一般旅館內的餐廳，午餐大都生意較爲淸淡。所以不得不考慮如何利用場所及應用種種方法來吸引顧客。於是出現這種簡便餐廳。
茲就目前美國最常見之簡易餐廳略述其概況：
一、BUFFET（簡便小吃或立食餐檯）
大部份利用旅館內之普通餐廳或頂樓的展望酒吧陳列約二十多種五光十色的餐食，以便顧客能隨意自取選吃。除必須保溫或烤肉等有廚師隨場服侍外，其他餐食由顧客自己服務。服務員只從事於推銷飲料及飯後的收拾工作。此種專營的小吃館有時亦叫做SALAD BAR。
二、DRUG STORE（藥房附設之咖啡室或小吃部）
大都設於百貨公司的地下室藥房之一角落。備有服務檯，顧客雖然不必由自己服務，但由於服務檯的設立，服務迅速而價錢便宜，所以尤以早餐的生意最爲興隆。
三、COFFEE SHOP（快餐廳）
許多住在旅館內的客人因爲出入頻繁，行蹤匆匆，沒有充足的時間去正餐廳悠然用餐，而且不但服務費時，一般索價較貴，所以寧願到館外去用餐。

旅館爲了防止顧客外流，不得不設法設立與外面DRUG STORE性質相類似的簡易快餐食堂，以迅速的服務與便宜的價格去招徠顧客。

四、CAFETERIA（自助餐）

爲節省高昂的人工費，想出顧客自己服務自己的一種方式。普通在餐廳正面設有「進口」與「出口」兩個門口。同時在「出口」的中途備有行李寄放處，以便顧客存放行李之用。

顧客由「進口」進入後就自己拿取餐碟、刀叉之類，並將餐碟放於擺放餐食之長桌滑溜溜的軌道上，一面推動餐碟，一面選取自己中意的餐食。到了最末端，有出納人員隨時計算價錢，然後將帳單給予顧客。客人拿了帳單與餐食後自己選擇適當的位子開始用餐，餐後拿著帳單在出口處結帳。

五、AUTOMAT（自動販賣式餐廳）

這種方式要比自助餐來得更簡便、更徹底。餐廳內裝有玻璃窗櫥，櫥內餐食形形色色，炫眼耀目，每一餐附有標籤。說明應該投入多少個銅錢，顧客只要按說明投入銅錢後，轉動把手，打開SERVICE蓋子自己就可取出餐食。但爲了供應較爲新鮮的食品與熱食，有時必須與自助餐方式混合併用。

第十節　顧客的類型

一個旅館從業人員，每天除應處理之例行工作外，所接待的客人，眞是不勝其數。而且包括著全世界各種各色的人士。旅館既爲服務業，我們必須了解各種顧客的類型，才能隨機應變、把握時機、應答自如、順應其需要，而盡最佳之服務。英俗說：「KNOW YOUR CUSTOMERS BEFORE YOU CAN SERVE THEM」就是這個道理。

一、主顧型：對於老主顧雖然更應懇切地予以接待，並感謝其經常愛護之美意，但千萬不可因親密過度，或閒談過久，以致冷落其他顧客，而影響業務。

二、三心兩意型：此種客人自己既沒有一定的主張，故很難下決心。應該和氣地加以說明提出建議，協助他下決心，這樣既可省時，又可得到對方的信賴與感謝。

三、自大型：非常愛講面子的顧客。特別要順從他，多聽對方的意見，即使要說服他，也應該注意不可傷害其自尊心。最要緊的是不可和他議論，應以富有情趣的話來說服對方。

四、老馬識途型：多傾聽對方的話，對於所講的話不要去加以否定。那麼對方一定很得意而容易採納我們的建議。

五、浪費型：喜歡交際，揮金如土，也愛吹牛，但注意不可過度親密，以免萬一發生困難，將會推卻責任而使你連累。那就太不值得了，應保持一段距離。

六、囉唆型：儘量避免和他長談，應溫和地將要點，簡明扼要地說明。讓他便於接納，最忌辯論。

七、健忘型：時常提醒他，不斷重覆一遍，並加予確認。否則，對方很容易否認自己所作所爲，以致將責任轉嫁於他人。

八、寡言型：此種人不易口開講話，所以應細心傾聽其意見，並相機提出簡明扼要的建議，以便得到明確的答案。

九、多嘴型：一面雖然在傾聽對方的意見，另一面已在準備如何趕快誘其談入正題。以免耽誤別人的時間。

十、慢吞型：東張西望，不但動作滯笨，連說話也吞吞吐吐，需要一段很長的時間才能下決定，故應幫忙其迅速下判斷。

十一、急性型：動作應敏捷，不與其多談，單刀直入，扼要說明，以便迅速處理，否則此種人是很容易冒火的。

十二、水性楊花型：始終猶豫不決，即使已經下了決定，又想變更，總認爲人家的選擇比自己的好。應向其說明所選擇的非常正確，鼓勵其接受。

十三、健談型：在不可傷害對方之自尊心之前提下，暗示尚有其他客人需要伺候，以便結束談話。

十四、情人型：應好好地安排較爲寧靜的地方，不使別人打擾，那麼對方必定很爲感激。

十五、家族型：特別細心照顧其小孩或推荐臨時看顧小孩的給客人。

十六、VIP型：應當視爲貴賓獻出萬般殷勤的態度去服侍。

十七、吃豆腐型：如對方有過份的行爲乾脆回答不知或報告上司處理。

十八、無理取鬧型：應特別注意講話的口氣與禮貌，但不要與其辯論。如無法處理請上司處理。

十九、婦人型：在歐美的社會裏，女人具有相當的影響力，應殷勤接待她們，以便替本店義務宣傳。歐美選擇旅館的權利是握在女人手裏的。

二十、酒醉型：避免注意他、不談他、不笑他，如果眞的吵鬧不休，最好讓他集中注意力於一個話題上，比方，對方如果是一個運動家，就請教他，運動取勝的秘訣，這樣他就會很得意的改變話題而不再吵鬧。

二十一、開放型：這種人往往將感情毫不保留地表露於言行。但不輕易傾聽別人，爲免感情的衝突，應等待其情緒安定時，再來說服。

二十二、沈著型：雖然很會聽別人的話，但並不輕意下決心。應付此種人必須對答如流，將其疑心轉移爲信心來反擊。

二十三、消極型：此種人決斷力至爲薄弱而且很消極，自己怕決斷，也不敢決斷，所以應設法協助其下決心。但不可傷他的自尊心。

二十四、固執型：自我觀念很濃重，不愛聽他人的話，雖然很快會下決心，但缺乏熟思。應以溫和的態度、小心、妥協、引向自己的主張。

二十五、社交型：此種人很會說話和交際。但其實不容易對付。非到最後階段是不肯放鬆。尤其應注意發生枝節，否則眞會吃虧。

二十六、排他型：不易與人來往，感情特別敏感。常爲小事大傷感情，應避免不必要之閒談。儘量找出配合其胃口的話題。但一旦對方解開胸襟，則容易成爲交涉的對象。

「旅客心理」係各種不同旅客的一種共同的需要或心理反應，各人由於教育因素，生活環境的不同，所表達出來的愛好，喜怒哀樂也各自不同。但一般觀光客都有一個共同的心理。那就是㈠緊張感：因爲到一個陌生的地方，感受特別强、情緒反應也很敏感，所以容易誇大其詞，同時也容易疲勞所以需要多休息。㈡開放感：因爲離開日常生活，一切煩惱抛入雲霄。精神、肉體開放自由、一面快樂、一面得意忘形，就沒有責任感：㈢神秘感：由於每個地方具有當地的特殊色彩，增加他們的神秘感，結果感到好奇，就敢大膽去冒險。所以一般的觀光客對事物的要求水準提高，判斷力易成主觀，也就成爲自我中心，因此動不動就要發脾氣。

第十一節　美國的餐飲設備

美國旅館內的餐飲宴會設備可分爲：㈠大型宴會場㈡中小型宴會場㈢常設餐廳㈣簡速餐廳㈤快餐廳㈥酒吧等六大部門。

據筆者觀察所得，其經營方式與從前比較，已改變甚多，茲將犖犖大者，列舉於後：

㈠全面加强及改進宴會餐飲設施

在美國一般講來，餐飲的收入大約爲客房收入之兩倍，因其商品較具伸縮性，希望由此增加收入，以彌補客房收入乃是常理。就以夏威夷一地爲例，其全島之觀光全部收入當中，三分之一是屬於餐飲之消費。

㈡重視宴會及集會設備

從前將宴會場或設備通稱爲Banquet Hall或Banquet Facility，但近年來卻以集會(Convention)一詞較爲流行。此種集會實際上包括會議、講習會、展覽會、研究會、商品交換會等，範圍極爲廣泛。有一個現象值得注意的是：美國大部份參加會議的總是夫妻相偕參加，這樣，一面參加開會，一面又可藉機觀光。在美國集會之所以如此風行，是因爲美國人天性喜愛各種集會，其次因爲民主制度之發達，集會也成不可缺的活動方式。但最主要的原因是美國的法人稅高到百分之五十二，而參加集會的費用大部份均由公司負擔，與其呆在家中被徵稅，不如參加集會較爲合算。美國的集會中心是芝加哥，其次就是舊金山。舊金山由於是太平洋的良港，東西交通的樞紐，且天然氣候之優良及富有風光景色之美，自然成爲美國人集會的第二大中心，但主要的仍然要依賴其充足完善的集會設備與旅行業者之不斷努力與宣傳，方有如此成就。但夏威夷在這一方面的努力與爭取，勢將取代舊金山。洛杉磯稱爲新城，其繁榮與觀光事業也有有超過舊城之勢。如洛杉磯的century Plaza的宴會場Losangeles Room竟能容納座位二千人，站位四千人之多；而前面的停車場可容納一千輛汽車。再者舊金山的St. Francis旅館有十四個大小型宴會場，旅館前之Union Square地下停車場可容納車輛一、七〇〇輛。而夏威夷的Ilikai Hotel集會場可容納一、八〇〇人。尤以國際會議中心，其設備之充實，聲光電化，無所不備，裏面包括體育之活動，歌劇院以及各種重大的文化活動均可在此舉行。其大會場可容納四千人、音樂廳二千二百人、體育場八、五〇〇人。

㈢各種餐飲廳有特殊名稱及特有的氣氛

爲配合各種不同的餐廳名稱，連內部的裝飾、傢俱、餐具、燈光、音樂、工作人員之服裝、餐點都採用同列系統的配合，以便釀出多彩多姿的氣氛。筆者在舊金山St. Francis旅館內看到女服務員穿著日本和服，婀娜多姿、鮮艷奪目，而在洛杉磯century Plaza，一所最新的旅館內，看到男服務員穿中國服，戴皮瓜帽，十足中國味道，令人看了不得不感驚奇。這是美國人通常有一個觀念：「舊金山是通往東方之大門」。所以讓性急的遊客在此就可以聞到東方的氣息，和看到東方的色彩。

㈣五花八門的酒吧有如雨後春筍

歐洲或美國從前的酒吧以設在地下室者居多，但近年來卻往高樓或高空發展。有很多酒吧設在大廳裏，稱爲Lobby Bar或Cocktail Lounge，連普通的餐廳裏也增設不少酒吧。更進一步，在最高樓設酒吧稱爲Sky Lounge，四面以眺望窗圍起，一面欣賞風光，一面陶醉於杯中物。如夏威夷Ilikai Hotel的頂樓酒吧在此，風光明媚的威基基海灘一目了然。舊金山有馬克荷普斯金旅館的十二樓Top of Mark，及St. Francis Hotel在二十一樓所設Starlite Roof可以俯瞰雄奇壯麗的全市景色，令人賞心悅目。洛杉磯郊外Beverly hotel八樓之Sky Terrace均爲很好的例子。或紐約世貿中心一〇七樓的餐廳。

㈤常設餐廳之種類增多、花樣新穎

如洛杉磯的一家旅館century Plaza竟擁有七個餐廳，舊金山有一家一九〇六年建設的Fair Mont Hotel，富麗堂皇，美國幾代總統均住宿於此，也有六個餐廳，各有各的風格與氣氛。由最高級的夜總會以至於最普通的快餐廳，可由顧客任選，自由出入，以無窮的變化來適應顧客多方面的需求。

㈥供餐方式之改變

至於供餐的方式也有所改變，第一、儘量讓客人當面欣賞烹調法，所以Open Kitchen很流行。第二、使用推車供應餐點，以增加風趣。第三、特別强調服務人員的服裝。筆者在舊金山漁人港吃了義大利餐，訂了新鮮的螃蟹與龍蝦，服務員將鮮白的圍巾掛在筆者胸前，讓你一邊吃，一邊將吃髒的手在圍巾上東揩西擦，使你得意忘形，樂在其中，只有吃過的人才知道其中妙趣。

宴會的型式也以雞尾酒會及自助餐最爲普遍。這是因爲在客人方面看來可以：㈠自由自在的和大衆接觸談話，造成喜氣洋洋的氣氛。㈡餐點集中一處，裝飾更顯美艷。㈢種類繁多，可自由選吃。㈣個人費用減少。㈤宴會時間有伸縮性可隨時前往。在旅館方面則：㈠可在一定的場所內容納更多的客人。㈡不必提供等候室。㈢減少服務人員。㈣降低餐食成本及㈤多推銷飲料等的好處。

第十三章　餐飲經營的改進

第一節　如何創造餐廳的魅力

餐廳的經營是極富有時代性、創造性、及挑戰性的服務業。要經營成功，我們必須先了解時代的需求，才能創造自己的魅力與其他同業競爭而應付挑戰。

隨著時代的演變，消費者的需求無論在質與量的方面也起了很大的變化：

五〇年代：是爲「娛樂」而吃

六〇年代：是爲「論政」而吃

七〇年代：是爲「嗜好」而吃

八〇年代：是爲「流行」而吃

九〇年代：是爲「健康」而吃

追求天然取向，健康取向乃是時代的潮流也是全世界美食者的時代。了解其演變與消費者需求的變化後，我們要研究「如何促使顧客來店的動機」及「如何創造自己餐廳的魅力」才能樹立自己的特色而經營成功。

一、如何創造自己餐廳的魅力

(一)一、菜單：

1. 有獨創的菜色
2. 種類豐富
3. 有季節性的菜餚
4. 有特別爲女性而備的菜餚
5. 有精緻的套餐
6. 有宴席特餐
7. 有健康特餐

(二)店面佈置

1. 健康、明朗、清潔的氣氛
2. 配合時代潮流的情趣
3. 富有豪華的格調
4. 有迷人的音樂
5. 有娛樂活動節目

(三)人性服務

1. 服務員活潑爽朗儀表端正
2. 菜單說明簡明清楚
3. 滿面笑容，態度好感
4. 關心顧客，誠懇待人
5. 有雅量接納批評

(四)推廣促銷：

菜單的設計

設計前的考慮因素：

1. 市場目標的區隔
2. 顧客的形態
3. 成本
4. 售價
5. 營養
6. 質與量
7. 地緣
8. 季節
9. 生財器具
10. 廚房設備
11. 烹調的時間
12. 廚師與服務人員的事業知識與技巧
13. 平衡—味道　—甜／酸／辣／混合
　　彈性　—鬆、脆、嫩、緊
　　形狀　—塊狀／條狀／絲狀
　　烹調法—煎／炒／煮／炸／煨
　　調味汁—稠／稀／味道／顏色
　　色澤　—青爽／引誘食慾

1.提供適應季節的菜色

2.推出各種節慶活動

3.發行特刊報導

4.常客有特別優待辦法

5.事先報導新菜單

㈤立地、設備

1.交通方便、停車便利

2.商用、私用均極適合

3.環境清雅、迷人

加强來店動機技巧

㈠容易進店：

1.看板明顯易懂

2.外觀配合環境

3.看了圖片或照片就能想像店內氣氛

4.有安心感信賴感

5.外表富有夢幻的魅力

6.由外面就能透視裏面

7.外觀綠意盎然

8.有悠閒安然的空間

二、吸引力

1. 有音樂的演出
2. 有悅人的照明
3. 有展示櫃台
4. 有明顯的營業時間
5. 有動感的演出

三、展示櫃

1. 要有吸引顧客進店的訴求力
2. 富有季節性的變化
3. 有主題性的演出
4. 有創意的菜色
5. 照明與備品配合良好

第二節　顧客不歡迎的餐廳

一、地板或牆壁不潔
二、洗手間不乾淨
三、餐具有缺口
四、玻璃杯擦拭不潔、有口紅污點
五、廳內傢俱、物品擺放雜亂
六、卓椅不清潔

七、菜單留有油質或醬油
八、調味品罐中空無補充
九、有蒼蠅、蟑螂等害蟲
十、空氣調節不順忽冷忽熱
十一、展示櫃積滿灰塵
十二、廚房到處油污
十三、餐巾不潔
十四、價格高、服務品質低
十五、營業時間不明確
十六、廳內植物花草，乏人照料
十七、廳內充滿香煙味道
十八、食器太大，卓面太小。

第三節　顧客不歡迎的服務

一、服務員態度驕傲、精神散漫
二、私語太多，不注意顧客
三、接受訂菜，促催客人
四、望著顧客，不理不睬
五、對常客特別殷勤

六、儀表不潔、服裝不齊
七、顧客著急，服務員悠閒待之
八、強迫推銷，令人不安
九、顧客提出抱怨顯出無耐
十、對顧客道出公司內情
十一、不穿制服的主管對服務員顯示威風
十二、一味推銷高價菜餚
十三、口氣不好，用語粗俗
十四、煙灰缸或卓上不潔
十五、無法解說菜單內容
十六、採取高壓態度
十七、得罪顧客，不但不道歉還要辯論
十八、不按先後順序出菜
十九、熱菜變冷、冷菜變熱
二十、廚師抽煙、用手抓頭皮
二十一、不讓客人看菜單，就要求點菜
二十二、交代的事、只說「是的」而一去不回
二十三、快打烊時顯出趕人的樣子

第十四章　人事與訓練

第一節　員工的職業心理

俗言：「為政在人」。尤以旅館業既屬服務企業。以人力發揮其最高的服務，使旅客「有賓至如歸」之感為其最高宗旨，人的因素如此重要，確能左右整個旅館營業的成敗。

今日旅館的經營已經堂堂進入新的紀元，非擁有高度的技術與才能的人材是無法迎頭趕上時代的需要了。

新兵經過三個月的教育訓練成了二等兵，然而司令官與二等兵是無法從事戰鬥的，必須從優秀的幹部做為基幹才能所向無敵，百戰百勝。因此如何羅致人材加以訓練並使其能夠安居樂業，已成為觀光旅館當前的急務。

然而許多旅館經營者雖然花費不少寶貴的時間與心血，辛辛苦苦培養訓練出來的人材，竟然由於人事管理的不健全，失去優秀的員工，對旅館來講確屬一大損失。

員工所以不安於工作而想離職他遷，必然有他們的潛在原因，旅館當局應耐心去探究其眞正原因，以便採取適當的對策，才能做到完善的人事管理。而其事業始有蒸蒸向榮的前途。

一般說來使員工對自己的工作感到滿意與否有下列幾個因素：

一、工作內容適合自己的興趣。
二、自己的工作受社會人士重視。
三、主管公平對待，並能夠了解員工的工作內容與情緒。
四、自己的待遇與同事比較起來是否平等與一般社會水準是否相差不遠。
五、物質原因——工作場所的環境是否舒適乾淨。
六、精神原因——目前的工作與公司的方針是否符合自己的要求。

至於員工所以離職他遷，不外因爲：

一、工作不適宜：公司方面未能做到恰當的安排，未使每人適材適用，發揮個人的潛在能力。
二、缺之指導與訓練：公司未能指示工作方向或目標，亦不加以訓練。員工自然不關心工作而產生不滿。
三、待遇問題：員工並不是對薪金的多寡直接產生不滿，而與同事比較是否同工同酬，作到公平的地步。
四、團結合作：公司未能使員工全體的目標與公司的目標配合一致去達成共同的目標。
五、其他小原因：
Ａ、主管本身不懂工作，也不關心工作。
Ｂ、主管不重視部屬。
Ｃ、主管交代的工作不適合部屬的興趣。
Ｄ、沒有晉升的機會。
Ｅ、主管對部屬有偏見。
Ｆ、主管把別人應負的責任推到員工身上。

G、員工不能信賴主管。
H、主管或同事不肯指導工作。
I、對員工所作工作不表示謝意。
J、員工膳食不充實。
K、主管只關心自己，根本不關心部屬和顧客。
L、主管本身無能。
M、員工的建議不被接受。
基於以上種種原因要阻止員工離職他遷，必須做到。
一、調查員工之不滿，認爲可以改善的應即加以改善。
二、將人事管理的計劃文書化，使每個員工透澈了解。
三、應將人事方針、規則、手續明確印成手册分配各員工遵守。
四、使員工澈底了解公司的組織。
五、指導方針、培養人才、提拔幹部。
六、明確劃分工作、分別權責、分層負責。

第二節　管理者應有的態度

美國密西根管理研究所曾經作了一次調查，即將管理者之型態分爲三類。第一類謂之生產中心型，第二類爲從業人員中心型以及第三類之混合型。

所謂生產中心型的管理者，是指管理者認爲要完成其所屬部課之工作，應由管理者本身負主要責任，至於他的部屬，爲了完成工作，只要默默無言地，按照主管所指示之命令逐行工作就是。

換言之，這種管理者認爲一切由他作決定，或下令，同時不斷從傍監視部屬是否認眞的執行自己所決定之事項或命令。

第二種管理者，亦即所謂從業人員中心型的管理者。他們認爲既然自己的部屬在從事實際工作，應由部屬本身去判斷工作，而且由部屬負主要責任。

管理者的主要任務並非下命令，而是要調整部屬的工作。並維持和藹的工作環境。

過去的一般觀念，總是認爲工作的推行，由管理者嚴格監督部屬去推行才能順利完成，不容有所疏忽，以致工作人員不集中精力而造成懶散的現象。

但是，根據美國密西根管理研究所所得結果，卻顯示從業人員中心型的管理方式，反而能夠發揮工作的效率而提高其生產性。他們認爲採用生產中心型的管理方式，不但違反了現代的理論與時代的潮流，其結果只有降低生產性。

筆者認爲一個良好的管理者，應使工作人員本身負起提高生產性的責任，也就是應該採用從業人員中心型的管理方式。當然，這並不是說從業人員中心型是個十全十美的方式。這就要看管理者本身是否能夠視環境之如何，去配合他自己的管理法了。

最好的管理法是要看工作內容的如何與部屬要求的程度以及配合管理者本身的能力加以隨機應變。

換言之一個主管人員要能夠隨時順應部屬的工作意欲，配合環境之需要，從旁加以懇切指導，隨時提供完成工作所需之情報，去協助完成其工作。

但所謂隨機應變並非指主管人員可以隨時任意變更其態度或無主意的意思。主管人員對部屬的評價必須抱有他自己的主見，也就是就主管人員應考慮部屬工作負擔能力，不可讓部屬負起其能力所不及或遠不及其能力之工作。

要而言之，在不使部屬過份疲勞之範圍內，讓他儘情去工作，管理者並非站在支配部屬的地位，而是協助部屬。

並非自己動手代部屬工作，而是從旁協助其順利完成工作。

一方面不僅要了解部屬，同時要讓部屬知道管理者確實地在努力了解他們。

一個優秀的管理者不但對部屬之能力有確切的評價而且要有信賴部屬的胸襟。

綜合以上所言，一個具有現代觀念的旅館管理人員，應不斷努力以更客觀的立場，去觀察部屬，然後根據這些客觀的分析，在管理者與從業人員之間建立彼此間的信賴感，而在這種信賴感之下，讓從業人員自己認爲他們是具有「自主性」的工作者，這樣才能夠圓滿達成所預期的工作效率。

第三節　你也是未來的經理

旅館工作人員以及有志於此業的青年們，只要富有進取的精神，奮發向上的熱忱，莫不關懷自己的前途，也莫不嚮往於將來能當一個多彩多姿的經理。然而，由於缺乏經驗及先進之指導，往往成了迷途的羔羊，徬徨不知所措，更不知如何修身、求學，去充實自己爲前途闢闢一道曙光。

旅館是一種包羅萬象規模宏偉組織復雜的現代化綜合企業，一個優秀的經理必須能夠將人、事、時、地、物等各種要素密切配合起來，加以適切的運用，用他的人格、才智、能力去團結羣力，推動整體，發揮最高的管理效果。

當然一個經理是無法萬能的，我們暫把現任的旅館經理分爲五種型，其中有的長於某型，有的兼備數型之優點，各有專長，無法一概而論：

一、善於交際的（交際型）

二、强於推銷的（推銷型）
三、精於專業知識的（專業型）
四、長於人事管理的（人事型）
五、富於經營管理的（管理型）

從以上五個型，不難看出一個經理應具備之條件，換言之，他應該具備，㈠專業的知識，㈡管理的才能，㈢實際的經驗，㈣高尚的人格，㈤更要有外語的能力，及㈥財務的知識，簡而言之，一位成功的經理，必須能把上述的要素，融合於一身。因而在此爲追求這一目標的青年們，擬定一張經理訓練計劃表，這一張計劃表，僅著重於業務上的知識，其他應具備的條件就得靠自己努力、智慧，不斷去追求、體驗、改進、充實。

這張表，也可視爲教學的參考資料，更可做爲你進修的指針，由此可以全盤了解整個旅館的業務概況。只要你有信心、有把握、有毅力，向此目標勇往邁進，奮發向上的話，相信必能達成你最終目標——未來的經理——願共勉之。

HOTEL MANAGER TRAINING PROGRAM

旅館經理訓練計劃表

第一個月	第二個月	第三個月	第四個月	第五個月	第六個月
FRONT OFFICE	FRONT CASHIER	ROOM	RESTAURANT • BAR	BANQUET KITCHEN	MANAGEMENT
櫃台	出納	客房	餐廳、酒吧	宴會、廚房	管理階層
旅館全盤的研究。 組織系統之認識。 旅館服務的基本研究。 旅館與旅行市場之關連研究。 客房推銷計劃。 櫃台與其他部門之協調。	管理重點之把握。 旅館會計制度，外幣知識。 旅館內傳票處理，信用卡，應收未收帳款等之研究。 與其他各部門之協調、會計部門之連繫。 櫃台與出納之綜合管理。	客房清潔、保養、服務等之研究。 人員配置，臨時人員之雇用與控制。 布巾類、家俱、消耗用品之管理。 櫃台、會計、採購、房內餐飲服務、修繕、保養單位之協調。 客房部門之綜合管理。	主要餐廳、各餐廳、酒吧實地研究。 服務方法、人員配置、訂價與成本之研究。 廚房、餐具室、烹飪經過之研究。 廚房、採購與倉庫之協調。 廚房臨時工作人員之雇用及控制。	宴會場所、服務、訂席、推銷計劃之研究。 各種宴會方式之研究。 廚房工作人員與廚師間之協調及管理。 餐飲部門之綜合管理。 成本與薪資之控制。	採購、倉庫、會計、財務、警衛、停車場、館外設備之管理。 電機、鍋爐、技術系統之管理。 人事總務、勞務之綜合管理。 總經理辦公室、研究計劃室、秘書室之協調。
DEPARTMENT COST CONTROL 各部門成本控制			FOOD & BEVERAGE COST CONTROL 餐飲成本控制		TOP MANAGEMENT 最高階層之管理

員工訓練

	業務	事務	接客	管理	調理
初級	接客技巧 商品知識 推銷技術 廣告知識 收款要領 櫃台登記 會場佈置 業務推廣	事務用品管理 現金保管 帳票與手續 會計、統計 資料整理	接待方法 商品介紹 現金管理 貴重物品保管 服務要領	物品管理 布巾管理 清潔要領 建築物營繕知識 巡邏要領 保安管理	餐具洗滌 食材洗滌 食品盤點 解凍要領 餐具保管 配膳 殘餚處理 安全衛生 出庫手續 菜單知識 採購驗收
中級	推銷技巧 市場調查 商品管理 廣告技術 抱怨處理	社會保險 文書處理 經營數學 勞動法 安全衛生 成本管理 財務會計	推銷技術 團體客接待方法	消耗品管理 盤存 備品管理 倉庫管理 清潔管理 傳票管理	作業分配 在庫管理 烹飪法 成本知識 調味技術 食品知識
高級	客房分配 顧客管理 商品設計 推銷計劃 資料管理 盜竊處理 交涉要領 租店管理 推銷預測 廣告計劃	經營數學 財務會計 帳務管理 人事管理 事務管理 稅法 資金運用 拾得物管理 預算、決算 附屬營業管理	抱怨處理 口才訓練 業界動態	倉庫管理 租店管理 保安管理 資材管理 成本管理	食品管理 安全衛生管理 作業改進 作業分析 成本分析

職位分類

初級人員	中級人員	高級人員
①外務作業：	①一般性。	General manager
Bell man	Secretary	Manager
Elevator operator	Accounting clerk	Front office
Apprentice telephone	Bookkeeper	manager
porter	Accountant	Controller
②餐飲：	Night auditor	Executive house-
Bus boy	②客房：	keeper
Bar boy	Room clerk	Catering manager
③廚房：	reservation clerk	Chief steward
Vegetable preparer	assistant housekeeper	Executive assistant
Kitchen helper	sales representative	manager
Storeroom helper	Telephone operator	Sales manager
Warewasher	餐飲：	Convention manager
④工務：	Kitchen steward	Resident manager
Plumbers helper	Baker	Personnel Director
Electricians helper	Roast cook	Auditor
Oilers helper	Wine steward	Chef
⑤文書：	Waiter captain	Chief engineer
Typist	waiter	Banquet manager
Clerk	Hostess	
⑥會計：	Head waiter	
File clerk	Vegetable cook	
Checker	Bartender	
⑦洗衣	Receiving clerk	
Washer	④工務：	
Extractor	Plumber	
Presser	Electrician	
	Oiler	
	Carpenter	
	Painter	
	Upholsterer	

第五節　管理者應有的認識

一、認識我們的任務：

㈠提供最好的服務給顧客。

㈡提供安定的生活給員工。

㈢提供合理的投資報酬給投資人。

㈣提供社會的福祉給大衆。

以上是我們旅館業的任務，爲了要達成這些任務，我們必須要有良好的管理制度，去發揮最高的功能。

二、管理人員的基本工作：

管理人員的基本工是：計劃、編組、協調、督導及管制，使所有員工、金錢、材料、方法及機器能夠發揮最高的功能。簡言之；管理的目的是要集結衆人的力量達成共同目標。

業務人員的工作是；採購、銷售、金錢處理，維護勞務，及運輸等工作。如果管理不能盡其功能，則業務無法增進效率，目標就無法達成。因此旅館管理的成果是由一羣同心協力的人們創造出來的。所以我們必須先要有一套管理「人」的哲學，因爲「人」是管理的原動力。

三、確立新的觀念：

要使顧客滿意，必須先促使服務顧客的員工感到滿意。企業的目的雖然在於賺錢，但要想眞正賺錢必須先使員工敬業樂羣，提高工作效率，去促使顧客滿意。顧客的滿意，才是我們管理的成功。

四、管理人員應有的特性：

㈠要有良好的見解與員工同甘共苦，盡力克服一切困難。

(二)要能瞭解自己的責任，充實自己的學識，才能有所改善，有所進步。
(三)做事要先確立目標，要有貫澈到底的精神。
(四)以身作則，平易近人，領導態度要謙虛，才能獲得員工的信任與尊敬。
(五)對員工要有信心，不濫用權力。權力就像儲蓄的金錢，用的越少，則存的越多，要知道權力是存於責任之中，只有善盡責任，才能充分發揮權力。
(六)多聽取意見，作爲改進之參考。民主制度下的領導並不是單行道，上帝給我們二隻耳朵，就是要我們多聽取人們的意見。

總之，管理是一種控制人們的觀念之行爲，成功的管理是要能夠做到影響他人的思想和行爲，並能改變他人的人格。

管理要素

(設定目標)
- (1)收集資料
- (2)資料分析及綜合
- (3)計劃
- (4)決定

(達成目標之指導)
- (5)組織
- (6)溝通
- (7)激勵
- (8)指導、協助
- (9)測定結果

(主管之重要責任)
- (10)發展人才
- (11)促進革新

第十五章　業務推廣

第一節　旅館行銷策略

現在是一個企業策略企劃與企業形象定位的時代。企業經營已到了組合策略、企業、定位、行銷、市場研究、競爭情況的總體戰爭。

旅館行銷策略爲行銷決勝的最高指南與作戰方針，而定位爲競爭優勢之利基，市場則爲目標客層。易言之，行銷就是在創造市場之優勢與顧客的需要，進而企劃將產品或服務成功地帶入目標市場，並開發動態的市場推廣活動。如能掌握現代行銷的觀念，作策略性的規劃與因應，必能在市場上創造新的價值，以持續有效的市場活動。

旅館由於所在地點的不同，自然會影響到各種不同市場的類別，旅客住宿的動機，市場需求的數量，市場的潛力及變化的趨勢。同時，因爲旅館的投資屬資本及人力密集，回收緩慢，固定費用又高，產品又是由建築設備及服務相加組合，如之，需求波動極富彈性，更重要的是不能隨便變更現存的硬體設備，所以在行銷方面，明確的市場定位已成爲一個重要的策略。定位的訣竅在於有效地運用市場環境，如果運用得當，旅館的產品就能獲得獨特的地位。

一、訂定細分市場組合策略，以便決定目標市場

旅館行銷的最基本策略是要確定對本身最好、最有利的細分市場組合，作爲旅館重點招徠的顧客，同時，以這些顧客的需要作爲開發產品及推銷產品的基礎。

在選擇目標細分市場時，先要進行市場調查，了解主要能吸引那一種細分市場，該市場歷年來需求量大小，其發展趨勢。在調查顧客類別時，更須分析其他旅館近年來，接待各類顧客人數，住宿的人天數，平均消費額及收入，然後再決定選擇在本地區產品需求最大，最有潛力，平均消費額比較大的細分市場，作爲我們的目標顧客。

選擇目標市場時，也要分析本身的企業理念、文化及本旅館的產品，經營情況，設備的特色，服務項目，質量的特點，價格及員工的銷售能力與服務水準，以便選擇最適合本旅館的細分市場。如果，本旅館的設備和服務都是本市最高級的，那麼就可以吸引高收入的細分市場。此外，也要對競爭者的狀況，强弱點加以分析，才能決定是否有能力與競爭者爭取這些市場或另外開創新市場。

確定不同的市場類別，其所採取的產品政策，價格策略，銷售途徑及推銷政策也就不同。因爲行銷組合必須建立在市場定位及旅館形象定位的基礎上，才能强化目標市場的戰力。

二、塑造自己獨特的形象，以便定位

定位是行銷成功與否的關鍵。公司產品如未籌劃周詳，其他行銷活動將無多大助益。旅館根據所選擇的目標顧客類別後，應即確定其在顧客心目中的獨特形象。確定形象時，先要研究目標顧客的特性，分析旅館的地點、裝璜、設備、服務和價格的特點以及與其他旅館比較在行銷方面的長處與弱點。

一般可以根據下列幾點去確定自己產品市場形象。

(1)爲顧客提供利益：例如最方便的，或有最大的會議廳，或最豪華的，或服務經驗最豐富等。

(2)根據價格及品質：如最經濟實惠的，最現代化的，或服務水準最高的。

(3)根據產品類：如會議中心的旅館，全套房的，或家庭式的，渡假式的。

(4)根據競爭者狀況：如比其他旅館更接近名勝古蹟，或購物中心，或價格較低。

形象確定後應設法將這種形象，傳達給目標顧客，使能深刻地在他們的心目中建立起強烈的印象。須知成功的塑造形象是產品行銷一項有力的工具。事實上，任何一個傑出的行銷策略的核心，必定是一個傑出的定位策略。因爲現代的行銷可以說是一場定位的戰爭。

三、產品組合策略

旅館爲了吸引顧客，應設計各種組合產品，所謂組合產品就是二個以上產品的組合，而以一個價格銷售。其類別可根據銷售的需要，顧客對象，旅館產品和服務的特色去組合各種顧客需要的產品。如果旅館能推出一種極爲紮實而有創意的產品，並能與適當的人士建立穩固的關係，產品的形象就會自己建立起來。

1.可以根據顧客類別分爲：

(A)商務顧客組合產品。

(B)會議組合產品。

(C)家庭組合產品。

(D)蜜月組合產品。

2.根據不同時間：

(A)周末包價產品。

(B)淡季渡假產品。

(C)節慶產品。

3.根據特殊活動：

(A)運動比賽組合產品。

(B)選美欣賞。

(C)古蹟巡禮。

(D)烹飪研習。

(E)其他。

開發產品應注意：組合產品的名稱、組成項目、定價，推出時間及推廣方式。

四、建立顧客關係策略

旅館為求生存：必須先認淸市場的結構，然後再與市場中的關鍵公司和個人建立良好的關係，這些都要比廉價的政策，高明的推廣手段，甚至進步的技術更為重要。因為市場環境的改變能迅速地影響價格及技術，但是緊密的關係卻能持續更久。

(A)建立顧客資料檔案。

(B)銷售員的訪問、電話及通信推銷。

(C)根據顧客需要，安排特別服務。

(D)舉辦各種活動宴會，或成立俱樂部，如强關係，連絡感情。

五、聯合行銷策略：

為應付激烈的競爭，提高知名度及增加客源，各旅館紛紛聯合起來，成立各種聯合組織，如訂房聯銷，共同推廣宣傳促銷，或與觀光機構、航空公司、旅行社、遊覽公司、手工藝品業、休閒遊樂業等共同舉辦旅行交易會、展示會、推廣酒會。此外，應積極參加地區性、國際性等各種組織，以便推廣，並參與開會、研習會、展示會等活動，也是現代旅館行銷上的一個重要策略。

結語

當今台灣的旅館業已堂堂邁入國際行銷大戰的時代裏，其經營成敗，完全取決於「行銷策略」，因為成功的旅館，必須在這種激烈的戰場中，找出自己求生存的空間——「市場定位」，才能獲得競爭優勢及市場利基。

不過，傳統的行銷原則，已不再能適用於這個多變的世界，新的行銷策略是要將產業及市場的急遽變遷，納入策略中，特別强調關係的建立而非產品的推廣，强調觀念的溝通，而非資訊的傳播，强調新市場的開發，而非現有市場的瓜分。這是未來行銷策略的主流。

第二節　宣傳資料

宣傳之好壞，影響一個旅館的營業成績與聲譽頗爲重大。但一般人往往僅片面地重視廣告，而很容易忽略了宣傳所佔的重要性。宣傳與廣告的根本差異在於廣告必須由企業主支付一筆代價刊登記事，然而宣傳係由企業者自動地免費提供活動、新產品或新知識等之資料與消息以供宣傳之用。

宣傳之資料既由企業主所自動提供者，其所給予讀者或觀衆之印象，自然比之廣告來的更爲强烈、深刻而且較可信賴。因此它是現在社會，維持公共關係中，最具有力量的工具。旅館的宣傳資料，只要稍加注意，隨時隨地都可以發現頗具價值而且引人入勝的資料。

㈠宣傳個人之資料：

1. 家人之生日。
2. 家人之婚宴。
3. 當地要人舊地重遊之消息。
4. 夫婦宴請貴賓之消息。
5. 夫婦結婚記念週年。
6. 全家出外旅行。

7.家中孩子升學或留學。

8.家中孩子獲獎。

9.家中孩子回國渡假。

10.家庭參加其他重要活動之消息。

(二)宣傳員工之資料：

1.聘請新進員工。

2.員工之康樂活動，如野宴、遠足和旅行等。

3.員工參加運動比賽。

4.公司建立員工福利新制度。

5.員工參加進修或訓練。

6.員工參加有關旅館之會議。

7.員工有特殊表現而接受表彰。

8.員工之升遷。

9.員工組織研究會或進修會。

10.員工參加其他重要活動。

(三)宣傳管理方面之資料：

1.建立服務顧客新制度。

2.建立新穎的帳務制度。

3.購買新式設備或廚房用具。

4.整修或擴建新旅館。

電腦鑰匙

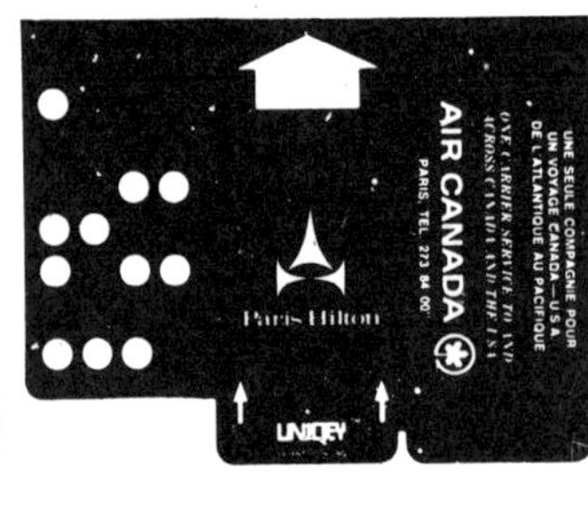

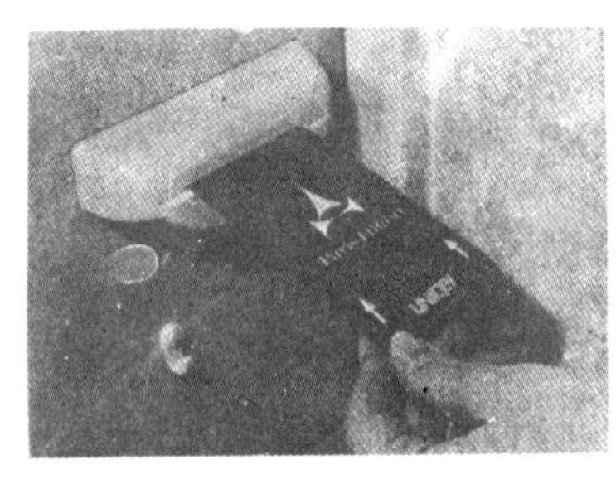

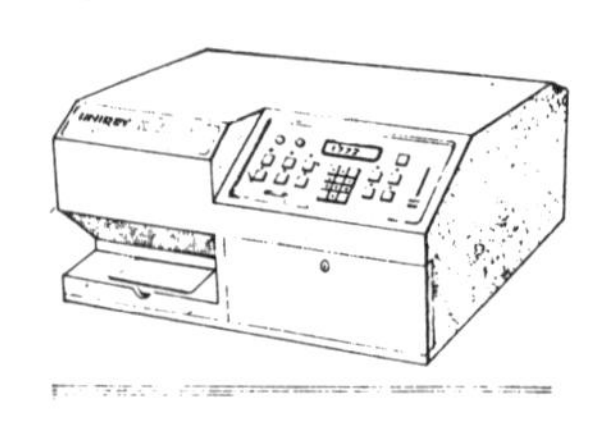

5.旅館開幕紀念。

6.參觀旅館設備或器具展覽或參觀旅館用品製造廠。

7.旅館接受政府或地方團體表揚。

8.其他在管理方面有所改進之事項。

(四)宣傳學術方面有所貢獻之資料：

1.旅館刊物發表本旅館學術上之論文。

2.參加他縣市或外國旅館管理級研討會。

3.在協會中被選為重要委員。

4.發表言論或專題演講。

5.出版書籍或刊物。

6.出國考察參觀或進修。

7.其他參加學術界之重要活動。

(五)宣傳參加地方團體活動之消息。

1.在地方團體擔任要職。

2.被選為地方代表或人民代表。

3.捐款建設地方。

4.救濟貧民活動。

5.舉辦其他有關社會活動。

(六)館內活動資料：

1.國際會議之舉行。

2. 政府顯要人物之蒞臨。
3. 外國團體之到達。
4. 華僑回國觀光，或參加國家慶典。
5. 展覽會之舉行。
6. 酒會之舉行。
7. 學校派員參觀旅館。
8. 其他引人注目且有宣傳價值之活動。

第三節　如何爭取國際會議

台灣正在發展觀光事業之高潮中，應該注意到如何招徠更多的國際會議，以便推廣會議市場及增加商務旅客的來源。

要舉辦一個成功的國際會議，必須依賴左列三方面的共同協力與合作，才能順利達成：

㈠負責辦理國際會議之職員。
㈡大飯店之職員。
㈢國際會議局之職員。

第㈠項所謂負責辦理國際會議之職員也就是直接辦理該會議內容之買方。第㈡所指的是大飯店的業務推廣部負責人。換言之，就是提供會議所需之住宿設備或場所之賣方。介乎上述兩者之間之國際會議局職員也就是代表舉行會議之都市，而致力於推銷該都市會議設施的重要負責人員。

國際會議局之職員實爲各種團體組織之中心。其份子包括政治的、宗教的、公共團體、醫學、工商業或從事觀光事業等團體在內。

這些團體或組織有時定期或不定期舉行會議。其主要目的在於檢討研究如何誘致更多的國家會議在他們自己的都市內舉行。

一般所謂國際會議之舉行，大概需時四、五天，飯店在會期中不但收入增加，尤以餐飲方面之收入更爲驚人。

國際會議之舉行，不僅要重視其內容，由於來自各地的許多人匯集一堂，尚可促進友誼之交流，與繁榮該地區之經濟並提高政治地位，因此負責辦理國際會議之職員應在各方面，盡最大努力以期有豐碩之收穫。

適合舉行國際會議之場所，至少必須具備下列之條件：

①該地是否擁有充足之會議設備，尤以旅館是否具有强大的收容力。以便容納參加會議之人員。

②是否設有國際會議之專辦機構，以便提供最詳細而完整之資料。

在美國以國際會議馳名於世之都市，諸如紐約、芝加哥、舊金山、及夏威夷等均設有國際會議局，專責辦理招待國際會議之事務，實值得作爲我們借鏡。

其全名應爲CONVENTION AND VISITORS BUREAU，該局係由各種觀光有關行業之人員選出代表參加而組成的。其目的不但要大家聯合起來同心協力發展該都市之觀光事業，同時致力於招徠更多的國際會議。

那麼站在飯店的立場，到底應如何去爭取國際會議的舉行呢？一般說來，飯店用來招徠個人客的方法是利用雜誌與報紙的廣告最爲普遍，如欲招徠團體客人則依賴旅行社之密切的合作，然而爭取國際會議之最有力機構卻是國際會議局。在美國，除了規模較大之會議必須通過舉行會議地之國際會議局之事前愼重安排與努力外，其他的一般中、小型會議則須依賴飯店之直接努力推銷。

爲應付此種需要，飯店除應備有一般旅客用之宣傳摺頁外，更應齊備專爲國際會議用之詳細目錄，其設計必須外表美觀大方，內容豐富，詳細週到，圖文並茂，包括會議場所之照片，平面圖及詳細說明文字等。

國際會議之招徠，除依靠上述三個機構之努力外，必須該都市之政府機關與人民團體，以至於市民之熱誠支持與合作才能順利達成的。

業務推廣單位之組織

業務推廣經理
接待組
宴會組
會議組
顧客資料組
廣告宣傳組
公共關係組
餐飲推銷組
館內推銷組

Convention Planning Guide and Check List

開會準備工作一覽表

1. ATTENDANCE

☐ Total number of convention registrants expected

2. DATES

☐ Date majority of group arriving

☐ Date majority of group departing

☐ Date mcommitted guest rooms are to be released

3. ACCOMMODATIONS

☐ Approximate number of guest rooms needed, with breakdown on

☐ singles, doubles and suites

☐ Room rates for convention members

☐ Reservations confirmation: to delegate, group chairman or

☐ association secretary

☐ Copies of reservations to:……

4. COMPLIMENTARY ACCOMMODATIONS AND SUITES

☐ Hospitality suites needed-rates

☐ Bars, snacks, service time and date

☐ Names of contacts for hospitality suites, address and phone

☐ Check rooms, gratuities

5. GUESTS

☐ Have local dignitaries been invited and acceptance received

☐ Provided with ticket

☐ Transportation for speakers and local dignitaries

☐ If expected to speak, even briefly, have they been forewarned

☐ Arrangements made to welcome them upon arrival

6. EQUIPMENT AND FACILITIES

- ☐ Special notes to be placed in guest boxes
- ☐ Equipment availability lists and prices furnished
- ☐ Signs for registration desk, hospitality rooms, members only tours, welcome, etc.
- ☐ Lighting-spots, floods, operators
- ☐ Staging-size
- ☐ Blackboards, flannel boards, magnetic board
- ☐ Chart stands and easels
- ☐ Lighted lectern, Teleprompter, gavel, block
- ☐ P.A. system-microphones, types, number
- ☐ Recording equipment, operator
- ☐ Projection equipment, blackout switch, operator
- ☐ special flowers and plants
- ☐ Piano (tuned), organ
- ☐ Phonograph and records
- ☐ Printed services
- ☐ Dressing rooms for entertainers
- ☐ Parking, garage facilities
- ☐ Decorations-check fire regulations
- ☐ Special equipment
- ☐ Agreement on total cost of extra services
- ☐ Telephones
- ☐ Photographer
- ☐ Stenographer
- ☐ Flags, banners, Hotel furnishes, U.S. Canadian, State flags
- ☐ Radio and TV broadcasting
- ☐ Live and engineering charges
- ☐ Closed circuit TV

7. MEETINGS

(Check with hotel prior to convention)

- ☐ Floor plans furnished
- ☐ Correct date and time for each session
- ☐ Room assigned for each session: rental
- ☐ Headquarters room
- ☐ Seating number, seating plan for each session and speakers tables
- ☐ Meetings scheduled, staggered, for best traffic flow, including elevator service
- ☐ Staging required-size
- ☐ Equipment for each session (check against Equipment and Facilities list)
- ☐ Other special requirements

(Immediately prior to meeting, check)

- ☐ Check room open and staffed
- ☐ Seating style as ordered
- ☐ Enough seats for all conferees
- ☐ Cooling, heating system operating
- ☐ P.A. system operating; mikes as ordered
- ☐ Recording equipment operating
- ☐ Microphones; number, type as ordered
- ☐ Lectern in place, light operating
- ☐ Gavel, block
- ☐ Water pitcher, water at lectern
- ☐ Water pitcher, water, glasses for conferees
- ☐ Guard service at entrance door
- ☐ Ash trays, stands, matches
- ☐ projector, screen, stand, projectionist on hand
- ☐ Teleprompter operating
- ☐ Pencils, note pads, paper
- ☐ Chart stands, easels, blackboards, related equipment

☐ Piano, organ
☐ Signs, flags, banners
☐ Lighting as ordered
☐ Special flowers, plants as ordered
☐ Any other special facilities
☐ Directional signs if meeting ıoom difficult to locate
☐ If meeting room changed, post notice conspicuously
☐ Stenographer present
☐ Photo grapher present
(immediately after meeting, assign someone who will)
☐ Remove organizational property
☐ Check for forgotten property

8. EXHIBIT INFORMATION

☐Number of exhibits and floor plans
☐ Hours of exhibits
☐ Set up date
☐ Dismantle date
☐ Rooms to be used for exhibits
☐ Name of booth company
☐ Rental per day
☐ Directional signs
☐ Labor charges
☐ Electricians and carpenters service.
☐ Electrical, power, steam, gas, water and waste lines
☐ Electrical charges
☐ Partitions, backdrops
☐ Storage of shipping cases
☐ Guard service

9. REGISTRATION

☐ Time and days required

- ☐ Registration cards; content, number
- ☐ Tables; number, size
- ☐ Tables for filling out forms; number, size
- ☐ chairs
- ☐ Ash trays
- ☐ Typewriters, number, type
- ☐ Personnel-own or convention bureau
- ☐ Water pichers, glasses
- ☐ Lighting
- ☐ Bulletin boards, number, size
- ☐ Signs
- ☐ Note paper, pens, pencils, sundries
- ☐ Telephones
- ☐ Cash drawers number, size
- ☐ File boxes, number, size
- ☐ Safe deposit box

(immediately prior to opening, check)

- ☐ Personnel, their knowledge of procedure
- ☐ Policy on accepting checks
- ☐ Policy on refunds
- ☐ Information desiresd on registration card
- ☐ information on badges
- ☐ Ticket prices, policies
- ☐ Handling of guests, dignitaries
- ☐ Program, other material in place
- ☐ Single ticket sales
- ☐ Emergency housing
- ☐ Hospitality desk
- ☐ Wastebaskets
- ☐ Mimeograph registration lists

(if delegates fill out own registration cards)

- ☐ Set up tables away from desk
- ☐ Cards, pencils in place
- ☐ Instruction conveniently posted
- ☐ Tables properly lighted

(During registration, have someone available to)

- ☐ Render policy decisions
- ☐ Check out funds at closing time
- ☐ Accommodate members registering after desk has closed

10. MUSIC

For:
- ☐ reception recorded or live
- ☐ banquet recorded or live
- ☐ special events recorded or live

Shows
- ☐ entertainers and orchestra rehearsal

- ☐ Music stands provided by hotel or orchestra

11. MISCELLANEOUS

(entertainment)

- ☐ Has and interesting entertainment program been planned for men, women and children
- ☐ Baby sitters
- ☐ Arrange sightseeing trips
- ☐ Car rentals

12. PUBLICITY

- ☐ Press room, typewriters and telephones
- ☐ Has an effective publicity committee been set up
- ☐ Personally called on city editors and radio and TV program directors
- ☐ Prepared an integrated attendance-building publicity program
- ☐ Prepared news-worthy releases

☐ Made arrangements for photographs for organization and for publicity

☐ Copies of speeches in advance

Plenary hall of the Philippine International Convention Center.

第四節　如何成爲一流的旅館

一流的旅館不一定要有富麗堂皇、氣派豪華的設備，高樓大廈的建築，也不一定要具備多彩多姿的夜總會或游泳池，更不一定要有繁多的房間，索取高昂的房租。那麼究竟什麼才是一流旅館必備的條件？請你逐條的答覆以下各項目，試看如能達到百分之八十以上分數，那麼你的旅館就可稱得上是一流的旅館了。

簡言之：必須具備：

一、賓至如歸的環境——優雅的風格，安適的氣氛。
二、盡力迎合顧客的需要——服務熱誠，顧客至上。
三、能夠時時應付任何情況——注意週密，巨細不遺。
四、更要有科學的管理及企業的經營才能——企業精神、專業知識。
五、最後經理必須要有藝術的眼光，商業的手腕——不斷創造新風格，隨時革新改進。

何謂一流的旅館？

一、到達旅館的接待：

1.大門入口，交通通暢，無擁塞的情形。
2.門口格式高雅、整潔。
3.門衛替客人開車門。
4.門衛協助由車上搬下行李。
5.門衛查看車內有無遺留物。
6.門衛搬行李是否小心。

7.門衛制服美觀整潔。

8.門衛機敏小心，姿勢及接客態度良好。

9.行李員在門口等候歡迎否？

10.行李員如何問候客人，態度如何？

二、櫃檯作業：

1.接待員在櫃檯否？

2.精神飽滿否？制服如何？

3.如何問候？有無微笑歡迎？第一印象如何？

4.接待員應付敏捷、迅速否？

5.接待員有無將筆遞給客人？服務熱誠否？

6.接待員有無確認訂房？

7.登記卡有註明房租否？

8.登記後接待員有無將客人的姓名轉告行李員？

9.行李員有無隨時在旁等候，準備搬運行李？有無稱呼客人名字？

10.行李員服務熱誠否？制服如何？留言及郵政物有無投送錯誤？

三、房務管理：

1.第一印象如何？（清潔、快適、吸引、友善的氣氛）

2.房內有無怪味。

3.行李員有無介紹設備，有無說任何話？

4.行李員是否將行李放於行李架。

5.行李員有無檢查房內設備。
6.行李員有無詢問：「其他還有什麼事？」
7.行李員有無索取小費之表示？
8.備品是否齊全？
9.冷暖機控制如何？
10.隔音如何？

四、電話服務：

1.要求Morning Call時接線生有無重複「時間」、「房號」及最後道聲「晚安」。
2.叫醒服務時聲音、語調、態度如何？
3.至少在停留時間內打六次電話給各部門，試探：(1)接電話時間要等多久。(2)態度如何。
4.由外面打電話冒充別人找你自己，看要等多久？
5.回飯店時，直接回房內，打電話去服務中心要Bell代買香煙或報紙，試看行李員會不會同時將你的留言帶上來。
6.你的傳言有無抄錯？傳達錯誤？
7.外語能力如何？

五、詢問服務：

1.詢問有關交通工具、手續、價錢、時間？
2.詢問名勝古跡。
3.詢問商場或購物中心。
4.供餐地方，是否先介紹自己的飯店。

5.故意找最忙的時候去問一些資料，探其服務態度如何？

6.外語能力如何？

六、餐廳服務：

1.門口裝飾美觀吸引否？

2.領班或領台員在門口候客否？

3.找位子要領如何？訂菜需要多久？

4.訂菜時有無記在傳票上？

5.員工態度、清潔、制服、精神如何？

6.餐具佈置如何？餐具磨光否？有缺口、乾淨否？

7.有無建議特別菜食？

8.有無推銷飲料？

9.餐食美味可口，份量如何，溫度適當否？

10.餐食供應遲延時，有無說明原因，道歉？有無經常供應冷冰水？

11.點心來前，桌上是否收拾乾淨？BGM如何？

12.在餐廳內聽到廚房之雜亂聲音否？

13.服務生有無問客人對於餐食之批評，是否請客人再度光臨？

七、遷出手續：

5.叫行李員來搬行李需要多久？

2.行李員接電話時，有無自稱「行李員」？

3.故意打開皮箱蓋，他是否會協助？他是否巡視房間檢查是否有遺留物品？

4.付帳前出納員有無問明「姓名」、「房號」並問剛才有無發生賒帳交易？

5.遷出手續有無拖延時間，帳目對否？要回鑰匙否？

6.請再度光臨否？

7.行李員協助搬行李否？放在車上否？態度如何？

8.行李員或門衛問你往何處而傳達給司機否？

第五節　歐美的旅館經營

一般人往往喜愛將歐洲與美國的旅館混爲一談，故只以「歐美」一詞代表他們的全部，其實歐洲與美國的旅館不但在建築、設備等方面，即使在管理與服務上面也不可相提並論。茲舉出他們主要不同者，作爲今後有意建築旅館的同業改進之參考。

歐洲的旅館：

㈠大部份的旅館均以他們悠久的歷史及傳統的文化爲背景建築古色古香，富麗堂皇的豪華旅館。

㈡不但旅館的建築本身已具有美術價值，即使所裝飾之傢俱、備品都充滿著古代的情調，令人掀起懷古之情愫。因此顯露著高雅的風格。

㈢喜用陳舊樸實的設備或機械，如空調設備、電梯及廚房用具等以增特有之風趣。

㈣在管理方面，雖然努力於經營合理化，但仍然停留在過渡的階段，而且一般旅館從業人員還是甚爲保守。

㈤服務態度誠懇、親切，眞所謂無微不至，以餐廳之服務爲例，多以在人前炫耀其豐盛的美食，並以彬彬有禮的服務來取悅顧客，使人心滿意足，稱讚不絕。

㈥房租並不像美國那樣高昂。

惟目前所遭遇之問題是如何將設備近代化而仍然要維持其傳統的優美服務方式。

至於美國的旅館就大不相同了。

㈠他們對建築物及設備之投資，始終不脫離商業眼光，故不作浪費的設備與無謂的裝飾，因此給人一種平淡無味的感覺，不誇張而只求實用。

㈡旅館內雖不敢裝飾具有價值高昂的藝術品或傢俱，但是儘量使用新穎的材料造出別出心裁的裝飾品倒是值得稱讚與仿效。

㈢爲節省人工，及提高工作效率，不惜大量投資於現代化的機械設備。

㈣經營合理化，尤對各部門之收支計算，人工費用及餐飲成本之管理非常嚴密而透徹。

㈤服務較爲機械化，只講究速度，故淪爲形式化。以餐飲爲例，一切只求標準規格，雖然「質」與「量」保持一定水準，但沒有多彩多姿的變化，因此如想吃一些稍微出色的餐食則索價甚高，由於工會的關係，東部的服務較西部更差。

㈥一般說來，房租較歐洲為貴。

總之，美國的旅館值得我們可取之處為他們之經營合理化及旅館商品化。

綜合以上各點，歐洲的旅館雖然各有千秋，值得我們借鏡的地方頗多。今後我們所要建築的旅館應該採用：

㈠美國的科學管理制度——管理制度化。

㈡歐洲傳統的服務精神——服務至上化。

㈢我國人濃厚的人情味——顧客至上化。

㈣富有中國文化色彩之裝璜——建築美術化的一種匯合中、歐、美精華於一爐的旅館。

第十六章　現代化的管理與電腦的應用

第一節　電腦化作業

一、前言

今天由於人類消費觀念的改變，生活與旅遊型態也發生了很大的變化。觀光客期望旅館能夠提供更富有多采多姿的各種休閒活動與商業服務；另一方面，由於觀光事業的發展神速，旅館到處林立，不但同業間的差距越來越明顯，競爭也更加激烈。處在此種變化多端的環境下，旅館正面臨著新的挑戰與考驗，所以非重新檢討其經營管理方式不可。如何迅速獲得正確的經營資訊與動態，供作推廣策略的參考，如何節省開支、精簡人員、降低成本，同時對顧客更須提供迅速而正確完美的服務，以滿足他們各種不同的需求，所以實施電腦化作業已成爲迫不急待的潮流。

二、電腦化作業範圍

一個較具規模的旅館，其電腦化作業大致上可分爲前檯作業與後檯作業兩大系統，玆分述如下：

㈠前檯作業系統——包括客房作業系統、餐飲作業系統與俱樂部會員管理系統

1. 客房作業系統

⑴訂房作業系統

(2)櫃檯接待系統
(3)客房帳務管理系統
(4)夜間稽核作業系統
(5)房務管理系統
(6)電話總機作業系統
2.餐飲作業系統
(1)餐飲作業系統
(2)餐廳出納作業系統
3.俱樂部會員管理系統
㈠後檯作業系統
1.人事薪資系統
(1)人事管理系統
(2)薪資管理系統
2.財務會計系統
(1)一般會計系統
(2)管理會計系統
(3)應收與應付帳管理系統
(4)股務作業系統
3.物料管理系統
4.資產管理系統

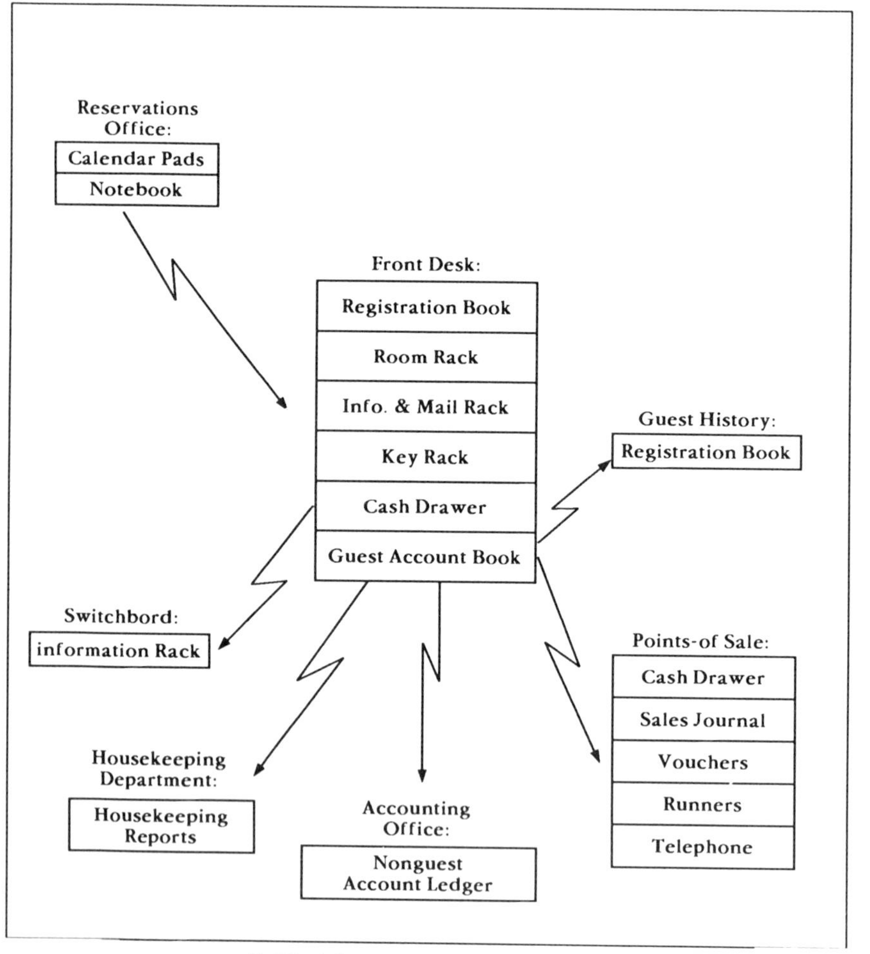

全手工化 75～100 間櫃台作業

三、硬體與軟體之選擇

在硬體方面，由於旅館作業屬於廿四小時全天作業性質，而且是一種長期投資，因此價格不應列爲首要因素，而應特別考慮供應商的商譽、持續經營的決心，以免發生支援無著而無法繼續使用之情況；爲了廿四小時作業的需要，旅館業必需採用不停止的硬體系統，或是具備廿四小時服務制度的供應商之機器，否則夜間出了差錯就麻煩了。

在軟體方面，軟體公司也是近年來才把旅館業列入業務開發重點，因此，旅館業在電腦軟體的應用上尚不很完善。一般說來，若選擇軟體公司從事設計，軟體公司之成員是否具有充分的旅館業經營經驗是非常重要的，若欠缺旅館經營經驗，將無法設計出適用且具效率的系統，且軟體發生問題時，解決問題之能力也將較薄弱；同時，由於軟體文件的學問尚未成熟，在軟體公司人員流動性甚高的今天，軟體供應商全公司成員的經驗更需要考慮，如果只有極少數人員負責此項業務，一旦這些人員離職，軟體的維護與售後服務的程度就難以預期了。若成立電腦中心自行開發系統，則在技術、時效、成本等方面，也有許多問題存在，需要相當的決心和毅力才行得通。因此，不論採行委託軟體公司設計或購買套裝程式，或自行開發之方式，須衡量本身的環境和能力，妥善的做最適切的選擇，此種選擇，並無絕對而明顯的標準，不過規模大的公司實可嘗試自行開發以尋求最適用之系統。

四、作業系統簡介

(一)前檯系統

1. 訂房系統

(1)個人訂房

(2)團體訂房

(3)空房查詢

(4)訂房資料修正
(5)訂房確認
(6)訂房取消
(7)訂金處理
(8)庫存空房管制系統(ROOM INVENTORY CONTROL)
(9)房價及房型管制
(10)年內住店旅客查詢(旅客歷史檔)
(11)訂房資料查詢
(12)到達旅客預測
(13)每日訂房報告及分析
(14)客房資料主檔

2. 接待系統

(1)預先排房系統
(2)個別訂房旅客遷入
(3)團體訂房遷入
(4)未訂房旅客遷入
(5)旅客資料修正
(6)換房處理
(7)延日處理
(8)暫時遷入處理

(9)旅客姓名查詢
(10)每日住店旅客名單
(11)每日遷出旅客名單
(12)每日訂房未到達旅客名單
(13)VIP旅客名單
(14)每日預定遷出旅客名單
(15)房間狀況查詢
(16)旅客留言處理

3. 旅客帳務系統

(1)個人旅客遷出結帳
(2)團體遷出結帳
(3)保留帳務
(4)帳務登錄
(5)交班出納報告
(6)信用卡帳務處理
(7)簽帳審核
(8)旅客帳務查詢
(9)房間別帳務查詢

4. 房務管理系統

(1)房間狀況輸入與查詢

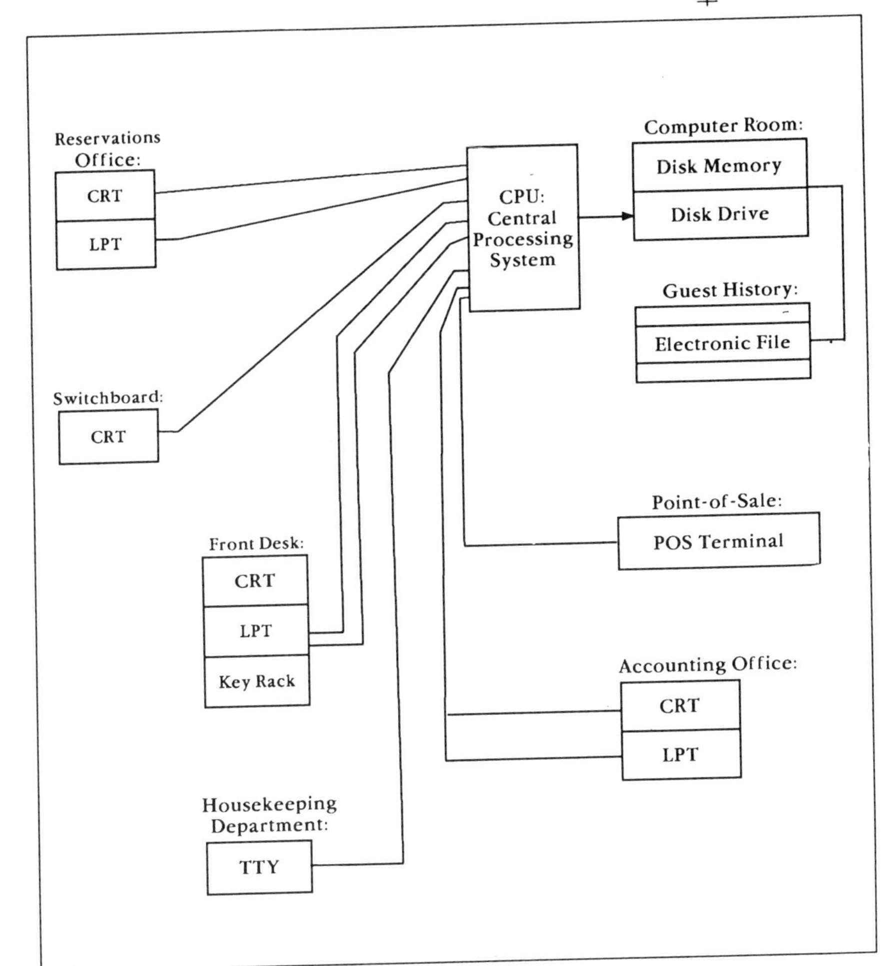

全自動電腦化250間以上

①有人住
②已結帳
③可出售
④清潔中
⑤保留
⑥修護中
(2)特殊旅客房間查詢
①貴賓
②加床
③不可打擾
④領隊
⑤注意
⑥招待
(3)旅客資料查詢
(4)當日預定遷出旅客查詢
(5)當日到達旅客查詢
(6)房間飲料費(BOOM BEVERACE)登錄
(7)失物招領(LOST & FOUND)

5. 電話總機系統

(1)旅客姓名查詢

(2)團體旅客查詢
(3)電話費登錄
(4)留言系統（電話或電視
(5)當日進出旅客查詢
(6)當日將到達旅客查詢

6.夜間稽核系統

(1)房租自動登錄
(2)餐飲收入稽核
(3)房價審核
(4)結轉後檯
(5)結束每日營業
(6)每日科目別收入彙總表
(7)每日各科目明細表
(8)收入帳分析
①團體
②個人
③折扣
④簽帳
⑤跑帳
⑥招待

櫃台作業方式

Reservations Office:
- Reservation Forms
- Reservation Files
- Reservation Rack
- Density Board
- Calendar Pad
- Typewriter

Front Desk:
- Room Rack
- Registration Cards
- Info. & Mail Rack
- Reservations-In Rack
- Key Rack
- Cash Register
- Posting Machine
- Guest Folio Cards
- Folio Tray
- Typewriter
- Adding Machine
- Teleautograph

Guest History:
- Registration Card File

Switchboard:
- Information Rack

Points-of-Sale:
- Cash Register
- Sales Journal
- Vouchers
- Runners
- Telephone

Housekeeping Department:
- Teleautograph
- Housekeeping Report

Accounting Office:
- Adding Machine
- Typewriter
- Nonguest Account Ledger

半自動化100～250間

⑦公帳

⑧自用

⑨預收

⑩信用卡

㈡餐飲出納系統

1.點菜單登錄

2.結帳處理

3.房客簽帳處理

4.簽帳審核

5.出納交班處理

6.餐飲收入分析

7.房客資料查詢

8.信用卡帳務處理

9.員工帳務處理

五、電腦中心主管的職責

㈠直接向決策階層負責及報告電腦化作業的進度與現況。

㈡瞭解管理階層各主管的職掌。

㈢企劃及管理資訊中心之有關業務：

1.召集資訊中心有關人員

2.資訊中心安全措施

旅館管理資訊系統架構圖

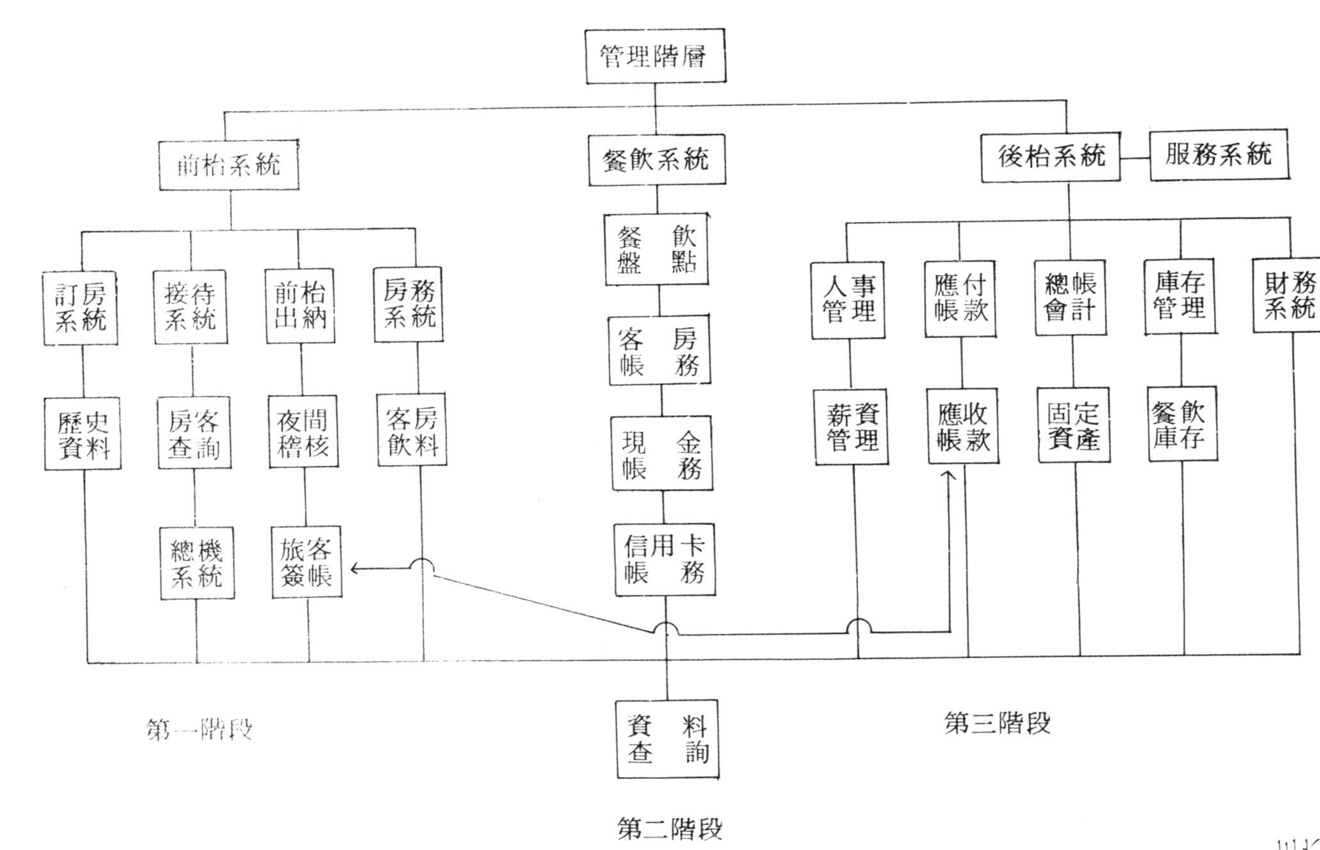

3.使用者教育訓練
4.人員及工作分配
5.資料管制
6.報表產生及分析
7.協助、監督使用者作業程序
8.問題之解答
9.硬體負荷之追蹤
10.資料中心用品之控制

(四)根據公司的作業方針，領導電腦作業人員完成任務。
(五)協助其他部門提高作業效率。
(六)檢討及評核作業效果。
(七)疏通作業瓶頸。

第二節　美國旅館的統一會計制度

旅館的經營比任何行業都需要更鉅資的投資，而且其資本的回收，更需要長期的時間，所以必須要有一套完整的長期經營計劃。如長期需要的預測、財務計劃，長期資金收支計劃等的綜合計劃。

美國旅館協會所採用的統一會計制度(UNIFORM SYSTEM OF ACCOUNT FOR HOTEL)是以確立全旅館的利益計劃爲出發點，並賦予各部門，如客房、餐廳、酒吧、會議廳等應達成的利益目標，期能達到各部門的經營與管理的最終目的。同時，在其一貫作業中，又可獲得經營上所需各種寶貴資料。

這一制度的重點在於加强各部門的利益管理，所以應以設定目標爲出發點。換言之，必須根據旅館的設備投資、配股，償還借款等資料先行設定全旅館的利益目標，並參照過去的實績與各種因素，將應達成的利益目標分賦予各部門主管去負責達成。再根據此一利益目標衡量成本，薪資及其他經費等因素去設定銷售的目標。

如此各部門的主管不但負有「銷售」、「經營」及「利益」的責任，同時也握有控制的權限。但重要的是在實施各部門的管理制度時，必須按著「計劃→實績→行動」的循環步驟，週而復始地去切實推行。

這種制度的利點在於：

㈠爲達成所預期的利益目標，各部門主管對「銷售」、「成本」及「經費」的意識必然更會加深而提高警覺。

㈡既然對各種「收益」及「費用」等各細目，管理至爲嚴密，累積起來就很容易獲得長期經營計劃所需的基本資料。

㈢因「銷售」與「利益」的管理，齊頭並進，隨時可檢討並控制經費的開支。

㈣由於採用同樣的統一會計科目，容易與同業間比較經營的效率，故能站在更客觀的立場去分析本身的經營能力以求改進。

第三節　現代化的管理制度

組織與管理在旅館的經營中有如車輛的兩輪，組織爲體，管理爲用，必須相輔相成，才能達成共同的目標。

所謂「利益管理」，不僅要求各部門的主管負責「銷售」多少，或「收益」多少，而是要各部門先設定正確的利益目標，並要各部門主管負責達成該目標的責任。再以此目標與實績互相比較、檢討，以便發現經營的缺點隨時加以改進。

利益管理的業務內容是：

一、銷售分析：根據各部門的銷售資料，就可製作各部門、各項目的銷售分析報表，再據此報表，更可獲得各部門的日計、累計銷售額，同時又可看出各部門在總收入中所佔的百分比，以考核他們的業績，以便採取適切的對策。

二、應付款的管理：旅館所採購的材料，按其特性可以分成兩大類別，即Ⓐ採購後直接交給現場使用的「直納品」與Ⓑ採購後先交給倉庫，再由倉庫出庫的「貯藏品」二種。

前者如餐飲材料、生鮮物品、瓶罐類、食物等。

後者如消耗品（布巾類、備品）事務用品等。

根據採購日報表可以製作應付帳款餘額一覽表，進而更能建立付款計劃及資金週轉計劃。

三、庫存品的管理：由倉庫發出多少材料是倉庫管理不可缺的重要資料，根據這些資料就可以製作各部門損益計算的基本資料。

四、各部門的損益計算：根據各部門的經費可以分析其開支是否妥當，並可以隨時採取對策加以控制

五、應收帳款的管理：根據應收帳款的資料，可以製作每一顧客的應收帳款日報表，同時更能看出顧客的利用次數及付款實績，在月底並可製作請款單及應收帳款餘額一覽表，作爲嚴密防止壞帳的發生。

六、財務管理：根據收支傳票、轉帳傳票、記帳後，尚可自動地製作餘額試算表、損益計算表、貸借對照表等財務報素以便正確地明瞭財務狀況。

七、市場分析報告：從第一項到第六項都是管理上所需的資料。這些資料不但可以提高各部門對成本的認識，更可加强內部的管理，以達成利益管理的目的。收入的多寡，可以左右利益的高低，而如何增加利益

，就非依賴嚴密而正確的市場調查報告不可了。其最簡單的方法是根據顧客的登記卡來製作，如顧客的年齡、性別、住址、住宿目的、房租、餐飲內容等資料都是寶貴的市場分析資料，也可作爲將來推廣的參考。

總而言之，如能善用適合於旅館的最新電腦，再配合採用美國旅館的統一會計制度，那麼要達到旅館的現代化管理將不是一件困難的事。

當然，這種會計制度並不能完全不加修改就可以適用於任何一家旅館的，但是，可以按各旅館的規模，組織的不同，稍加修改，就可適用的，因爲它究竟是根據各旅館的共同會計原則所建立起來的一種制度。

第四節　經營旅館的新觀念

今天，人類的觀光活動，隨著交通工具的發達與經濟的改善，而日趨充沛蓬勃旅館對社會所提供的服務項目，就更是包羅萬象了。隨著它功能的複雜化，旅館的地位更形重要。它提供的項目有：㈠住宿設備，㈡餐飲設備，㈢社交設備，㈣育樂設備，㈤人物與情報的提供服務。換言之，「旅館是提供多目標商品與服務機能的綜合活動場所」，此亦即旅館的新定義將它解釋爲只供旅客住宿與餐食，已屬歷史的陳跡。這種特殊形態的商品與一般商品所不同的特點是：

㈠多機能性。

㈡瞬間生產、瞬間消費。

㈢非存性。

㈣非流通性。

㈤非伸縮性。

㈥季節性。

㈦農耕性。

㈧事前無法評價性。

換言之，這種商品是將各種機能綜合起來，成爲整套的合成商品提供給顧客，因此很難配合顧客個別的需要，而且要顧客本人來店時才能提供服務的商品，且其中一部份商品當場即形消失。更進者，這種商品是不能轉售別人，同時商品的數量在建築當時，已被限定更受季節的變化、生意起落不常，因此很難做正確的預測。加之，商品附著於土地上，必須要顧客前來購買，最後還要等到顧客住過後，才能批評其價值。

以上是旅館的特性，但是更重要的是，旅館對國家所負的重大使命。旅館對國民外交的推動，社會經濟的繁榮，工商貿易的推廣，就業機會的增加，外匯收入的提高，國民身心的調節，皆有輝煌的貢獻，從事旅館業者，實可引以自豪。

因此，先進國家的旅館，在管理上精益求精，在服務上力求週到制度上日趨完備，建築設計上日新月異，旅館事業已成爲一個人類邁向新時代的標誌。

往年，台灣的旅館經營家，常忽略了市場的動態，趨勢。今後必須加强市場研究與調查，以配合旅客的需求，提供完美的服務。因爲社會的進步，將會使人生的觀念與態度隨之而不斷改變。社會型態的變化，是由於受到下列因素而起的：㈠國民所得的增加，㈡休閒時間的增多，㈢教育水準的提高，㈣生活方式的改善，㈤交通工具的進步，㈥人口都市的集中，㈦社會的工業化。

這些因素，必然影響了人類的消費觀念，除了食衣住行外，人們尚渴求高尚的育樂享受與別具個性的各種休閒活動，以便在工作之餘，調劑身心，期能發揮更高的工作效率。爲適應新時代的人類生活，未來的旅館經營，亦應具備下列的功能：㈠高級化，㈡個性化，㈢多樣化，㈣娛樂化，㈤教育化，㈥一貫化。認清了旅館事業的特殊性及發展趨勢與經營方向後，我們應及早確立營業方針，訓練各種管理人才，建立完善的科學管理制度，加强市場推廣，改善設備，發揮眞誠服務的特色，樹立高雅獨特的風格，以應世界的觀光潮流。

一切都應在改革進步中，而唯一不變的是旅館工作人員的工作熱忱，永遠是抱著爲人類提供舒適與親切的服務，使顧客有賓至如歸之感。

結論

相信各位對於旅館的作業已經有了一個明確的認識，只要各位樂於與人協調合作，抱著「人生以服務爲目的」的信念，勇於接受訓練及鼓勵性的挑戰，精益求精，將來必有一番的作爲。

旅館是觀光事業的中堅，沒有旅館就沒有觀光事業，而沒有旅館的服務人員的努力也不會產生良好的旅館。

如何使旅館經營得善，全賴從業人員之不斷努力與不斷改進。希望大家堅守崗位，全力以赴，達到下列十個「S」之信條，那麼相信必能圓滿達成任務，而成爲一個模範的旅館從業人員。那麼你們的前途必定是光明燦爛，而臺灣必將成爲一個美麗更具有規模的觀光聖地。

十個「S」之經營基本信條

㈠對內確實督導工作　SUPERVISION
㈡對外加强推銷業務　SALES
㈢對旅客提供優美的環境　SURROUNDINGS
㈣對旅客付出最大的熱忱　SINCERITY
㈤對旅客作到週到的服務　SERVICE

(六)對旅客提供安全的保障　SECURTY
(七)對旅客展露微笑　SMILE
(八)讓旅客獲得衛生設備　SANITATION
(九)讓旅客享受迅速的服務　SPEED
(十)讓旅客帶走由衷的滿意　SATISFACTION

總之，唯有在顧客滿意的條件下，旅客才能來而久留，去而復返，旅館才能獲致合理的盈利，營業才能欣欣向榮。

第十七章　研究、改進與發展

第一節　興建旅館前的市場調查

二十世紀是個大變動的時代。今天不僅僅是政治制度在變、經濟結構在變，人們的思想觀念以及社會制度也都在變化著，更重要的是我們本身也在求變、求新、求進步？

旅館經營者在面臨著科技知識的猛進、商場競爭的劇烈、及國際情勢的紛亂等種種錯綜複雜的情況下，不能僅憑直覺、臆斷去經營，而必須採取妥善的經營管理及市場行銷的技術，以便訂立增進滿足消費者需要的政策，作爲經營的最高目標。

行銷過程的四個階段：

從市場行銷的觀點來看經濟發展的過程，在工業革命後可分爲四個階段：

一、生產導向階段：由於當時的企業家只關心如何針對產品及服務的缺乏而去增產物品及提供服務的關係，因此强調在生產貨物、提供服務以後再制訂銷售政策。

二、財務導向階段：後來由於經營者發現獲利的方式在於產業與財務的合併，故對於財務的管理特別重視。

三、銷售導向階段：經過大量生產後，發現了需求的缺乏。即銷路成了問題。因此不得不講究推銷術、包裝術並且重視了廣告的效果。

四、行銷導向階段：在科技與社會急遽的時代來臨後，經營者瞭解到眞正獲利的途徑是必須滿足消費者的需要。因此一切活動均以滿足消費者為出發點。

目下我們旅館經營的方式大概處於第三階段的末期。這可由許多的旅館業者在興建旅館時不重視市場的需求而只是將土地、資金盲目投資這一點加以證明。而先進國家已逐漸地步入了第五階段——社會導向階段——亦即開始重視了觀光污染、保護消費者及失業救濟等社會問題。

市場行銷活動與研究

所謂「行銷」與推銷並不是同一意義。推銷只是單純地將工廠的產品送到消費者手中就算了事。而行銷活動中的產品的供給，並非依照工廠能生產什麼製造什麼產品來推銷給消費者。而是要事前分析、調查消費者需要以後再有計劃地去製造適合消費者需要的產品。

在行銷中，還要設法刺激消費者的心理，使之興起强烈的需求慾望，再以產品使之滿足。像這樣地從消費者需要的事前調查活動，經過產品的計劃、推銷的措施到滿足消費者的需要而使投資者獲得正當利潤的整個過程，就是所謂的行銷活動。

市場行銷研究為制定及執行市場行銷策略所作之全部調查及研究，包括：產品研究、市場研究、銷售政策研究及銷售推廣計劃研究。

旅館是觀光事業發展的基盤。我們事前必須要客觀地、有系統地、廣泛而深入地調查。再根據縝密週全的調查結果來訂定市場行銷的策略，以達到我們經營的目標。

鑒於此，這裡就僅以有關興建旅館前的市場調查及應做事項，供有意經營旅館的人士們作為參考。

一般說來興建旅館前的市場調查可分為下列五個步驟：

調查目的	調查順序	調查內容
一、該地適合興建旅館嗎？	大立地調查	人口、產業、旅客、開發計劃、交通工具消費、生活程度公司數目。
二、該地是否具備足夠的空地與內容，並具有競爭力？	小立地調查	同業的經營能力？同業的營業現狀？該地適於興建否？
三、現有充份的客源呢？將來是否能再增加？	旅客人數預測	旅客人數趨勢分析，季節指數分析，按不同房租分析，旅客人數比率，現行房租調查。
四、最具有效率，最具競爭力的收容人員，應爲多少？	收容人數的決定	由同業的收容力來決定，由基地面積及建坪來決定，由市場之利用率來決定。
五、最有效率的客房構成如何？	客房構成比率	客房每間平均面積，公共場所與客房之比率。客房構成之檢討。

茲再就其細節說明於後：

一、大立地調查項目應包括：

1.當地人口有多少？

2.有無增加？

3.屬於何種都市型態（如商業型都市、觀光型、消費型、政治型或生產型）

4.有無開發計劃？

5.將來發展性如何？

6.每年觀光客有多少？

7.有無增加？

8.由何地來？

9.來此目的何在（商用、娛樂、觀光、或政治）？

10.利用何種主要交通工具？

11.附近有多少車站、港口？

12.附近有多少銀行？

13.有多少行業設有總公司、分行或營業處？

14.當地生活水準如何？

15.消費水準？

16.物價水準？

17.季節變動如何？

二、小立地調查內容應爲：

1.距離車站多遠？
2.面臨主要道路寬度？
3.面臨主要道路幾面？
4.廣告塔高度容易看到否？
5.總面積有多少？
6.地價如何？
7.建蔽率如何？
8.有多少面積的停車場？
9.附近有銀行、公司、遊樂街否？
10.各公司會大力支持利用否？
11.適合設立各種附帶設備否？
12.競爭旅館的住用率如何？
13.離競爭對手的旅館距離如何？
14.距離主要交通終站近否？
15.如要出租給他人也能經營否？
16.建築成本便宜否？
17.將來有發展前途麼？

三、競爭對手旅館之調查：

1.收容人數多少？
2.住用率如何？

3.房租訂價如何？
4.交通方便否？
5.顧客能安心住宿否？
6.服務如何？
7.停車場的容納量如何？
8.建築物設備是否維持良好？
9.立地環境如何？
10.顧客的批評如何？
11.平均房租單價多少？
12.固定的常客多否？
13.有增建計劃否？
14.知名度如何？
15.餐飲部門收入高否？
16.有無附帶設備？
17.經營能力如何？

以上是以興建一家商業性的旅館爲例。假如要興建其他類型的旅館，只要將調查的項目略爲變動一下也就可以應用了。

如果能夠根據上述五個步驟做有系統的、客觀的及廣泛而深入的調查，自然會得到可靠的調查資料以作爲提供決策者的正確指標。

總之，市場調查的最後目的乃在於研擬一套建全的市場行銷策略，用以達到經營旅館的目標。亦即增加供給顧客的需求與獲得正當的利潤。

最後我要引用管理學者彼得・杜克爾先生的一句話，作爲我們企業家座右銘：他說：「企業的目的只有一個切實的定義，那就是製造顧客」。又說：「如果這一定義成立的話，那麼企業家只有二個任務——一是市場行銷，另一則是革新！！」

第二節　旅館開幕前的行銷活動

一、前言

旅館是一個多采多姿，包羅萬象的服務企業，從無中生有的籌劃階段直到一座美倫美煥的飯店落成開幕呈現在我們的眼前、這期間必須經過一段漫長而艱苦的歷程與無數人的心血的結晶。

常言：「無旅館就無觀光事業」，那麼，也可以說「無行銷」也就「無旅館」了。

旅館的行銷就是要創造市場之優勢與顧客的需要，進而作整體的企劃、將旅館的產品與服務成功地打進目標市場，並開發動態的市場推廣活動，以維繫企業的存續以至於發展。

旅館開工後，即面臨二大項要展開的工作！

一、行政工作：

①覓尋適當的辦公處所

②雇用人員

③裝設電話等通訊設備

④辦公設備與用品

⑤設置客房訂房控制簿

⑥宴會訂席控制簿
⑦各種報表
二、行銷工作
①擬定開幕前行銷計劃
②設定初期的收入預估
③指定廣告及公關代理商
④劃定團體訂房配額及責任

在完成可行性研究後，已決定每一個房間的建築成本、並經投資者、經營者，及市場調查專家共同會商決定客房總數及共同目標時，應在開幕前二十四個月前指定總經理之人選。

此時，總經理即應配合建築計劃進度，編造開幕前行銷計劃。首先他將接到㈠預估的財務報告表（十年間的）、㈡開幕前的預算、㈢設計圖、㈣旅館未來的特色說明、及㈤會議紀錄等文件。他將依據這些資料、選定市場組合及開發行銷組合。因爲行銷組合是企業在目標市場上開發產品、服務與市場的策略性行銷四個P的組合、不但可達成旅館的目標與行銷目標，同時，最重要的是能夠滿足顧客的需求和期望。

二、旅館開工——（開幕二十四個月前）

此時，總經理即開始行政管理及行銷活動：先尋覓適當的辦公處所、招募主要職員，如秘書、業務經理等，然後準備市場行銷預算、同時、開始市場行銷活動：㈠決定要蓋成那一種型態的旅館㈡以那些大衆爲對象、㈢寫明旅館的經營理念（使命與目標）、㈣選定推廣、傳播媒體、及宣傳活動，以便決定市場區隔定位作爲銷售活動的指針及決定市場組合。

通常所謂行銷活動、主要的五個範圍爲：㈠如何決定目標市場，㈡如何企劃產品，㈢如何爲產品訂價，㈣如何分銷產品，㈤如何推廣產品。

例如，決定服務對象爲：星期一至星期四爲個別商務客，公關代理商或一些專員以爲配合進行工作。另一方面，讓開幕前工作小組的主管人員參加各種團體爲會員，以便提高公共形象及知名度。如參加旅館協會、觀光協會、市商會、國際會議協會、扶輪社、青商會或獅子會及婦女會等。

由於行政業務的增加，更應增設電話、電腦等辦公設備。業務部門，要有完整的作業手册，檔案管理系統，並出動人員拜訪顧客、引誘業務。總經理除應查閱例行的行政報告外，特別注意業務部的拜訪紀錄，臨時訂房紀錄，等報表，並針對著目標市場作廣告。尤其是會議團體的訂房、很早就應作準備。

三、開幕前十八至六個月

這期間爲屬於第二階段的行銷活動

一、應準備更詳細的市場行銷步驟與計劃。

二、編製員工職責記述書

三、重新劃定訂房配額

四、銷售行動計劃（除原有的工作小組人員外，提供新進業務員作爲行動的指針）

五、重新調整市場區隔。

六、查看長期性訂房業務是否符合期望。否則應加强爭取短期性訂房業務。

七、由於工程進度，更接近開幕日期，廣告應更明確地指出開幕日期及進一步的說明。

八、業務員出差次數增加、主要在爭取訂房業務及其他更確定的生意。

九、對各行業加緊推廣工作。

十、贈送紀念品及簡介資料給各公司行號主管及秘書。

十一、正式設定訂房配額

十二、覆審內部管理制度，查看各種報告、是否如期提出。

十三、再度查核旅館內各種標示牌。

十四、重新檢討商品計劃。

四、開幕前六個月至開幕

一、集中全體力量於行銷活動

二、每一部門應有銷售行動訓練計劃。

三、全部門出動，集中火力，作全面銷售攻擊戰。

四、確定開幕時邀請參加酒會的名單。

五、餐廳各部門、籌劃各別部門的銷售計劃。

六、餐飲部經理。拜訪報社餐飲專欄記者，以便提高知名度

七、重新明確客房目標市場（個別客及團體客）

八、加强對旅行社及短期性市場的銷售行銷。

九、大力爭取學校、政府機關、體育團體等業務，並邀請他們參觀解說。

十、編定郵寄名單。

十一、遷入正式辦公處，訂定各部門公文來往流程，尤其應加强業務部，客務部及餐飲部門之聯繫工作

十二、設立爭取會議業務的協調部門。

十三、公告房租、折價贈劵、及會員活動等節目。

十四、考核及評估每一個業務員的成果。

五、部分開幕

一、加緊對當地之業務拜訪活動。

二、增加人員以便引導參觀旅館設備。

三、加緊拜訪旅行社。

四、確定俱樂部會員人數。

五、邀請外地旅行社及代理商來館參觀。

六、加强餐飲各部門推銷活動。

六、正式開幕

一、籌劃正式開幕工作

二、加緊行銷全面攻擊活動

三、計劃邀請參加宴會名單

四、封面廣告、特別强調特色及顧客利益。尤其是餐飲部門的廣告。

五、正式開幕後，三個月內，實施開幕後行銷活動之總體考核。尤應考核員工接待顧客的服務態度，以便改進及調整。

六、重新調整行銷計劃、以符合開幕後的實際需要。

七、業務部門應建立館內招待顧客的時間表，並繼續加强業務推廣工作。

八、設立會前及會後之考核制度（會議協調部門）

九、搜集顧客對旅館的評語資料。

十、設定顧客檔案資料

十一、邀請貴賓、旅行社、商社、般空公司及同業等主要人員參加午宴。

十二、訂定支付旅行社佣金制度，確定如期支付以維信用。

七、未來的旅館行銷計劃

一、開發五年期的市場行銷計劃

二、此一計劃應以週詳的市場調查及競爭對象調查爲基礎。

三、再依調查市場結果，進一步決定「定位聲明」，以便編定銷售行動計劃，廣告計劃，及推廣計劃。

總之，行銷計劃即經營實戰策略，是探討經營努力的方向及達成經營目標的方法。

在編定行銷計劃時，應經常記住將左列實戰內容包括在內。即：一、情勢分析、二、行銷目標、三、行銷策略，四、行銷方案，及五、行銷預算。

旅館商戰的成敗取決於「市場定位」與「競爭策略」。尤其目前台灣的旅館業已進入戰國時代，我們應組合實戰推銷，滲透促銷、與戰略行銷，作整體設計與企劃、才能克敵致勝！

第三節　旅館的新市場——國際會議

一、會議與旅館的關係

一般所謂「CONVENTION」可大致分爲兩種：㈠由同業及性質相同之法人或個人爲會員的協會所辦的會議。㈡由企業組織所主辦，而其對象爲推銷人員或來往廠商的會議。前著爲ASSOCIATION CONVENTION，而後者稱爲COMPANY MEETING

協會主辦的會議，百分之七十爲二百人以下參加者爲多，但公司所主辦的會議則百分之八十爲一百人以下參加者較爲普遍。由此觀之，這些會議不一定都要在大型的旅館舉行。所以有許多中型旅館也在爭取商務旅客的光臨，藉以吸引會議的生意。

旅館經營者正式重視招徠各種會議在旅館內舉行的不過是始自一九五〇年代的事。這以前，旅館爲儘量避免由於會議的舉行以致打擾一般的住客，只有在淡季時，爲彌補收入之不足，才把爭取會議的生意視爲一種臨時的措施。

但隨著現代社會活動的日漸蓬勃，各種會議也迅速激增，因此，許多旅館也開始注意爭取會議能夠在自己的旅館舉行，以便增加營業的收入。到了一九六〇年代末期，在大規模的旅館裏舉行的會議，竟佔該旅館營業收入之百分四十。今天，有些旅館的總收入之中，竟有百分之九十來自開會的收入。

在美國眞正以會議型的姿態出現的旅館爲一九六三年開幕之紐約希爾頓大飯店，今天在美國利用率高的旅館，大多屬於會議型的旅館。

由於會議的召開，無形中也增加了旅館內客房部門及餐飲部門的收入。因此，對於遊樂地之渡假性旅館來講，利用淡季爭取會議的生意已成爲當然的事，而大型的旅館爲了增加利用率及提高收入，也設有專任的會議推銷人員及服務人員，千方百計在努力爭取國際性的會議。

二、將來的會議趨勢

在美國開會的風氣如此盛行的主要原因係美國民族天性喜愛開會討論。由於人種衆多，爲便於統一各方面的意見，開會成爲他們彼此溝通意見的重要手段。其二爲參加開會者的費用大多由企業組織負擔。甚至於連參加者太太的費用也可以招待。再者，航空公司或旅館對於參加者的眷屬都有特別優待的辦法。

據推測，將來公司所主辦的會議，將會比協會所主辦的增加率要高，而且公司主辦的會議形態也將由過去的大型演講會改變爲以參加者爲主體的研習會，同時所利用的場所亦以連鎖經營旅館爲多。

根據最近康奈爾大學所作調查，利用旅館的目的可分爲：

商用：百分之五二點三

開會：百分之二十四點二

私用：百分之四

享樂：百分之十七

其他：百分之一點七

換言之，旅館的收入當中有四分一是來自開會的收入。例如全美餐旅協會在舉行年會時，同時舉辦貿易商展藉以推銷展覽會場內的展覽舖位，而將其收益作爲協會基金。

至於公司主辦的會議，其特色爲開會次數，時間，以及地點等不固定性，因此會議推銷人員也就無法利用過去的推銷紀錄作參考。一般而言，用於推銷會議的基本利器是靠廣告，直接郵寄，以及個別訪問，但對於公司主辦的會議，情形就不同。推銷員必須直接與負責計畫會議的市場推廣主管相接觸，同時推銷的要領是要讓對方了解旅館的立場是要協助他們舉辦一次成功的會議，而非在推銷房間與餐飲的生意。因爲負責籌劃開會的單位最關心的是旅館有沒有精通於籌辦開會的專責職員，以及社會一般人對該旅館的批評如何，更重要的是，旅館能否從頭到尾與負責開會的單位密切合作，使會議順利進行。

會議種類雖然有形形色色，但站在旅館的立場，無用諱言地，是希望能招徠消費頗多的會議。例如消費額最多的首先應算是產業界的會議，因爲參加者的所得高、同時除了會議本身又要舉辦餘興節目、宴會、酒會、舞會等節目，自然會增加消費額。其次就該是醫生或律師等之專業會議。然後就是扶輪社及其他敦睦性的會議。這種會議的特色是次數多，較有固定性。最後是大學教授等有關科學研究會議，其他尙有退伍軍人、勞工會，或女性的會議，教育界等之會議，但這些消費額並不算高。

三、如何辦好國際會議

主辦開會單位對於旅館的安排所不滿的事項綜合起來有：

㈠萬一開會日期有所變更時，旅館無法配合以調整。

㈡由於旅館本身之設備、服務等之說明資料缺乏詳實，事先不易作具體的計畫。

㈢旅館對外部詢及有關會議時，無法給予迅速，滿意的回答。

㈣推廣經理，會議服務經理與旅館其他部門的協調欠佳，尤其是櫃臺好像是個獨立的單位，有關開會的事，一問三不知。

㈤旅館的請款手續繁雜而耽誤時間，且有時計算錯誤。

如上所述，旅館在推銷會議業務時應站在四個單位中間，從中與各方密切協調，儘量給予協助合作，即㈠協會本身，㈡旅館，㈢展覽會場佈置專家，㈣主辦展覽會之單位，此外，對於㈠交通工具之安排，㈡婦女活動節目的計畫，㈢特別餐飲之提供，㈣演講人員之選擇，㈤協助招收會員等應以主辦者立場給予大力支持與協助，俾能圓滿召開會議。

總之，要成為開會成功的旅館應具備左列條件：

㈠旅館的建築必須具有會議型的外觀與規模。

㈡大廳內要有較寬的空間足以接待大量的會議參加者。

㈢要有專設的會議場所，不像以前將宴會廳或餐廳臨時充當會議之用。

㈣除大型會議廳之外，應備有各種不同形式的小型會議廳。

㈤客房內的設備應較一般旅館的要寬大，且備有沙發床，以便參加會議者隨時能夠在房內聚談小飲。

㈥應考慮到參加會議者的太太，將化粧間稍微與床舖隔離。

㈦旅館應設有專人負責照顧會議的業務，如服務經理或會議協調人員等。

㈧旅館除備有一般旅客用之宣傳摺頁外，更應齊備專為舉辦會議用之詳細目錄，外表美觀，內容豐富，圖文並茂，包括會議場所之照片，平面圖及詳細說明。

㈨經常與爭取國際會議之最有力機構——國際會議局——取得密切連繫，以便獲得開會的最新情報。

第四節　基層人才的職前訓練

判斷一家旅館的經營業績與服務水準的因素固然很多，但是基層人員的訓練程度、服務熱忱與敬業樂羣的精神實爲影響經營成敗的主要關鍵。

近年來，由於政府與民間的積極推動與努力，觀光事業的發展至爲蓬勃，到處競相興建旅館。因此旅館基層人才的需要已成爲一項刻不容緩的事實，何況人才的訓練與培育並非朝夕之功。於是各旅館無不在積極的網羅優秀的基層人員施以嚴格的訓練，期能造就適合於本身旅館獨特典型的基本人員，以迎接新的觀光時代的來臨。

鑒於此，茲謹將日本飲譽世界的帝國大飯店對於新進員工如何地施以職前訓練，使他們具有專業知識與技能而能發揮人盡其才的宏效爲公司爭取榮譽的種種措施略爲介紹。

該飯店每年約在十月初招考目前仍在學的大專學生，十月中旬發榜，十一月初就開始分發第一期的函授講義給業經錄取而仍在學的未來員工，讓他們事先有個心理準備。內容有：㈠旅館的沿革與設備的介紹。㈡旅館專用英語會話。㈢旅館的組織與員工手冊。㈣旅館的營業項目。㈤員工通訊。㈥第一次函授教育的感想。

十二月初又寄發第二期講義。內容是：㈠各種職務的介紹。㈡敬語的用法。㈢主管人員對新進人員的期待。㈣問候近況。㈤學長的鼓勵信。㈥員工宿舍的介紹。

一月初發出第三次講義：㈠餐廳的介紹。㈡問候信。㈢對問候信之答覆。㈣長官對他們的期望。㈤員工通訊。㈥學長的鼓勵信。

最後，在二月初寄發最末一期的講義，即㈠報到時應填寫的各種表格。㈡員工通訊。

如此，經過四個月的函授教育以後，於三月間畢業大專就向公司報到。公司再予實地訓練四個星期。前兩星期採用集中訓練。第一週的主要課程爲旅館服務人員應具備的基本條件。其次介紹公司的沿革以補充函授的不足、薪水制度、組織概況、各種福利措施。第二週的訓練內容更爲具體。如：英語會話、電話應答禮貌、西餐用餐禮節、接客須知等等。除由講師講解外更配以電影，幻燈片，以提高學習的興趣與加深印象。

在此二星期的集中訓練時間，公司就可依據學員的工作興趣、教育背景、學習能力以及性向，判斷他們適合於那一部門的工作，以便分發各部門再施以二星期的個別現場訓練及指導。

經過上述共計五個月的職前訓練，個個基層人員就可踏上第一線擔任服務的工作。

採用這種訓練方式，我們可以發現有下列的幾個優點：

一、社會教育與職業教育同時併進，養成員工身爲旅館的服務人員對社會應盡的責任感、使命感與榮譽感。

二、集中訓練與個別訓練並重，可培育通才的幹部。

三、函授教育配合實地訓練，說明精神教育與專業教育兩者的重要性，同時也加强學習的效果。

四、訓練採用之通訊、講授、視聽工具、實地研究、個別指導、綜合討論，不但加强記憶更加深印象，提高學習興趣。

五、在學期間，員工事先已對旅館的概況有個全盤的瞭解，所以對自己未來的工作已養成信心。

六、由於函授期間，在不知不覺當中，公司與員工之間思想的溝通使彼此間建立了濃厚的友誼與情感，亦加强了員工的信賴感。

總之，訓練有素且足以應付當前旅館業所需的優秀基層人才是我們當前最爲迫切的課題。希望同業們能及早重視。根據需要，妥作長期而有效的訓練計劃。不可再有臨渴掘井、施以惡補的現象。如是我們才能適應今後觀光事業發展的新潮流。

第五節　如何改進旅館作業

旅館是一個包羅萬象、多彩多姿的天地、變化無窮的小世界，是旅行者家外之家，度假者的世外桃源，都市人的城市中的城市、是國家文化的展覽櫥窗、國民外交的聯誼所與社會的綜合活動中心。櫃台是旅館的神經中樞、是旅館對外的代表單位，也是旅館對內的連絡中心。其業務複雜、責任繁重，所以處理要求愼重，迅速，正確，服務必須親切週到，因爲櫃台的管理之良否，直接可以影響整個旅館的聲譽。

因此，欲求旅館管理的合理化、科學化、現代化、就必須先從旅館的基本作業——櫃台的作業著手改革。

一、櫃台部門的管理：(FRONT OFFICE)

最近歐美先進國家爲期櫃台管理之完善，紛紛先由健全其組織起步。其目標在於㈠提高推銷效果，㈡加强人事輪調制度，㈢重視三「C」即溝通(COMMUNICATION)，協調、(COORDINATION)及合作(COOPERATION)。就是將訂房業務或推銷業務與接待業務三個單位加以合併，使各單位在作業上能更加密切配合，隨時能夠溝通，協調及合作，旨在提高客房的推銷能力及效果。而出納與接待，在組織上雖隸屬於不同部門，但在人事交流上，採取人員互調制度，以便養成雙方對彼此之業務加深認識。如此，不但能培養通才的人員，又可提高服務水準。

除上述二個特色外，特別强調組織上要㈠反應迅速，㈡富有彈性，㈢便於連絡協調及㈣責任分明。

二、訂房部門的管理：(RESERVATIONS)

「訂房」實爲一家旅館顧客的來源，也是財源。因此訂房業務管理之嚴密與否，可以左右旅館的營業之盛衰與成敗。所以特別要著重電話應接禮貌，注意推銷技巧，記錄求正確，聲音求柔和，動作求迅速，尤其重要的是要防止訂房錯誤之因素，以保持「訂房控制表」的準確性。

一般錯誤的發生因素不外是：聽錯、證實不精確，到達時間、姓名、連絡地點、住宿條件，支付條件，以及控制表本身抄錄錯誤所引起。其次就是要加强取消訂房的管理。一般訂房組的通病是只注重接受訂房而疏忽了取消訂房的控制，以致發生客房銷售不均的現象。改善之方法，在於觀念上，訂房組與接待組必須要認識訂房管理的重要性，而在作業上，必須雙方隨時隨地密切配合，連繫，客房一有變動或調動，雙方應即連絡予以必要的調整或修正。

三、接待業務及分配房間 (RECEPTION & ROOMING)

接待業務之良好與否，實爲決定服務程度的標準，也是判斷一家旅館信譽的重要關鍵，何況旅館經營的最後使命乃在於提供完美的服務。因爲旅館的「商品」就是服務。

櫃台單位的主角可以說是接待員與房間分配員。他們必須㈠以推銷員自任、不但要懂得推銷術，更要了解公司的經營方針，商品知識，更重要的是要關心房務部門管理的作業，並經常取得連繫，㈡加强接待禮節，以及㈢重視與顧客及內部各單位間的溝通與協調。在作業上要改進下列各點：

A 進館，離館手續，(CHECK IN & CHECK OUT PROCEDURES)

1.顧客資料要保持正確完善。

2.進、出，時間要詢問明確。

3.房間號碼及鑰匙號碼要詳細核對。

4.注意鑰匙的保管。

B 住宿條件之變更，(ROOM CHANGE, RATE CHANGE)

1.變更房間，變更房租，住宿期間的變更等應妥善處理。

2.任何變更必須與訂房組連絡，即行修改訂房控制表，以免遺漏而發生錯誤。

3.最好設置一本ROOM CHANGE REQUEST BOOK ——變更房間申請登記簿，以便房客要求變更房間時，按其申請順序予以登記，一有空房立即通知遷調，以免遺忘。分配房間與指定房間，(ROOM

ASSIGNMENT & BLOCKING)

1.要特別注意指定給貴賓及同一團體，同一家眷，或身體特殊人物的房間，儘量予以方便與安全爲原則。

2.分配房間時要注意顧客的要求、性格、喜好、儘量要提供滿足他們所需要的。

四、詢問服務的管理 (INFORMATION SERVICE)

一般旅館分爲㈠有關房間的詢問，㈡留言的服務，㈢旅館內的詢問服務及㈣有關市內詢問的服務。其中，有關留言的服務特別重要，但一般的通病是由於詢問服務員抄錄在留言條上的字太潦草，或內容記錄不正確，以致傳達發生錯誤，留給顧客很不良的印象。

至於館內及市內詢問服務，平常就應準備齊全的資料，尤其對自己館內的活動消息，如各部門的營業時間，開會場所，時間等都要記憶清楚。詢問服務員有如一部百科全書，必須作到有問必答，有答必對，方能盡責。

五、服務中心的管理，(FRONT SERVICE) (UNIFORM SERVICE)

服務中心乃是旅館的一面大鏡子。它是站在接待顧各的第一前線，也是給顧客留下第一印象的地方。故英文把這一個部門叫作 (FRONT SERVICE)，而台灣則慣用 (SERVICE CENTER)。歐美人常說：“A BELL MAN IS A FUTURE HOTEL MAN ”就是說服務中心的服務員就是將來成爲旅館經理的幹才。今天很多歐美有成就的經理大部份都由基本的服務員幹起的。也由此可見旅館重視這一部門的理由。我們把它譯成：「服務中心」，正表示我們特別關心「服務」。

要改進這一部門應從訓練開始，要培養服務員：

一、了解旅館全盤的業務。

二、改善對話，禮節態度及行爲。

三、加强接待實務的基礎訓練。
四、强調在職訓練的重要性。
總之，近年來一般顧客對櫃台服務的批評是：冷淡、機械化、業務化、商業化、沒有禮貌、沒有笑容……

的確，這些都是眞心話。尤其是我們中國人素來被稱讚爲好客的民族，富有人情味的國民，不過正如我常說的，我們雖有滿腔的誠懇與好客的精神，卻深藏在心底中，缺乏表現力，所以不容易露出微笑給人一種親切感與親近感，以致被外人誤解，實在太冤枉了。眞正完美的服務應該是：內心的誠懇加上外表的微笑——SERVICE = SINCERIYT + SMILE。不斷地創造並提供適合時代需要的服務才是旅館眞正的使命。

第六節 旅館的建築計劃

要興建一家旅館首先必須確定先決原則，那就是：一、應該適應現代社會的需要。二、要有妥善的財務計劃。三、旅館的地點必須適中。四、要有明確的經營目標與政策。以及五、具備現代化的建築設計及健全的組織。

然後，依此原則分析內外部的各種因素：

一、外部因素：
(一)地區發展的狀況。
(二)新的觀光資源。
(三)計劃中的觀光開發。

(四)交通路線的變化。

(五)休閒活動的趨勢。

簡言之，就是要調查分析市場的動向，地區的特性及旅館的立地條件。

二、內部因素：

(一)如何去確保資金的來源。

(二)如何去獲得所需的員工。

(三)如何去訓練及教育員工。

經過愼重調查分析內外各種因素後，認爲可行時，才進行建築計劃。建築計劃大概可分爲：一、建設計劃。二、資金計劃。三、人員計劃。本文主要涉及建設計劃，至於資金計劃及人員計劃擬另文討論。

一、建設計劃：

(一)應先深入調查及檢討市場動向，地區特性及立地條件。

(二)明定旅館的經營內容：是以經營客房爲主，或以餐飲爲中心，甚或以休閒活動設備爲吸引力，或是經營綜合項目等，再決定設備規模。以上均應依照投資效率、地區社會的特性、顧客的種類及收容人數等因素詳加分析始能確定投資規模。

(三)檢討具體的基本設計，如客房及餐廳部門的設備標準，室內裝潢、佈置，以及建築構造的基本設計。

(四)投資計劃：應根據營業計劃編造。內容包括：(1)土地取得費用。(2)備品費用。(3)建築費用。(4)開業宣傳費。(5)開辦費。(6)不動產取得費。(7)不動產登記稅。(8)設計費。(9)營業用特殊設備及雜費。

一般旅館的總投資金額的內容及分配爲：

土地　　一〇%～二〇%

整地費　　一%～一・五%

建築費	四〇%～五〇%
傢俱設備	一五%
設計費	五%
財政稅	一〇%
生財器具	一・五%～二%
開辦費	四%
存貨	一・五%
週轉金	一・五%

這裡想進一步專就建設計劃中，應加注意的要點提出供作參考。

一、必須站在保全環境的立場及合乎社會需求爲興建旅館的先決條件，同時綜合檢討。

㈠需要與供應的平衡。
㈡產業結構的變遷。
㈢物價和消費的動向。
㈣原料的供應情形。
㈤競爭對象的調查。
㈥公共場所的利用狀況。
㈦該地區的風俗習慣。
㈧交通現況。

其中應强調經營方針與建築觀念及技術三者的密切配合，才能使將來的經營邁向穩定的軌道。

二、立地條件之適中與否，即可左右經營成敗之一半，應愼重加以選擇，其餘的成功要素就取決於建築形態、效率、平面計劃的正確性及建築費用的有效控制。

三、決定規模及基本構造：

房間數的決定應根據市場調查、分析、預測、立地條件、需要量、員工人數、服務範圍、管理型態、經營政策、顧客類型、季節變動，及服務方式等因素作決定。

左列資料可供決定房間數的參考：

一〇～二〇間：適合於家庭式經營。一般客棧、旅社、公寓或小型汽車旅館屬於此類。

五〇～七〇間：可由外面雇用經理獨立經營或可做爲大型連鎖公司的附帶設備旅館。

一〇〇～一五〇間：具有更佳的立地條件，並設有獨立的餐廳或快餐廳，將來即使要增加房間，只要增加少數員工即可應付。

一五〇～三〇〇間：爲渡假旅館及汽車旅館的代表性旅館，適合辦旅行團，並設有足夠的餐廳，休息大廳、酒吧及娛樂設備，如游泳池等。

二〇〇～三〇〇間：適合渡假地的許多豪華旅館，此類旅館，具有充份表現其個性化的氣氛與環境，並可提供廣泛的各種設備，如專用海灘、高爾夫球場、特別餐廳及治療設備等。

四〇〇間以上：大都爲市中心的旅館，並可以提供綜合性服務與設備，諸如國際會議廳、中小型會議廳、宴會場、特別餐廳（除餐廳與快餐廳除外），以及其他各種設備。

七〇〇間以上：有大型的國際會議場所及展覽會中心，同時也有大規模的綜合設備，如購物中心，各式餐廳及其他娛樂設備。

房間數決定後，下一步就要決定房間的大小，設計、配置、色調及客房部有關部門的面積，公共部門以及管理部門等的面積與各部門相互間的連繫問題。

普通營業部門與非營業部門之面積分配比例爲四比六，而每一層樓應有多少房間可由防火的設備觀點上，即依房間的面積、建築方式、樓梯位置、高度、防火設備及當地標準來決定，每樓自廿間到卅五間最理想。如由房務管理的立場看，那麼自十四間到十六間的加倍數最為理想，因為每一個清潔服務員所負責管理的房數為十四間到十六間，那麼每一層樓有二個服務員就是二十八間到三十二間為宜。

此外，應以高度的判斷力去確定餐飲設備的規模、數量、種類、面積、氣氛、，尤其應注意服務動線的合理化，廚房作業動線的組織化與簡化及與倉庫間的連絡，以便嚴密控制餐飲成本。

在分配公共場所時應注意下列原則：

一、客房部門與公共部門的分離。

二、如係平面建築以分為別棟為佳。

三、如係高樓建築，則以一至三樓為公共部門。

四、如頂樓風景特別優美時，可將餐廳或酒吧設於頂樓，並使用專用電梯。

同時也應注意客人與員工的動線分隔問題：

一、分別設置客人與員工及材料搬運出入口。

二、住客與外客動線的分離。

三、管理部門與客人動線的分離。

總之，建築設計必須先完成上述各項基本準備工作後，才能開始基本設計，然後概算收支，確定將來之經營目標、綜合檢討技術上的問題。

至於建築費用內容所佔比例，雖因旅館的營業方針、策略、立地條件各有所不同，但大體上其分配標準如下：

建築工程　五十％

空調工程　十六％

給水排水衛生工程　九％

電器工程　八%
傢俱窗帘地毯　八%
電梯工程　四%
廚房洗衣設備　三%
其他雜項工程　二%

今天由於人類消費觀念的改變，遊客渴望有更高尚的育樂設備與別具風格的個性化享受活動，因此旅館應提供高級化、個性化、多樣化、育樂化及綜合化的一貫服務商品，以應付時代的挑戰與考驗，因此在建築設計時，必須加以愼重考慮、精細設計，才能樹立獨特的風格與適應時代需要的旅館。

第七節　興建旅館進度的控制

一、旅館投資的特性

旅館的設備投資與一般企業的投資，在原理原則上並無不同。只是一般企業以投資在生產商品的「生產設備」爲主，而旅館則直接在「商品」本身。所以旅館的設備投資，要比一般企業的設備投資，更須愼重考慮計畫週密，才能達到預期的效果。

構成旅館的主要商品是環境，設備，餐飲及服務。但必須要在這些商品中，附加獨特的經營方針及配合時代需要的機能、格調及價值，始能發揮其特色。如果沒有具備獨特的個性，其商品與服務，在現時代中已無法生存，更不能吸引顧客的喜愛與競爭的能力。

旅館的投資，不但需要一次投入鉅額的資金，而且需要長期的回收時間，也許是十年至十二年不等。然而，所興建的建築物與設備，卻常因時代急遽變化，商品的經濟價值也隨著陳舊化，以至於縮短其生命的週期，這也就是旅館必須要不斷加以更新設備的理由。

此種傾向，在經濟成長快速、社會變化多端的今日，由於消費的價值觀趨向多樣化、複雜化，更爲顯著。

鑑於上述旅館商品的投資特色，旅館籌建的成功就須依賴事前週密的計畫與管制。

二、計畫進度

根據以往的經驗，由旅館的市場調查開始，以至開幕爲止，期間最短二年，最長四年以上。所含之硬體及軟體內容複雜、包羅萬象。

旅館的設備投資計畫，可大別，分爲二個階段：

一、調查計畫至開工的階段

這是從「無中生有」最困難的一個階段，爲了要執行現計畫，資金的調度成爲必備的條件。將來經營成功與否百分之八十已在這個階段決定……

（甲）調查、分析、構想階段

主要的目的在於確認該項事業是否可行。換言之，就是將經營者的理想與構想，藉著所搜集的各種調查資料，加以證明是否可以成立這個事業。相反地，依據調查資料來構成自己的理想與抱負。一般設定爲三個月，但事實上，一年前即應有初步的構想。

當然，重點在於週密的調查與分析，千萬不能以個人的主觀判斷，必須多聽第三者客觀的意見。尤應成立計畫小組，延聘顧問、專家及設計者參與其事，以便能集思廣益順利進行。

調查主要內容：

(A)大項目：

經濟、景氣動向。

國民生活動向。

金融情況。

休閒及業界動向。

(B)小項目：

有關顧客方面　市場調查、地域調查、競爭同業調查、未來預測。

有關建築方面　建地調查、建築物調查、建築條件、法令規範。

有關經營方面　資金調度、過去實績及現狀之比較、營業實績、財務狀況借貸狀況、組織、人事、現狀等。

根據上述之調查分析，來充實構想內容，再予綜合性的調整，並將構想方針化，具體化，作最後的定案。其中最重要的是選擇適當的設計師。

設計師的選擇條件：

(一)確實能瞭解經營者的方針。

(二)對旅館設計具有經驗及良好實績者。

(三)品德良好，信用可靠，觀念正確者。

(四)辦公室、內容充實者。

旅館的設備投資等於對固定資產的投資，應慎重其事，絕不可大意，不可因設計者係朋友關係，或因其建築物美觀，或係著名建築家等原因即予聘用。須知設計師永遠是建築技術者，絕非商品的推銷者。

（乙）企劃計畫階段

這個階段是要將經營者的構想與方針在圖面上，具體地顯示出來，所以必須讓設計者徹底明瞭經營者的經營理念，構想與方針。不能只告訴設計者，因爲要興建旅館，所以請他繪圖面而已。所謂企畫，必是充分能表達經營者的構想與方針，才能產生優秀的產品。

(A)軟體：

確定旅館的個性。

顧客對象、房租、等級。

營運及服務方式。

(B)硬體：

設備規模　總面積、樓層數、容納人數。

設備內容　客房種類，公共場所配置、後臺設備。

投資規模　投資金額、建築器材、開業資金。

實施時間　開工、開業、休業期間。

如何將構想與方針充份地表現在建築技術上，那就得完全依賴設計者的能力與經驗。通常這個期間很重要，需要八個月左右，經過無數次的討論、修正與調整。必要時，尙應由不同的觀點，擬出不同的計劃再加以選擇，但也不要因爲檢討的時間過長，而失去積極的態度與良機。

最重要的是，不斷按左圖所示，由各方面加以判斷及檢討。

比如：商品雖然好，但面積太大或規模雖大、容納人數卻太少等、檢討每一計畫，再由營運角度：投資金額方面配合修正，如此循環檢討後，反映於計畫。有時因受到某些條件的限制，無法盡善盡美，必須容忍，不過容忍到某程度，就得靠判斷，而這個判斷就依據詳盡的調查、、分析結果。

投資過大，並非良策，但投資過小，也會有悔不當初的情況發生，必須愼重選擇。

（丙）融資、計畫具體化、準備階段

將構想，方針圖面化，不斷加以檢討、修正完成後即撰寫建設計畫書，作爲今後經營的基準，並據以開始資金的調度。須知，即使有最完整的計畫，如果沒有充足的資金，即等於紙上談兵。這個期間，一般設爲五個月，但實際上，也許會拖延至六個月甚至於一年。

資金調度的關鍵，在於如何說服金融機構。故必須要有完善的建設計畫書。

建設計畫書內容至少應包括：

㈠設備投資的理由。
㈡設備內容說明、面積、項目。
㈢建設所需資金明細與調度方法。
㈣建設後之收支預測。
㈤長期經營計畫（十年）。
㈥過去實績、各種分析資料。
㈦圖面。

總之，要含蓋過去檢討的結果，其中較成問題的，過去的實績與新計畫間的差異，以及住用率設計與消費單價的決定。故必須檢附足以說服金融機構的完整資料，尤其是要具備完善的計畫，及經營者堅定的信心與誠懇的態度。

另一方面，就最後決定的平面圖，再度確認其面積分配、配置及動線等，檢討細節後，作爲實施設計的準備階段。

整體及各部形象與細節

㈠藝術設計、氣氛、等級。

㈡電氣、照明、開關、電視、電話、舞臺。

㈢設備、節約能源對策、特殊設備。

㈣後臺部門：辦公室、廚房、倉庫、餐具室、員工使用部門。

其他傢俱、器具、館內標示公共場所命名等，必須與整體的形象，格調及等級互相密切配合加以處理。

（丁）實施階段

一旦融資確定有了著落，即可開始實施設計。

Ⓐ實施設計：

以人工作業爲主，約需三個月，無法再予縮短。實施設計完成後，必須聽取詳盡的圖面說明。目的在於確認過去所檢討的各種事項，是否完全在圖面上一一顯示出來，否則往往在興建完成後，才發覺與原來的構想不符，此時已無法補救。

Ⓑ業者的選擇：

在提出有關機關申核准前，就要選定業者，然後簽定合約，規定工程期限、支付條件及業務範圍等，尤應特別限制工程期限及完工後的維護事宜。

二、開工至開業階段

第一階段是由無生有較困難的一個階段，故期限可有緩衝的餘地。但這個階段必須嚴格控制，因爲在這期間，必須處理有關開業所需要的一切業務，所以工作內容更加詳細與複雜。尤應特別注意，一面檢討「總合計畫表」，另一方面又要檢討「建設所需資金」及「支付計畫表」，工作相當繁重。

㈠業務內容與進度

(A)建築部份：

建築期間，視規模大小與困難程度，雖然有所不同，但一般需要一年，其中架設，土木工程，基礎約一百二十天軀體約一百五十天。修整、完工一百天。

經營者，如只顧到工程，就無法進行其他業務，所以必須將工程委任設計者負責處理，不過雙方要定期檢討、追蹤進度、修正、調整並作成書面記錄，同時，更要檢討其附屬設備，如電話、廚房、特殊設備等。

(B)器具、備品：

先決定數量、配置、配合整體的形象，格調及等級予以設計，並索取比價單，作成比較表，再與業者商討議價，然後發包。大部份的器具與備品應在工程進行的中段期完成發包。

㈡營運方針

這個階段需將所有的方針具體化，比如要不要提供房內餐飲服務？方法又如何？人員如何安排？以及帳單的設計等等。諸如此類，應在工程期的前半段作檢討而在後半段就要具體化。

㈢業務推廣

開業的成功與否？完全有賴業務推廣進行如何而定。大體上說，工程進行的前半段，屬於辦理公共關係的期間，而後半段就要全力以赴，作好業務推廣工作。該項工作的成敗直接影響開業後初年度的營業狀況與收入至鉅。開工後再來檢討有關企畫已經太晚，應在計畫準備階段就要研擬企畫，推廣的方法。一旦開工就應將企畫案具體化。總之，在工程進行的前半段，先處理器具與備品，而在後半段就應專心傾力於業務推廣工作。

至於建設所需資金及支付計畫，應經常核對當初的預算，因為設備投資，稍有疏忽，往往會超出預算甚鉅。

三、結論

旅館投資鉅大，但回收緩慢，又須不斷提高服務品質、耗資更新設備，以維國家信譽與國際水準。加之，成本負擔沈重，因此興建旅館前應愼重考慮其先決原則：㈠是否適應當前社會之需要。㈡是否有妥善的財務計畫。㈢地點是否適中。㈣是否有明確的經營目標與政策。㈤是否有現代化的建築設計及健全的組織。必須根據調查內外各種相關因素後，認為可行，才可以著手興建。

同時，經營者，除了具備優越的經濟頭腦，豐富的經驗外，觀念的革新、新知的吸收、現況的改良，更是必備的理念。

旅館機能圖

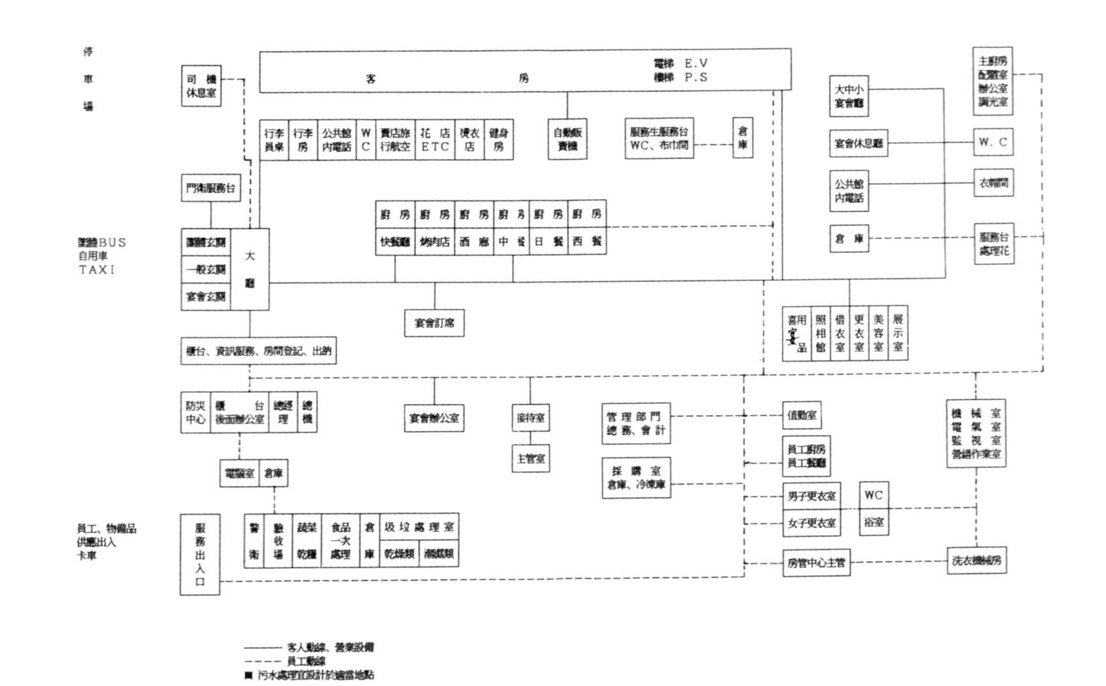

停車場
團體BUS
自用車
TAXI
員工、物備品
供應出入
卡車
司機休息室
客房
電梯 E.V
樓梯 P.S
行李員桌
行李房
公共館內電話
WC
賣店旅行航空
花店 ETC
燙衣店
健身房
自動販賣機
服務生服務台 WC、布巾間
倉庫
門衛服務台
團體玄關
一般玄關
宴會玄關
大廳
廚房
快餐廳
烤肉店
酒廊
中餐
日餐
西餐
宴會訂席
櫃台、資訊服務、房間登記、出納
防災中心
櫃台後面辦公室
總經理
總機
宴會辦公室
接待室
主管室
管理部門 總務、會計
採購室 倉庫、冷凍庫
電腦室
倉庫
警衛
驗收場
蔬菜乾糧
食品一次處理
倉庫
垃圾處理室
乾燥類
潮濕類
服務出入口
大中小宴會廳
宴會休息廳
公共館內電話
倉庫
主廚房 配膳室 辦公室 洗光室
W. C
衣帽間
服務台 處理花
喜用品
照相館
借衣室
更衣室
美容室
展示室
值勤室
員工廚房 員工餐廳
男子更衣室
女子更衣室
WC
浴室
房管中心主管
機械室 電氣室 監視室 營繕作業室
洗衣機械房
客人動線、營業設備
員工動線
■ 污水處理宜設計於適當地點

第八節　旅館行銷的新方向

今天的世界是個變化無窮，動盪不定的時代。自然環境在變動，世局在劇烈的演變，無論是經濟結構，思想觀念或社會制度，一切都在變，連我們本身也在求變。

我們面對著這種變化多端，錯綜複雜的環境，必須冷靜下來，找尋一個正確的經營方向，所以要研究「市場行銷（MARKETING）」。因爲它告訴我們：WHERE TO GO？WHAT TO DO？正如雪萊頓大飯店的董事長曾經說過：一個成功的經營者，在英國要懂得財務管理，在德國要知道生產管理，但在美國就得研究市場行銷了。

二

我們先從市場行銷的觀點來看經濟發展的經過。自工業革命之後，可分爲四個階段：

第一個階段就是生產導向的階段，也就是生產只關心如何增加產量，並沒有考慮其銷路。

第二個階段是財務導向，管理者認爲只要將產業與財務密切配合，就可獲利。

第三個階段是銷售導向，因爲大量生產的結果，不得不講究如何去推銷。

今天經營者才發覺以上這些都是行不通的。企業要眞正地獲利，必須製造滿足消費所需要的產品，那就必須研究行銷管理。因爲銷售，只是單行道，行銷是雙軌道。先調查消費者需要什麼，然後去製造他們所需的產品，一切活動，應以滿足消費者爲出發點。

目前工業國家都已經邁入社會導向的階段，就是重視如何防止觀光污染，及保護觀光客的安全與權利。然而反觀我們，卻仍然停留在銷售的時代。這一點，可從我們的經營者，不了解市場的實況與需求，或盲目投資經營旅館以致於旅館過剩，而到處殺價，形成旅館的戰國時代等現況可以證明。

我們要知道，出售產品的四個要素是：

(1)產品本身。

(2)價格結構。

(3)銷售路線。

(4)推廣策略。

但今天我們的產品並沒有創新，沒有特色，又沒有個性，所以失去了吸引力。我們的價格，沒有經過分析、調查，所以到處殺價。我們的銷售市場，百分之六十限於日本市場，至於推廣策略，看看我們的旅館有幾家在國際上建立，他們的信譽，知名度及形象？

那麼我們應該怎麼辦？市場行銷就是告訴我們往那一方向走，並且應該怎麼做。

讓我們回憶一下，旅館商品內容演變的經過吧。

在六〇年代時，五〇〇間旅館算是大型的，他們的商品是：

（A）ATMOSPHERE（氣氛）。

（B）BED（客房）。

（C）COFFEE（餐飲）。

但是到了七〇年代，一千間的才能算是大型的旅館，他們商品的內容，更加充實、豐富、多采多姿。

那就是：

（A）ATTRACTION（吸引力）。

（B）BUSINESS CENTER（商業中心）

（C）CONVENTION（國際會議）。

然而進入八〇年代時，其內容又有了一大改變與創新。即：

（A）ACTION（行動）。

（B）BOOMING CITY（旅館變成了新興的都市）。

（C）COMMUNITY CENTER（地區、社會的活動中心）

而房間數量要有一千五百間的才能屬於大型旅館。

九〇年代將成爲：

（A）ACTIVITY SOCIETY 活動的社會

（B）BLOOMING PARADISE 繽紛的樂園

（C）COMMUNICATION WORLD 資訊的世界

再看看旅行的形態。五〇年代是屬於批發商及暴發戶的旅行客。六十年代則是招待旅行的團體。七十年代則是一般性的旅行團。然而八十年代又成爲青年的一代及商業兼觀光的時代。也就是說：從五十年代的大衆化旅行經過六十年代的集中化旅行以致於七十年代的遠程化觀光，今日已堂堂進入多樣化旅行的全民觀光時代了。

另一方面我們也可從太平洋旅遊年會所標榜的主題不難看出旅行的演變。即：

五十年代的口號爲：SELLING TOURISM（推廣觀光事業）。

六十年代的：MAKE TOURIST SATISFIED（如何使觀光客滿意）。

七十年代的：EXPLOIT THE UNIQUENESS（發現特色）。

八十年代的：CONSUMER THE ONLY PERSON WHO REALLY MATTERS（消費者是惟一値得我們所關心的，即消費者重視價值觀與個性化）。

九十年代的：GOING GLOBAL（走向地球）代表全球性觀光時代的來臨。

由以上的引證，可以將目前旅館市場所面臨的課題歸納爲五個「C」來代表，那就是：

一、旅館市場多樣化（COMBINATION）
二、旅館建築個性化（CHARACTER）
三、旅館經營連鎖化（CHAIN）
四、旅館管理電腦化（COMPUTER）
五、旅館競爭激烈化（COMPETITION）

因此，我們的市場行銷重點，應該是：

一、採取個性化的戰略：由自己旅館的環境、立地、建築、餐飲、價格、服務及其他方面去建立本身的特色與個性。
二、重視無形價值（INVISIBLE VALUE）的提供。如知名度、等級、氣氛、信譽、格調以及形象等等。
三、加强對旅行社，航空公司的對策，採取聯合推廣業務的策略。
四、內部的管理應該考慮本身的規模及體質，簡化組織，加强員工訓練與管理、作業電腦化，並研究如何節省開支，控制成本。
五、尤其應該特別要留意外部環境的變化。如能源危機、觀光污染等之嚴重性。

三

總之，顧客所追求的是眞正具有價值觀，滿意感及强烈個性化的商品，亦即品質與價值的競爭時代，所以如何提高我們的價值及品質是我們大家共同努力以赴的目標與責任。但我們旅館經營永不變的哲學是：以保護旅客的生命、財產的安全與權利爲大前提，以誠懇的服務精神，提供最高品質的商品，使顧客賓至如歸。

分析自己的商品特色，以爲市場定位。

What amI？ ______________________________

-resort

-hotel

-inn

-hotel-condominium

-motel

How large amI？ ______________________________

-number of guestrooms, types

-number of guests I can accommodate

-number of restaurant seats

-meeting space availability, banquet rooms, exhibit area

-how many guestrooms can be assigned to group business

Where am Ilocated？ ______________________________

-distance to airport, downtown, other modes of transportation

-distance to industrial centers, major attractions

-by what highways do my customers arrive

-how large is the city

-how large are neighboring cities

-closest competitors： names, distances, and number of rooms

How established is my business？ ______________________________

-What percent is repeat

-What is my image in the community

-What is my position in the marketplace

-What months, days, and hours is my business best

-how much is referral business

-What upcoming changes might affect my business

-is business seasonal

In what condition are my facilities？ ______________________________

-age： old and run-down or modern and clean

-condition of exterior, main entrance, parking area, grounds, lobby
-condition of guestrooms, hallways, public space, recreation areas
-how much is spent on maintenance and repairs
-condition of furnishings, mattresses, linen, audiovisual equipment

What recreational facilities are offered? ______________________

-golf course, swimming, lawn sports, boating, skiing, tennis
-what facilities are nearby
-what new facilities might be considered
-historic, scenic, and amusement attractions in the area
-what is the atmosphere-quiet, ritzy, fast-moving
-what natural advantages do I have, artificial attractions, unique features

How good are my restaurant and lounge? ______________________

-menu, specialties, food quantity, coffee, salads, soups
-decor, glassware, china, silver
-quality-and quantity-control procedures
-am I using the right-sized glasses： wine, rock, highball
-how good is competitions food, entertainment, service

How service-minded are my employees? ______________________

-front desk, cashiers, room attendants, servers
-how many complaints and compliments, and their frequency
-employee relations, employee training, suggestion box
-organizational structure： each employee with one boss

What conference and meeting facilities do I offer? ______________

-What is the ideal-sized group, what is the maximum-sized group
-meeting equipment available： tables, chairs, audiovisual, risers, exhibits
-how many function rooms；how flexible are they
-outside services available： labor, ground handlers, audiovisual
-What overflow facilities are available for large groups

-how many meetings and／or food functions can be held concurrently
-are sound systems and lighting adequate

國際觀光旅館經營策略

	中型觀光旅館群	大型國際旅館群	中小型個人商務旅館	小型本國觀光旅館群
1.地點選擇	市中心／觀光名勝區	市中心／辦公商業區	市中心／辦公商業區	觀光名勝區
2.經營型態	獨立經營、自營連鎖	國際連鎖爲主	自營連鎖爲主	獨立、自營、國際
3.目標顧客	團體觀光旅客爲主	各類型旅客均接受	個人商務旅客	本國籍觀光旅客
4.營業重點	餐飲	客　房	客　房	客　房
5.定　價	中等價位	R：高價， F/B：中高價	中、高價位	中等價位
6.廣告促銷	專業旅遊雜誌 商業雜誌	人員推銷 直接信函 商業、專業旅遊雜誌	專業旅遊雜誌 商業旅遊雜誌	直接信函 商業雜誌 一般雜誌
7.客源通路 FIT	印發宣傳品、廣告、 人員推銷	人員推銷 廣告 國際訂房系統	人員推銷 國外的辦事處 刊登廣告	刊登廣告 直接郵寄信函 國內旅行社
GIT	國內旅行社、人員推銷、印發宣傳品	國內旅行社、國外旅遊機構、人員推銷	國內旅行社、人員推銷、國外旅遊機構	國內旅行社、刊登廣告
本國旅客	宣傳品廣告、人員推銷、旅館本身知名度	人員推銷、旅館本身知名度、廣告	刊登廣告、旅館本身知名度、人員推銷	刊登廣告、國內旅行社、人員推銷
8.旺季因應措施	僱用臨時工作人員 延長員工工作時間	僱用臨時工作人員 延長員工工作時間 安排至其他旅館	僱用臨時工作人員 延長員工工作時間	僱用臨時工作人員 延長員工工作時間
9.淡季因應措施	人員到外做宣傳推廣 降價、打折促銷 推出各項促銷活動	推出各項促銷活動 人員到外做宣傳推廣	降價、打折促銷 人員到外做宣傳推廣 推出各項促銷活動	人員到外做宣傳推廣 降價打折、促銷活動、提供額外的服務

第九節　旅館經營的六大病源

現代的旅館爲配合市場的需要與時代的潮流，規模日漸龐大，組織日形複雜，經營趨向連鎖化，而且設備廣泛化，機能更爲多樣化，可謂包羅萬象，多采多姿的一種綜合性大企業。

爲達成預期的經營成效與建全的發展，首要建立一套完整的管理制度。

根據美國國際旅館管理公司董事長柯福曼在其論述中曾明確表示，目前經營旅館最普遍存在的病態有六種，而且通常不易爲人所發覺，卻不斷威脅旅館的生存。其最主要原因是沒有一套完整的管理制度。

本文想根據上述六種病態，來討論台灣目前旅館經營所面臨的缺點，期能有所改善。

一、設計不當：㈠重要場所配置錯誤，㈡公共設施未臻完善，㈢後勤單位空間狹小，㈣內外裝璜粗俗呆板。

須知一家旅館的硬體設備不但能直接影響未來經營的方針而且反映出旅館本身的格調。應請專家研究配置。如客房部門與公共部門的分離，顧客與員工動線的分隔、住客、外客、員工與搬運物品動線的隔離等。許多旅館在開業後才發覺辦公室、倉庫、停車位、洗手間以及公共服務設備之不足。又如大廳中，堆滿團體客的行李，使交通紛亂，妨礙觀瞻。尤其是大廳的設計無法反映本身與當地文化色彩，甚爲可惜。

有關內外裝璜，應先深入調查市場動向，地區特性，立地條件及經營內容再作基本設計。其中應特別注意顧客消費型態之演變，休閒活動之趨勢及觀光旅遊之動態。

餐飲設備重視廚房佈置中貨物輸送與工作人員之通道，服務動線、廚房作業與倉庫間的聯絡，以便嚴密控制餐飲成本。餐廳佈置與設計更應注意燈光照明所表現的氣氛，而地毯不用又單調又不易保養的素色者。

大門的招牌是旅館的形象，應配合旅館的命名、特色、由來、特殊含義及美觀吸引的原則、精細設計。

二、管理不善：㈠無計劃，㈡無組織，㈢無訓練，㈣無目標，㈤無控制。

管理是要集合衆人的力量達成共同的目標，爲此，須先有健全的組織，讓每一員工知道組織系統表、工作劃分表、標準的作業程序表，以便溝通、激勵，並予指導協助，然後測定結果加以評價與管制。

現代旅館的組織特色是單純化。分工化及標準化。更重要的是主管應隨時注意培養優秀的員工，以身作則，鼓勵促進革新並予賞罰分明。

一般旅館在開業前雖極重視職前訓練，然而卻忽略營業後的在職訓練，並缺少完整的訓練計劃與預算。目前應特別加強西餐的技術訓練，如烹飪、衛生管理、成本分析、商品計劃及有創意性的推廣人材。爲提高服務品質，紀律訓練更是不可輕視，以養成他們對社會的責任感、榮譽感及使命感。

三、業務不振：㈠客房利用率低落，㈡餐飲營業清淡，㈢其他營業部門日漸消沈。

應有一套市場開發計劃，成立市場行銷專設部門，專責推廣業務，但須有充份的授權，經費及人材，擬定銷售計劃，包括國外、國內以及店內與當地的計劃在內。尤應指定國際性旅館經銷代表及國內外之廣告代理商。積極爭取國際會議及宴會，並經常派員出國推廣或參加國際性、區域性之研習會，既能爭取觀光客又可促進國民外交。

在館內建立良好的客房與餐飲銷售及顧客檔案資料，以便加强售後服務及改進設備與菜色內容之參考。更應確立獨特供餐與服務之特色並不斷研究如何增加服務項目，以提高品質與充實設備內容。如商務、公務、旅遊、觀光、體育、文化、產業、娛樂休閒等服務項目，以爭取餐飲業務。

同業間應聯合起來共同參加國外推廣活動，提高當地的觀光知名度與吸引力，樹立地方之形象，然後爭取觀光客利用本身的旅館。

四、行政混亂：㈠分層負責無法實施，㈡逐級授權難予實現，㈢規章法令雜亂無章，㈢指揮系統趨於癱瘓。

運用組織最重要的原則是㈠命令與報告系統必須一線化，㈡監督範圍必須明確化，㈢各人分配工作不可重覆，㈣權責要分明，㈤賞罰要澈底，㈥管轄人數要有幅度。在實行時老板必須完全信賴主管，賦予全責，否則員工無所適從，工作無法推動，自然影響工作效率，降低服務品質。因爲分層負責不明確，指揮系統不貫澈，就容易造成本位主義，各自爲政之局面，旣無法團結合作，就無法協力達成共同之目標。

同時，應建立健全的人事制度，設立員工各別詳細資料，加强訓練及參加各種研習會。特別重視升遷制度與福利措施並加强改善員工與公司的公共關係。除外，應設置各種委員會讓員工積極參與開會，集思廣益，作爲改進之參考。

旅館雖訂定許多法令規章，且有精美的員工手册，因不切實際，不適合時代需要，而主管本身，又不以身作則勵行，員工只有陽奉陰違。

五、保養不良：㈠升降設備屢見故障，㈡音響設備效果不佳，㈢冷熱水供應運轉失靈，㈣空調系統與電氣系統故障。

旅館之養護計劃包括㈠例行性的養護，㈡緊急性的修護。但最重要的應爲養護預防計劃及養護人員之訓練與儲備。

許多旅館因無健全的組織，且無所謂定期保養計劃，所以工作效率甚低，安全無法確保。應早日建立工務養護預防計劃，培養技術人員，更新機械設備。尤應研究如何節　省能源，以降低費用，平時就要訓練停機、停電、停水、水災、火災等意外事件或緊急處理之安全措施，以便維護旅客生命財物之安全及旅館本身之信譽，並定期保荐技術人員參加各種技術講習。

六、財務不佳，㈠支出泛濫費用龐大，㈡評估不易，預算崩潰，㈢會計制度不易建立，㈣資金收回難以預估。

觀光旅館投資鉅大，但回收緩慢，又須不斷提高服務品質，耗資更新設備，以維國家信譽與國際水準。

加之成本負擔極重，如高稅率之房屋稅、地價稅、營業稅及繼續上漲的薪資、利息等負荷更重。

因此，興建旅館前應愼重考慮其先決原則：㈠是否適應當前社會之需要，㈡是否有妥善的財務計劃，㈢地點是否適中，㈣是否有明確的經營目標與政策，以及㈤是否有現代化的建築設計及健全的組織。據以調查分析內外各種相關因素後，認爲可行時，才可以著手興建。其中財務計劃佔著極重要的地位。

爲實施完善的財務分析，應先確立健全的會計制度及有關單位之報表，據以分析並判斷財務狀況及經營實績。更應重視投資分析，經營分析，比較分析及成本分析。還要有良好的收支制度及稽核制度。

在企業管理制度中，以實施預算控制較能收到功效。能使各部門員工依照目標進行計算出實績與目標之差額，並能提供改善的意見。這種制度普遍被採用，因爲具有增加收入與控制開支的雙重功用。

另外，可定期召開主管級會議：如經營分析簡報，應收帳款管制簡報等以便不斷改進。

本省在民國六十二年至七十一年間由於經營不善，管理不當而關門倒閉之旅館竟有二十家之多。由此可見要經營旅館是一項無上的挑戰。經營者除必須具備優越的經濟頭腦，豐富的經驗等條件外，觀念的革新，新知的吸收，現況的改良更是經營者必備的理念。

九十年代的旅館經營惟有依賴其服務品質的高低，硬體設備的機能及經營管理的良窳來取勝！

第十節　觀光旅館的評鑑工作

由觀光局聘請觀光業代表專家學者多人並請政府有關機關派員，經將近五個月的時間所作的國際觀光旅館等級區分評鑑結果，已由交通部於七十二年八月五日核定，參加評鑑的國際觀光旅館包括台北市圓山飯店等卅八家中，有台北來來大飯店等十八家合乎五朵梅花的標準，台北市三普大飯店等十五家合乎四朵梅花的標準，由觀光局分別頒發梅花標誌。

觀光局對處理本省國際觀光旅館的評鑑工作極爲愼重，除邀請觀光業代表包含東南旅行社何副董事長是耕、台灣中國旅行社黃經理淳、福華大飯店顧總經理勝鐘、觀光局顧問國際觀光旅館專家張志雷先生、專家學者中計有，東吳大學黃教授燦堂、文化大學詹教授益政、台北工專王教授大閎及美企業公司總經理洪嘉平先生等之外並有行政院衛生署、台灣警備總司令部、省、市觀光建管、消防、衛生機關，及交通部路政司及觀光局等機關的代表。評鑑項目共五十三項，分由建築設計及設備管理、室內設計及裝璜、建築管理及防火防空避難設施、衛生設備及管理、一般經營管理、觀光保防措施等六組執行評鑑工作。

觀光局所訂的梅花標準爲超過九〇〇者爲五朵梅花，七〇〇分以上者爲四朵梅花，這些受評鑑的國際觀光旅館最高的得分一、一八〇•六分，最低者也超過六七二分，而等級間分數差距極少，表示業者在同等級間競爭極爲激烈，部份旅館爲爭取好的成績，不惜投斥鉅額的資金，加以全面整修。這次的評鑑工作，對觀光旅館的管理與服務品質的提升有著重大的意義。

茲誌經評定爲五朵梅花及四朵梅花的國際觀光旅館名單如后：

一、獲頒五朵梅花國際觀光旅館——

台北來來大館店、台北圓山大飯店、高雄國賓大飯店、台北國賓大飯店、台北亞都大飯店、台北希爾頓大飯店、高雄華王大飯店、台中全國大飯店、台北統一大飯店、高雄圓山大飯店、花蓮中信大飯店、台北兄弟大飯店、台北美麗華大飯店、桃園桃園大飯店、高雄華園大飯店、台北華泰大飯店、台北財神酒店、台北中泰賓館。

二、獲頒四朵梅花國際觀光旅館——

台北三普大飯店、台北三德大飯店、高雄名人大飯店、日月潭大飯店、嘉義嘉南大飯店、花蓮統帥大飯店、台北國聯大飯店、台北世紀大飯店、花蓮亞士都大飯店、台北康華大飯店、高雄皇統大飯店、高雄帝王大飯店、台北嘉年華大飯店、陽明山中國大飯店、台中敬華大飯店。

三、不合國際觀光標準的國際觀光旅館

台北國王大飯店、台南台南大飯店、桃園南華大飯店、台北美琪大飯店。

旋後於七十三年六月又評鑑五家五朵梅花之國際觀光旅館：環亞、富都、老爺、福華及華國。至第二次國際觀光旅館等級評鑑於七十六年二月二十五日公佈結果五朵梅花二十二家，四朵梅花共十六家。

觀光局所頒定之「觀光旅館等級區分評鑑標準」於民國七十二年開始實施，在七十五年做過修訂。七十九年七月又召開會議研討如何修改，期能作的更完美。

因爲我國觀光旅館業管理規則與觀光旅館評鑑制度實施以來，由於技術上與法令上之限制，及投資環境之變化導致現行評鑑制度與所訂評鑑標準，對於今後之評鑑工作與觀光旅館之輔導管理能否妥當配合，實有重新檢討及修訂之必要。

美國汽車協會（AAA）評鑑旅館是根據下列十一項目：

一、外觀　二、管理組織及員工　三、客房維修狀況

四、房內裝璜　五、全館維護工作　六、客房設備

七、安全設施　八、浴室設備及維護　九、停車空間

十、顧客服務項目及設備　土、隔音設施

每年評鑑後將結果編成專刊供消費者參考。

來來大飯店組織系統表

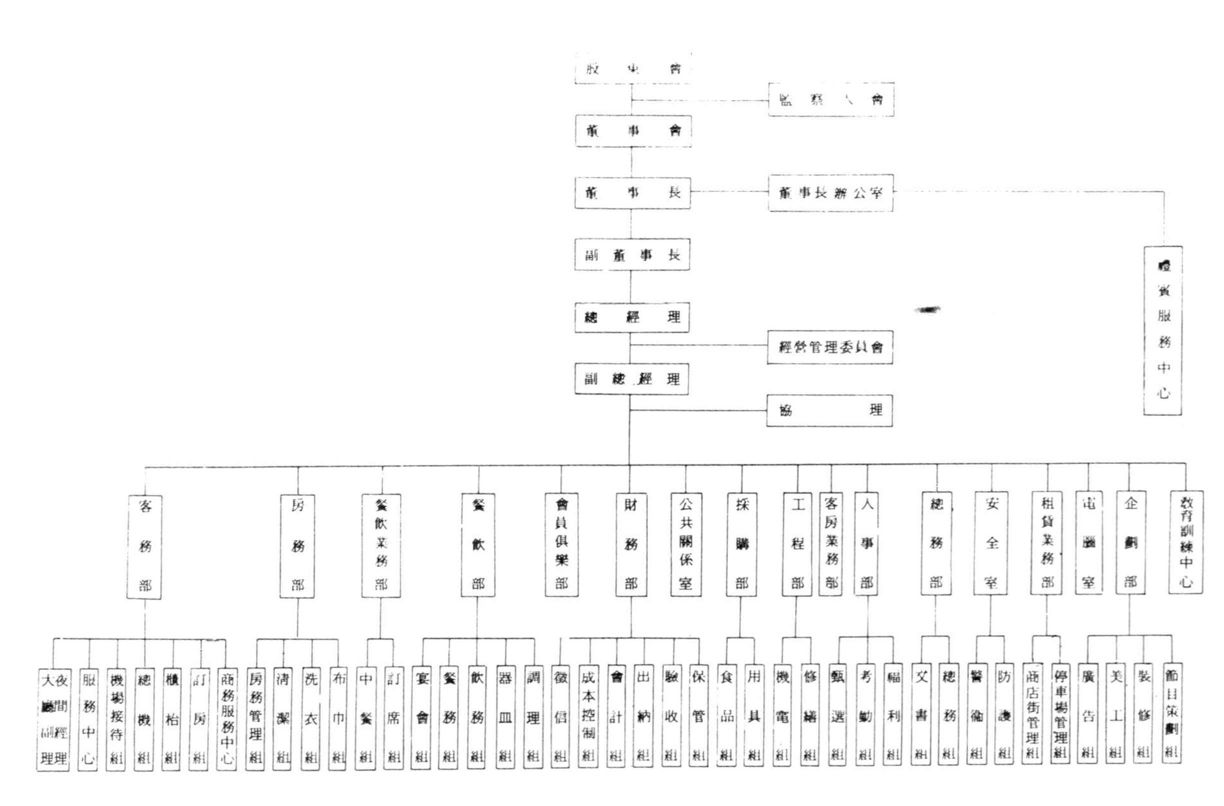

股東會
監察人會
董事會
董事長
董事長辦公室
禮賓服務中心
副董事長
總經理
經營管理委員會
副總經理
協理
客務部
大廳副理
夜間經理
服務中心
機場接待組
總機組
櫃枱組
訂房組
商務服務中心
房務部
房務管理組
清潔組
洗衣組
布巾組
餐飲業務部
中餐組
訂席組
餐飲部
宴會組
餐務組
飲務組
器皿組
調理組
會員俱樂部
財務部
徵信組
成本控制組
會計組
出納組
驗收組
保管組
公共關係室
採購部
食品組
用具組
工程部
機電組
修繕組
客房業務部
人事部
甄選組
考勤組
福利組
總務部
文書組
總務組
安全室
警備組
防護組
租賃業務部
商店街管理組
停車場管理組
電腦室
企劃部
廣告組
美工組
裝修組
節目策劃組
教育訓練中心

旅館會計事務流程圖

THE FLOW CHART OF HOTEL BUSINESS

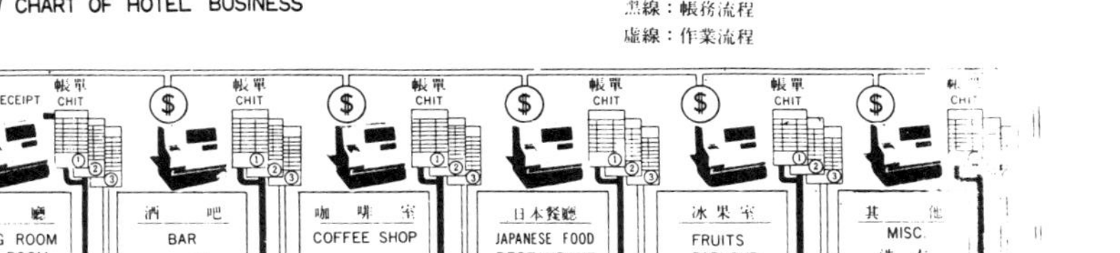

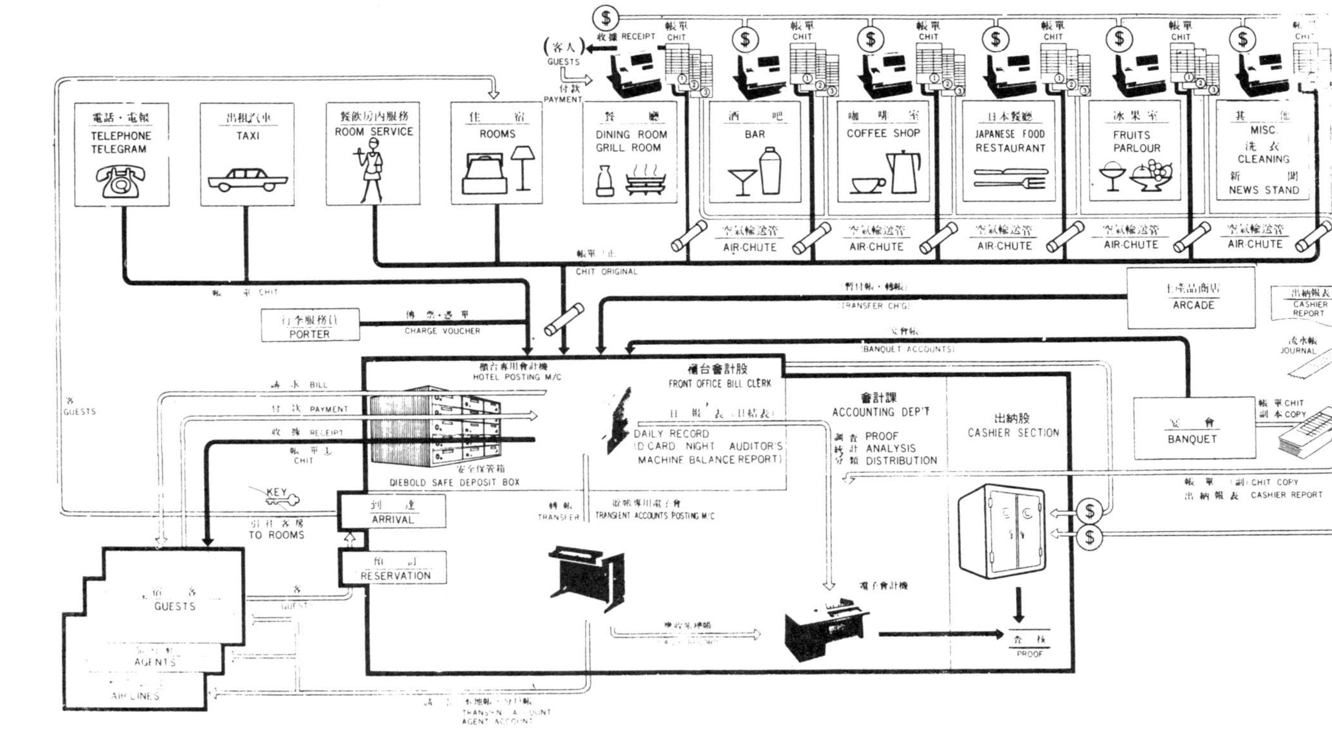

第十八章　設備工程保養

本部門之重要性有如人體的血液或神經系統，因爲平常不爲外人所看，所以很容易被人忽視。這是保養及管理旅館內設備與設施的重要部門，旅館內之電氣、電訊、鍋爐、水管、冷氣、冷凍、播音、裝璜營繕及各種機械設備，都有專門技術人員依據各旅館之作業規範從事操作、檢查與保養，而且必須逐日塡報保養記錄，如任何機械設備發生故障，應即關閉電源停止操作，隨即通知工務部門派員搶修，儘快修復操作。尤在施工時間，應與各單位協調以免妨礙營業。

第一節　灰塵處理

旅館內所發生的灰塵，其經過路線有三種：

㈠經由大門進來的：由客人的鞋或附著衣服者最多。

㈡經由窗門進來的：與外面的空氣一起吹入，浮遊在空氣中。

㈢客房內及建築物內部發生的：由香煙的殘滓及衣服所發生的。

灰塵有兩種，一種叫做加速灰塵，因加速經常往下面掉落的。另一種叫做定速灰塵，是以一定速度緩慢落下來的。後者，如使用掃帚清掃它們會在空中飛舞，然後經過一段時間就會落下。怎樣清除這些定速灰塵呢？就須使用吸塵網AIR FILTER。大家都知道，凡是具備空調機的旅館，都使用吸塵網。但實際上，這種吸塵也有問題，因爲調節空氣時，經常要從外部吸入一定量的新鮮空氣，其比例通常是百分之十到二十。但都市中，即使是新鮮的空氣，其中必混有許多雜塵在內，所以即使利用吸塵網拼命清除，房間的空氣吸入口也必積聚厚塵。

要知道吸塵的目的是：㈠使人舒目快適；㈡保持衛生；㈢保護空氣調節機械之耐久性；㈣維護建築物、雜器、備品、商品的價値。

清掃的種類有二種，第一種分類是按清掃的方法細分爲㈠日常清掃及㈡定期清掃，應以兩種相互配合應用爲宜。另一種分法是㈠本飯店自行清掃㈡委託專業外商來承擔。何者爲宜，須視公司的財務情況、規模、及政策而定，不得一概而論。但最近有很多飯店都委託外面的專業人員清掃。其利點如下：

㈠簡化了勞務管理的繁雜性。

㈡因作業專門化、機械化、效率自然提高。

㈢作業責任分明。

㈣減少經費負擔。

㈤因業者之競爭，價格低廉。

第二節　電力設備

一、電力之供應

一個較具規模的大飯店，其耗用電力之大實不低於一個大規模的生產工廠。本省國際觀光大飯店的動力均由台灣電力公司供應二二、〇〇〇伏特（V）的電源至大樓裏之後，再以變壓器降至三、三〇〇V、四四

〇V、二二〇V、及一一〇V等電壓輸供各種不同的機器設備使用。如圖

二、强電設備

何謂强電、弱電簡單的分別來說就是一一〇V以上爲强電，一一〇V以下爲弱電。只要看看旅館的地下室，就可以明瞭那裏有發電機、變電設備，或緊急照明用蓄電池等設備。單以馬達就有高壓馬達、低壓馬達、空調馬達、冷凍馬達，眞是樣樣齊備。再以照明爲例，有屋內電燈、天井燈、誘導燈、床頭燈、屋外照明燈、水銀燈、水管燈、碘氣燈、霓虹燈等時常有新產品出現，不及一一列出。以下所列出强電重要設備供參

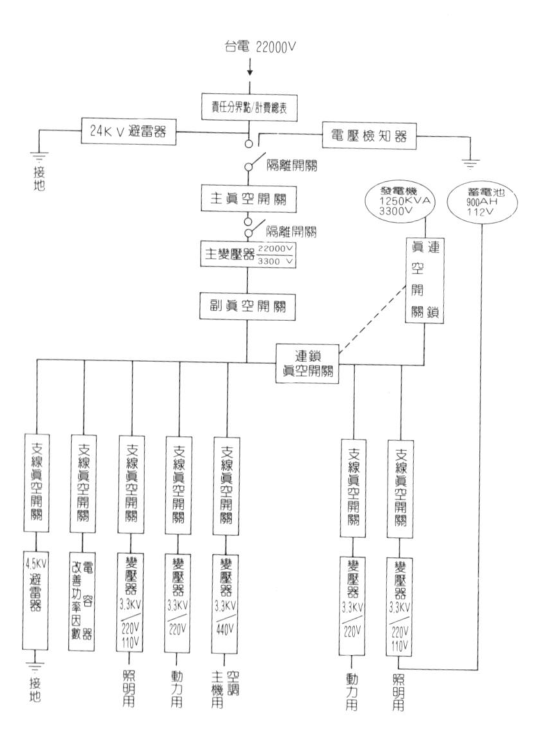

考。㈠特高壓盤；㈡高壓盤；㈢變壓器；㈣動力盤；㈣照明盤；㈥發電機設備；㈦電梯設備；㈧照明設備；㈨安全門燈設備；㈩蓄電池設備（緊急照明燈用）；㊀電動機設備；㊁緊急插座設備（消防用）；㊂自動門設備；自動控制系統等。

三、弱電設備

弱電設備也常常有新產品推出，以下所列出弱電設備供參考。㈠電話交換機系統；㈡客房指示器留言系統；㈢消防火災報知機系統；㈣音響系統；㈤氣送管系統；㈥安全門防盜系統；㈦電視天線系統；㈧監視閉路系統；㈨翻譯設備；㈩夜總會聲光控制設備；㊀停車場控制系統；㊁電腦用不斷電設備；㊂電話錄音設備；㊃電視等。

第三節　空調設備

無論春夏秋冬任何一個季節，當你進入設備優良之旅館時，你會感到舒適無比，這是因爲有空氣調節設備的關係。茲將最適合人體的空氣調節基準，列表供參考：

地點	季節	乾球溫度	相對濕度
屋外	夏天	三二℃	六五%~六八%
	冬天	五℃~一二℃	四〇%~五〇%
屋內	夏天	二三℃~二五℃	五〇%~五五%
	冬天	二〇℃~二二℃	五〇%

雖說是空氣調和，其實具下列種種作用：㈠冷卻、減濕作用即一般所說之冷氣；㈡加溫作用即一般所說之暖氣；㈢加濕作用：當溫度太低時可利用加濕管盤達到加濕之作用；㈣給熱（冷），再熱作用係專門針對

純外氣之調節設備；㈤換氣作用使空氣常保新鮮；㈥空氣淨化作用。

一般冷房系統最主要由①冰水主機；②主循環泵；③分區循環環泵；④空調箱；⑤冷卻水塔所組成，其配置如圖。

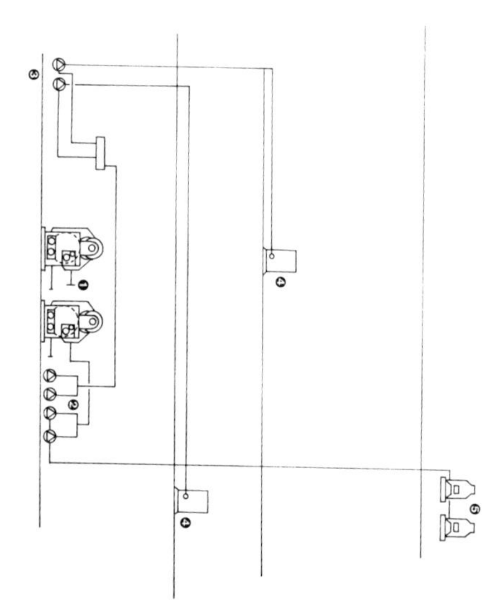

要把空調系統理想化，必須注意以下幾點：

㈠要知道客人對溫濕度之感覺因人而異。

㈡空調箱之鰭片以及空氣過濾器必須常保清潔。

㈢不得將障礙物放於室內回風、出風口或調溫器旁邊。

暖房之主要熱源來自鍋爐，一般鍋爐可分爲爐筒形、煙管式、水管式以及貫流式等，爲確保運轉安全起見，鍋爐之壓力、水位、水質以及燃燒情形都要有受過訓練之合格管理人員細心負責才可。

通風裝置亦爲大樓重要設備之一，諸如浴室、廚房、洗衣房等場所均不能缺少，一般係採用抽風機及送風機以促進通風及換風效果，廚房設備由於油膩必須處理乾淨，以免危險。

空調與通風系統設立之本意在使人體得到舒適，但往往由於機器與風管帶來之噪音，給人們不得安寧之煩惱，所以在設計與施工上對於防止噪音措施，乃屬重要課題之一。

第四節　給水排水設備

水也相當於旅館內的動脈或靜脈，應重視之。

一、給水系統

(一)自來水係由自來水廠處理妥善後，經市水幹管送入大樓地下蓄水池後，再抽唧至屋頂水箱分供全樓各系統使用。雖然水質已由水廠妥善處理，但由於輸送管道過程遙遠及大樓自備蓄水池之間接用水，頗易受外界污染之虞，故宜另作加强消毒處理之設施。

(二)熱水通常是由鍋爐產生蒸氣之後，再將蒸氣通到蒸水爐中的管內，以便加溫周圍的水，然後利用循環抽水機輸送各部門使用，管尾再接回熱水爐做循環，使其時常保持已定溫度。

(三)飲水普通使用自來水，再經過濾及活性碳脫臭。冰水則使用冰水機，其製造過程如下：由自來水經紫外線殺菌後過濾，再經活性碳脫臭，再進入冰水機降溫至四℃至六℃，再由循環抽水機送至各單位使用。如附圖

(四)井水乃由地下水資源採取，必須向有關當局合法申請得准後始可引取。應鑿引下層水源方爲上策，下

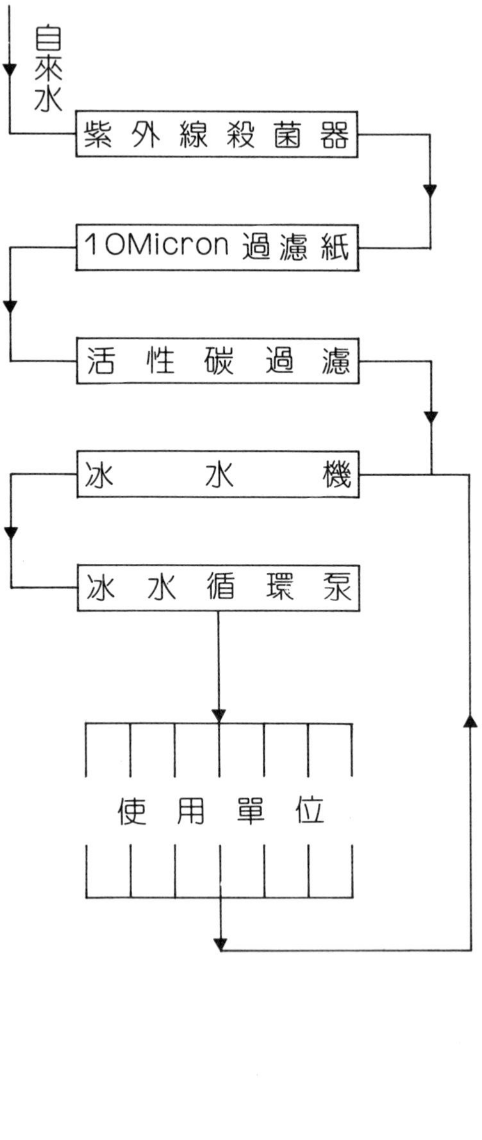

層水源隨地質地層而異，目前台北區一帶約距地面一八〇呎之下深度引取。深井抽取之原水，必須經過水處理後方可使用，以保持良好水質，並可避免給水管之堵塞或腐蝕情形之發生，一般地下水僅供應洗滌、冷卻，馬桶沖水，不得供應飲用。（如屬自來水供應範圍外，得專案申請准予飲用）一般井水處理設備主要過程如下：①原水（深井水）↑②沉沙池↑③氣曝裝置↑④快速過濾設備↑⑤消毒處理↑⑥清水池↑⑦抽唧各系統使用。

二、排水系統

大樓各種排水系統，須於設計與施工時，嚴格劃分清楚不可混淆使用，一般排水系統可分二大類：

㈠雨水排水系統——專供屋頂、陽台等雨水排洩之用。

㈡雜水排水系統——污物槽、便器等排水，並須作化糞槽及污水消毒處理設施，或設污水處理設備，避免影響公害污染。（尤其廚房排水時常被阻塞，爲防止被阻塞，應設施油渣分離槽（GREASE PIT）。

第五節　防火措施

旅館發生火災，應作下列的緊急措施：

㈠冷靜而鎮定地從事施救與撲滅。
㈡告訴電話接線員發生火災的處所，請她立刻轉告值班經理、館內防護團，及一一九消防隊。
㈢立刻使用旅館各部門懸掛的滅火器。
㈣安慰疏散旅客，勿過慌張，並幫助搬移貴重物品。
㈤一遇火災，應利用消防專用電梯開到樓下機器房，然後將搶救人員送到發生火災的地方。
㈥工務部主管應判斷火災的實況，配合外來的消防隊來協助救火。
㈦可以不必用水救火時，可先使用滅火器，以免損壞財物及設備。
㈧由經理和工務主管會商決定，如何保護旅館的財產及員工的生命。
㈧全體員工均準備待命，聽候分派救火救護工作。
㈩電話接線員要遵照經理和工務主管的指示，報告火警等事項。

第六節　預防保養的重要性

PM是PREVENTIVE MAINTENANCE簡寫，就是預防保養的意思。但近來卻擴展它的意義成爲PRO-

DUCTIVE MAINTENANCE也就是生產保養。

在事情尚未發生前，日常就加以預防保養，進而提高其生產性，就稱爲生產保養。對於旅館的保養應採取預防保養或事後保養，如何才能解決這些問題呢？實有賴於一套實際而可行的設備管理制度。「ＰＭ」的組織制度實例很多，但僅仿他人飯店的形式，並不能完全奏效，應該確實深入了解「ＰＭ」的想法和本質，設計創立適合於自己飯店的「ＰＭ」制度，始能奏事半功倍之效。由於近代機械工業的突飛猛進，如自動控制、電腦操作化等的迅速發展，使設備管理的工作遠較過去更顯得重要，才能使設備與機械運轉自如。

旅館內的設備均須細心保養。如停電、火災、地震等更須愼重處理。管理上最要緊的是：㈠加强日常定期檢查；㈡訓練良好的操作法；㈢設立緊急搶救班；㈣與特殊設備如電梯、電腦等製造廠取得密切連絡；㈤注意一般與緊急照明設備；㈥訓練迅速機敏的處理法；㈦消除顧客的恐懼心理。

第七節　工務部主管的職責

他負責工務部門員工僱用、記功、懲罰、解職等，他要有工務的知識和經驗，所有旅館的水電、燈光、升降機、鐘錶、收音機、冷氣、暖氣、蒸氣、鍋爐、洗衣機械、廚房機械、冷凍、電訊、營繕裝璜機件裝置不完善時，應即予改善。並包括各種機械的改進，制度的建立，須與層峯商議策劃。他除負責設計各種機器的圖樣和佈置外，並須經常保持下列各種記錄：

㈠鍋爐運轉記錄表。

㈡各機械修理保養登記卡。

㈢工具登記卡。

㈣鑰匙登記卡。

(五)水電、冷氣各管路圖。
(六)煤氣試驗卡。
(七)鍋爐檢查記錄。
(八)鍋爐保養記錄卡。
(九)材料登記卡。
(十)燃料登記卡。
㈠電梯運轉檢驗記錄。
㈡發電機運轉記錄。
㈢機房整潔記錄。
㈣水質處理記錄。
㈤蓄電池保養卡。
㈥消防設備定期測試記錄。

工務部的組織

- 工務主管
  - 文書、事務助理員
  - 營繕組主任
    - 裝潢、美工
    - 油漆匠
    - 水泥匠
    - 木匠
  - 維護組主任
    - 領班
      - 清潔員
      - 弱電技術員（24小時輪班制）
      - 機械維護技術員
  - 操作組主任
    - 電氣負責人兼領班
      - 給排水技術員
      - 強電技術員
      - 空調技術員

第十九章　服務品質管理

第一節　如何評鑑旅館的服務品質

臺灣的旅館業正邁向著國際性聯鎖經營的劃時代，展開著多采多姿的經營型態。處在目前變化多端競爭激烈的大時代之環境中，旅館業正面臨著新的挑戰與考驗。如何拓展新的市場、爭取更多的客源，如何加强內部管理，提高服務品質，樹立獨特的形象，以發揮其特色與風格並兼具社會化與個性化的功能，以滿足各種不同階層顧客的需求，才能繼續生存，進而達成對國家社會所負使命。因此，如何加强旅館的品質管理？以提高其服務水準與特色，實爲當前之急。

所謂旅館服務品質的管理是：

一、以符合顧客所需求的服務水準爲基礎。

二、設定旅館認爲最有利的品質爲目標。

三、以最經濟的手段與方法，將其見諸實施。

四、能使顧客在精神上及物質上均能得心滿意足，而達成服務社會爲最終目的。

旅館的服務行爲可分成三部份來說明：

一、精神上的服務　指針對顧客接待的態度與誠意。是屬於無形的精神服務，通常是以服務員之行爲來加以衡量的。

二、工作上的服務　是根據旅館的營業方針所提供的職務上必備知識或技能，即本身就俱備商品的價值，並以勞務的提供表現於外。

三、附帶性服務　是指除了上述二項之本體服務之外，如提供大廳或停車場給顧客免費使用等之服務而言。

換言之，構成旅館商品的要素有：

一、「物」的服務：屬有形的如建築物、設備及餐飲等。

二、「人」的服務：屬無形的如勞務、知識與技能等。

三、「資訊」的服務：如提供商務資訊、文化、經濟、生活、娛樂休閒、防災、防犯與衛生等。

以上這些服務，必須互相配合，相輔相成，才能構成一個綜合性的旅館商品價值，以便提供給顧客利用，並滿足他們的需求。

至於「旅館商品價值」所具備的特性爲：

一、無法在事前予以確認。

二、因爲屬於固定設備產業，除在該地外，無法享受其價值。

三、非在提供服務的當時，是無法加以評價的。

四、提供服務的同時，也就完成了消費行爲。

五、服務價值的判斷是由顧客本人的滿意度爲測定的依據，所以較爲主觀性。

如何評價服務品質

瞭解旅館商品價值的特性後，我們應分三個部份來探討如何評價旅館的服務品質。

㈠「物」對「人」的服務

1.設備功能的品質：

其品質管理的對象是建築物，設備及器具備品等的有形物品。因此，其重點在於如何提供安全性、方便性、高性能、選擇性、及舒適性的功能，以符合顧客的需求及滿足感。

2.餐飲功能的品質：

應特別强調材料的等級、新鮮度、冷熱度、形狀、色、香、味等的配合，在餐廳供應菜餚時，更須配合服務員的服務技術、態度、速度、室內裝璜、環境的氣氛與精緻美觀的餐具等因素在內。

3.附帶性服務商品的品質：

客房內所提供的信封、信紙、香皂、牙刷等顧客用品的質料、種類、範圍、及餐廳裏的餐具等品質均須細心選擇。所提供之報紙要顧及顧客之國籍及身份、職業等。

㈡「人」對「人」的服務

1.技能、勞務的品質如員工對顧客的接待技術與態度、烹飪作業、清潔工作、電話服務、商業秘書服務，以及行李員的服務等均屬之。

人的服務，應著重服務技術的水準及準時性。烹飪技術，則除按照作業標準細心烹飪外，更要加上商品的色、香、味等藝術美的感覺在內。接待服務則要看服務員的應對態度、說話的口氣、外語的能力，及爲人的品德來判定。

顧客層次也至爲複雜的，且每個人的需求各有不同，要對付衆多不特定的顧客，且要提供符合每個人不同動機的服務，確實很難設定一個標準。這就是爲什麼旅館必須提供多樣化及多變化的服務內容，以應個別化及差別化的顧客需要。然而，旅館一向强調對顧客的服務應該一視同仁，不可厚此薄彼。有所差別待遇。可是，如果提供個別化或差別化的服務，不就是違反了「一視同仁」的大原則？因此，旅館所能作到的：只有擴大服務的範圍與擴充服務的內容，以便讓顧客有更多的選擇機會。同時，對於特殊情況的特別要求，只能另設專職人員來負責應付，以期週到。

2. 知識及資訊服務

櫃檯接待員所提供給顧客的資訊服務或大廳副理對顧客的商業情報服務，最重要的是要看「質」與「量」是否精緻充實，尤其更須注意服務員的表情態度是否親切、誠懇，專業知識是否豐富，解說是否明瞭易懂，說話的技巧，服裝等因素均應列入評估之內。

㈢設備功能的服務

1. 機械系統的資訊服務

如果提供CATV，自動販賣機，旅館內通訊設備，交通資訊及商業資訊等服務時，其評價基準，則要看顧客的選擇之難易度、量、質、機械的性能及軟體的服務水準來判斷。不過，今後，旅館的競爭焦點，不僅在於所提供的硬體設備，與軟體的資訊服務，更重要的是要如何提供顧客更高一層的「顧問性」的服務，以創造更高一層的資訊價值及服務的特色。

2. 處理各種問題的品質

旅館的營業係以不特定的多數顧客為對象的，因此，應特別强調其安全措施的重要性。例如對於防災、防罪、防犯、衛生之維護以及對於意外事件的處理方法是否適當、適時、周全、圓滿及順利，同時，這也是旅館對社會所負的責任與使命，在處理時要特別愼重以赴。

除機械的設備外，處理這些問題的組織系統，方法，技巧與能力，在在都成為評價的必要條件。

以上概述了品質的評價方法。可見對於有形的評價，較為容易，但如何才能使無形的服務品質的評價，儘量能達到公平化，明確化，合理化及標準化呢？

評價的方向

對於無形的服務品質，可以採用左列的評估方法：

㈠事先分析那一種服務，才能使顧客感到滿足。

㈡收集顧客不滿的資料，加以分析，然後刪掉造成不滿意的原因。

㈢調查顧客再度來臨的資料，以便測定顧客固定化的原因。

㈣設計解決問題的「基準」，以減少顧客的抱怨。

如此，由顧客、管理者及員工三個不同的立場，作同樣項目的評價，然後，再以客觀的立場分析三者間的差異加以檢討、評價，作爲將來的參考。

尤其與顧客的雙向溝通是非常重要的。例如通常旅館均提供會議場所給公司行號舉辦大型會議，旅館希望能在會議中間休息的短短十五分鐘，讓參加會議者能對旅館的服務留下深刻的印象。因此幹部開會討論認爲最重要的三點是：

一、服務水準：即服務人員的動作要快，而且態度要好。

二、品質：茶、咖啡的冷熱度、點心要精緻。

三、用具：杯盤必須是高級、精緻品。

然而，他們對各大企業高級主管調查的結果卻發現他們的期望反而是：

一、洗手間是否能夠讓很多人同時使用。

二、會議場所附近是否有足夠的電訊設備。

三、附近是否有小空間，能讓一些三五好友聊天社交休息。

可見，不斷與顧客溝通，才能發現他們眞正的需求。

另一方面，也可藉助傳統所使用的評價方法，如：

一、顧客的意見調查表。

二、營業單位的業務日記及大廳副理的報告。
三、問卷調查。
四、與顧客面談、電話詢問。
五、臨時設計的意見調查項目表。
六、監視系統。
七、分析住房率。
八、分析餐廳的菜單，那一種菜餚最受歡迎。
九、檢查剩餘的菜餚，以便改進。

心理學的探究

服務品質的最終特性在於滿足顧客物質上，精神上的滿意感，因此，如何探知顧客的精神狀況，才是最大的關鍵。然而人們由於時間、地點、感情的不同，其行動與判斷也各有所差異，而且，顧客的意識與行動也往往有不同的表現，所以，在論及服務品質的評價時，除了應用品質管理技術之外，必須平時加强人際關係，也就是要由心理學的領域去研究探討，如研究顧客的生活意識，態度、利用動機、嗜好，及生活型態等，以期獲得更完善的評價資料。

希望業界及學術界今後能夠加强並研究開發心理學上的探討，不斷去發現顧客的眞正需求，並繼續充實服務內容，更新設備，加强員工訓練，尤應重視培養其敬業樂羣，服務至上的精神，建立服務基準與特色，以提高旅館的服務品質，創造更多的附加價值，使臺灣的旅館經營邁向國際化，現代化，個性化及多樣化發展，爲將來的旅館經營開闢新的紀元！

第二節　現代旅館新定位

一、前言

HOTEL，在十八世紀末，由法國以貴族型態，開始發展以來，歷經客棧，豪華旅館，及商務旅館，以至於今天的現代化旅館，甚至於國際化連鎖時代，旅館在人類日常生活領域中，已扮演著極爲重要的領導角色；更有進者，由於國內經濟的長足發展，交通工具的發達，都市人口的集中，國民所得激增，提高了生活水準與品質並增加了休閒的時間，使得人們與旅館的關係更趨密切。同時，由於我政府開明的開放政策，我們正向著國際化、民主化，及自由化的大道上邁進中，使得現代旅館對國民外交的推動，國際貿易的促進，社會經濟的繁榮，就業機會的增加，國民所得的提高，外匯收入的增長，文化教育的推廣，以及國民旅遊的提倡，等等對國家社會的貢獻，確曾有過輝煌的成果，展望將來，其前途更是燦爛無比！

然而，今後旅館的經營，規模日漸龐大，組織日形複雜，經營趨向國際連鎖化，設備更加廣泛化，機能更爲多樣化，因此，其競爭也越來越激烈，如何找到競爭點？如何提高工作效率，加强設備機能，創造附加價值，提高服務品質，掌握先機，重新定位，已成爲當前旅館經營者的一大課題。

二、都市旅館與都市的關係

都市旅館之所以能夠日見增加，到處林立，主要原因爲：

(一)都市人口的激增

由於經濟的快速成長，引起了產業結構的變化，從第一級產業轉入第二級產業，形成了都市人口的密集化，而今天我們的經濟結構又將邁入第三級產業的階段，使服務業成爲我們的主導產業。可見經濟的成長，帶來了大衆的消費社會，更促使國民在日常生活領域中，渴望著都市性及文化性的價值觀念與需求。

㈡交通工具的革新

交通工具的發達，促使移動更加迅速方便，而擴大了人們的行動圈及行動方式。因爲人類的移動，也就是代表著資訊與文化的移動與交流。因此，交通工具的進步，也促使觀光活動更爲突飛猛進，而觀光活動的進展又促進交通工具的改進，二者相得益彰，共同創下新的需求。

㈣資訊化的需求

由於資訊技術的革新，使都市與地方的距離更爲接近，並促使國民對事物的關心與需求，更爲均質化與多樣化。自然更擴大了消費市場的變化。

諸如上述各種需求因素的交互影響，都市旅館自然成爲都市文化的公共空間，或文化廣場。

旅館是能否被肯定爲貢獻地區社會或僅僅爲了營利目的而存在。換言之，都市旅館的現代課題是如何去兼顧兩者——公共性及營利性——的平衡發展，而成爲一個兼具社會化與個性化功能的經營體。

三、都市旅館機能的變化

隨著市場多樣化的演變，旅館對社會所提供的功能，也更爲多樣化、複雜化、及個性化。傳統的旅館，其機能至爲單純：即：㈠住宿的機能，㈡餐飮的機能，㈢集會的機能。

然而這些機能，只能滿足人們最基本的生理慾望，並僅限於「物質」上的機能而已。但是，今天的旅館已由原來爲保全生命及財產安全與休息的目的而變成爲要達成旅行觀光或其他目的的一種手段。爲享樂及暢談而飮食、集會的層次更爲提升，範圍遍及社會、經濟，及政治等活動，雖然以前爲了補充旅館所提供的基本機能的不足，也提供了其他附帶設備，如康樂室、游泳池、網球場、賣店等，但是今天這些附帶設備與服務，已經自行獨立，另成一環必備的機能，而且人們除了「物質」上的機能外，更渴望著「精神」上的需求與滿足。

所以都市旅館應該配合時代的趨勢與市場需要，增加提供左列的機能：

一、文化服務：如教養、藝術、學習，等知識的需求。

二、運動、休閒服務：如康樂指導、運動設施休閒活動。

三、購物服務：如賣場、流行商店、生活情報的搜集等。

四、健康管理服務：健康醫療、健康輔導、健美、美容等。

五、商業服務：如商談、會議、展示會、商情交流等。

簡言之，旅館不但只是一個旅行者家外之家；也成了渡假者的世外桃源，城市中的城市，國家的文化櫥窗，國民外交的聯誼所，社會的廣場與社區的活動中心及國際貿易展示場。

以上這些功能正是代表一個都市必備的基本系統。

總之，今天的世界是個變化無窮，動盪不定的時代，無論是經濟結構，思想觀念或社會制度，一切都在變，連我們自己也在求變。爲適應新時代的人類生活需求，未來的旅館經營，應發揮：㈠國際化、㈡現代化、㈢特色化及㈣多樣化的機能，並重新樹立旅館對社會的貢獻形象，提供完美的服務熱忱，多功能的現代設備，爲未來的旅館開闢新紀元。

請記住：「未來的卓越旅館，並不是「超豪華的」，也不是「廉價位的」，而是能讓顧客對它所支持的壽命要超越它的設備本身的壽命，才能眞正走在時代的尖端。

客房服務品質管理（圖表一）

商品內容			服務內容			附帶內容		
工作	品質	影響因素	工作	品質	影響因素	工作	品質	影響因素
設備	(1)基本的	建築設計	櫃檯	正確	教育	旅遊觀光	業務範圍	合同內容
（硬體）	安眠	施工技術	業務	親切	勞務	服務		
（有形）	信賴	設備構成	分配房間	態度	管理	印刷服務	快速	教育
服務	形象	裝備	訂房	等候時間	語言		正確	
		裝璜	出納	接受時間	量質	秘書服務	知識、技	檢查管理
		法律	詢問	應答技巧	品德		能、人品	
		條例	總機		責任	郵政、包	業務、正	收理時間
情緒		服務基準		舒適	空間	裝服務	確	
服務		營業時間		氣氛	設備	藥店	品目齊備	分析
（軟體）		價格政策	大廳	豪華	設計		品質、價	
（無形）				穩重			格	
	(2)運用的	管理技術		清潔	照明	快洗	快速	技術設備
	安全	員工教育	衣帽間	安全、整			完美	
	衛生	檢查		潔		按摩	效果	技術
	防犯	監視設備	服務中心	禮貌	情報			人品
	防災	系統	門衛	機敏		館內公告	易懂	場所
				正確				表示方法
			停車場	等待時間	容量	B.G.M	輕鬆愉快	設計
			房管中心	安全	管理			選曲
				整潔				音量
				清潔基準		公共電話	便利	部數
			公共場所	清潔時間	作業標準			場所
			空調	溫度舒適		換銀機	正確安全	保養
			設備保養	耐用年限		廣播叫人	正確	系統
			設備運作	正常運作		自動販賣	便利	部數管理
						機	安全種類	

餐廳服務品質管理（圖表二）

商品內容			服務內容			附帶服務		
工作	品質	影響因素	工作	品質	影響因素	工作	品質	影響因素
設備	(1)基本的	經營方針		愉快	表演能力	ROOM	營業時間	作業標準
（硬體）	信賴	建築設計		滿足		Service	服務時間	
（有形）	形象	設備	餐廳服務	備品齊全	服務技能		適溫	
服務	魅力	裝潢		選擇範圍		館內公示		場所
		格調	引導	正確	勞動效率			表示
	安全	服務基準		親切		P.O.P.	易懂	
	美味	及技巧	訂菜	從容		菜單		方法
	愉快	營業時間		正確				設計
	表演	價格政策	服務	時間	ABC	樣品	吸引力	製造技術
	吸引	法律		態度	分析			表示方法
情緒		條例	出納	處理時間	訓練手冊	B.G.M.	輕鬆愉快	音量
服務	(2)運用的	菜單構成	烹飪	時間性	作業標準			曲類
（軟體）	安全		加工	均一性	衛生檢查			
（無形）	衛生	配量	調味		製品檢查			
促銷及服	防犯	材料	裝飾	成本控制	成本控制			
務	防災	調理技術	餐具	剩餘量	技能檢查			
		餐具		處理				
		服務基準	衣帽間	安全	教育			
		管理技術		整齊				
		員工教育	開店準備	清潔時間	作業標準			
		適性	清潔	水準				
		檢查		溫度	設備			
		防災設備	空調	濕度				
		防犯設備		舒適	管理			
			設備	耐用年數	檢查、表			
			保養		再投資			
					更新			

第二十章　休閒旅館與都市旅館經營比較

第一節　旅館的使命

旅館是一個包羅萬象的世界，也是一種綜合藝術的服務企業，更是充滿魅力與活力並深具意義的工作。無論是都市性的，或休閒渡假型的，他們的共同目標是一致的，即爲大衆提供衣、食、住、行、育、樂以及附帶發生的各種服務。因此旅館必須始終抱著爲大衆提供更具創意的服務項目與更加誠意的服務熱誠，亦即硬體與軟體兼備的商品，使顧客有賓至如歸的感受與難忘的印象與回憶。

雖然，旅館的種類，可按旅客停留期間的長短，其所在地，或特殊立地條件，以及住宿目的，分爲各種各色的旅館型態，但是本文只論及都市旅館與休閒旅館兩種經營、管理與服務方式的比較，從而加以改善，俾能提高服務的品質，貢獻社會。

第二節　休閒旅館與都市旅館的比較

我們先就客房方面的經營來比較的話，都市旅館的住客，大概以外國人佔的比率爲九成以上，並以商用及觀光爲主要利用目的。、常常住宿時間爲三天至七天不等，且旅客在飯店住宿時間除睡覺外，只有短暫的時間在館內活動，尤其是商務旅客大部份時間忙於業務，所以旅費係由公司負擔。住宿的旺季，以三月至五月，一月中旬，及十一月爲多。一般的的住用率在百分之六十五至八十五之間，且平均房價在二千元至三千八百元左右。房間數則大約由二百至八百間爲普遍。

因爲業務上的連絡，住客使用電話的次數至爲頻繁，反之，顧客對於用品的消耗量卻不多。飯店支付旅行社的佣金也較少，因爲個人自己訂房之故。由於距離不遠，交通費也可節省。至於櫃台人員在辦理住房、退房手續的工作時間也較少。因爲都市旅館的遷、出入時間都定在中午同一時間。

休閒旅館的住客則以本國人約佔八成以上，而且其利用目的卻以休閒兼觀光爲主。、通常住宿一天至三天，旅館費用大都由自己負擔，其旺季以寒暑假期間爲最高峯。一般住房率只有六成左右，平均單價約二千元。旅館的房間數爲二百間至三百間最爲普通。因爲純屬於渡假性質，如蜜月旅行、年假旅行、退休旅行等不願受人打擾，住客使用電話次數就不高，相反地，顧客用品的消耗量卻是驚人的，因爲參加運動休閒的次數與時間長，同時，家族大大小小都在消耗。他們的訂房經過旅行社者較多，所以飯店支付旅行社的佣金也多。再者，旅館位置距離都市較遠，交通費用隨著增高，而飯店也必須花一大筆交通工具的保養維護費用。

再就餐飲方面的營運來說，都市旅館，除早餐外，百分之八十的生意來自外客。除七月爲鬼節之外，幾乎每個月皆爲旺季。至於酒吧的營業也以銷售洋酒爲多。加之，由於結婚酒席、宴會、酒會、舞會、會議、展示會、研討會等各種集會繁多，宴會廳的使用率非常高。這也是許多都市旅館餐飲的收入高於客房收入最大的原因。

至於餐廳的設備種類，全視飯店的營業方針，經營型態及規模大小而決定。

論及休閒旅館的餐飲經營，其顧客來源，可以說百分之九十以上均依賴房客，其生意之高低，完全受限於客房住用率。因爲本國人多，酒吧以銷售國產酒及一般飲料最多。

宴會廳的使用，除了舉辦研習會、員工訓練、會議及旅遊聚餐之外，不像都市旅館那樣有各種各色的宴會，所以宴會的收入並不高。這也是經營休閒旅館的一大致命傷。

餐廳與酒吧的設備，爲應付顧客的需要比較齊備，雖然收入不高，但因爲不希望肥水外流，不得不如此。

就人事方面而言，都市裏人材衆多，招考員工比較容易，而且員工的流動性也較低。同時，臨時工的雇用也不成問題。

一般飯店提供員工伙食一至二餐，員工宿舍僅供過夜及女性使用，不必爲員工準備交通車或休閒康樂活動之設備。反之，休閒旅館必須提供至少二餐，更必須提供一半以上員工的住宿設備。至於員工交通工具及各種休閒育樂設施，如福利社、乒乓球桌、羽毛球場、閱覽室、電視，更是不可忽略，以便解除員工下班後的無聊，期能使他們安居樂業，進而培養合羣的精神，俾能發揮在工作上。至於員工的訓練，因爲在邊辟地區，員工本性樸素誠實、親切和靄，但教育程度較差，必須要有相當的耐心，與愛心去訓練他們。

另一個最大的不同特色在於廣告與企劃的工作。對都市旅館來講，其國內廣告大部份僅限於餐飲的促銷，而國外廣告才是最重要的廣告方式。企劃費用也不多，或者可以委託傳播公司代理。館內活動的舉辦並不多而戶外招牌也不一定要具備，飯店的辦事處大都設在國外；然而休閒旅館正好相反。尤其特別重視館內的各種多彩多姿的休閒育樂活動，不但與地方社團或機關合辦以帶動當地人的參與並可吸引住客的共享同樂，增加收入，具有多重意義。至於戶外招牌更是不可缺少的宣傳工具。

談到工程養護維修、休閒旅館費用較爲龐大，因爲都市旅館的建築係採用高樓封閉式的冷氣不易外洩，電費並不高，但是休閒旅館的建築大多爲低層開放，分散式的並不高，所以電費負擔重。尤其是工程用品費用浩大，如提供庭園景觀、休閒中心、游泳池、三溫暖、網球場、兒童遊樂園污水處理場等。更有進者，因爲建築物長期暴露在强烈的陽光與海風吹襲之下，極容易腐蝕或脫漆漏水等所以油漆及裝修費更是一大筆開銷。

談到存貨日數，在都旅館的食品（非生鮮食品）約爲十五天，然而休閒旅館則要三十天，飲料在都市爲一百二十天至一百四十天，而休閒旅館則只要一百天至一百二十天。因爲在休閒旅館，酒精濃度高的酒類銷售量並不多。

一般物品的存貨天數，在都市爲五十天至一百天，休閒地則須九十天至一百八十天。

最後，在營收方面，都市旅館之現金收入約佔百分之三十，信用卡百分之四十，簽帳則只佔百分之三十。休閒旅館則，現金收入佔百分之五十、信用卡百分之三十五，而簽帳僅爲百分之十五。現金收入佔一半是爲防止訂房的取銷不來，旅館必須要求客人先付訂金之故。

其他，休閒旅館較都市旅館開支較大的項目尚有電話費、國內出差費、採購費，地方公共業務交際費，因爲在郊外地區，一般當地人對觀光事業的認識較爲膚淺，旅館必須與當地人溝通、說服、合作，才能打成一片共同爲繁榮地方的經濟及發展觀光事業而努力貢獻。

第三節　旅館經營的武器

筆者常强調旅館經營的武器（五氣）與四「S」同樣可適用於休閒旅館。所謂的五氣即㈠依靠天氣，㈡景氣，㈢老板的遠大眼光及魄力，即勇氣，㈣員工團隊精神與服務熱誠的士氣，再加上㈤員工服務顧客的談吐，口氣。

在休閒旅館更應注意四「S」：

㈠SECURITY（安全），要有安全的設備與措施，才能讓顧客安心自由自在去享樂。由於範圍廣大，房間分散「安全」成爲首要工作。

㈡SERVICE（服務），要訓練員工達到水準的服務品質，因爲顧客在店內活動與停留時間長，而且純爲渡假，心情開放，頭腦冷靜，眼光雪亮，觀察細膩，特別會注意員工的服務細節。

(三)SALES（促銷活動），先有安全的設備，再予訓練員工，提供良好的服務，最後再加强促銷活動。

(四)SOCIETY（社會），必須與當地社會打成一片，才能獲得住民全力支持而共同協力開發觀光事業及繁榮地方經濟。

總之，今後旅館經營，規模日漸龐大，組織日形複雜，經營趨向連鎖化，設備更加廣泛化，機能更爲多樣化，已成爲綜合性的大企業，其經營的成敗惟有依賴提高服務品質，加强設備機能，與建立一套健全的管理制度。

第四節　中、美、日渡假特色

一、美國渡假旅館分類：（按立地條件）

1.SEA SIDE RESORT HOTEL（海濱渡假旅館）
2.MOUNTAIN RESORT HOTEL（山丘渡假旅館）
3.DESERT RESORT HOTEL（沙漠渡假旅館）
4.LAKE SIDE RESORT HOTEL（湖邊渡假旅館）
5.RIVER SIDE RESORT HOTEL（河邊渡假旅館）
6.SPECIAL RESORT HOTEL（特殊渡假旅館）

二、渡假特色

(1)享受賭博性的渡假：美國民族性極富冒險精神，故喜愛賭博；藉休閒渡假前往政府公認的賭博地區至爲平常。如NEVADA、NEW JERSEY、FLORIDA、PENNSYLVANIA、NEW YORK等洲。此種風氣仍會繼續盛行。

(2)喜愛異國情調的氣氛：如夏威夷有玻里尼西亞情調的渡假設備、加州有墨士哥風采、佛羅里達州具有地中海型式等各國不同情調的設計與設備，均能吸引美國人的嚮往：

(3)全天候、全季節性的體育活動：休閒地備有各種運動設備與場所，室內外兼有海陸空具全，以供渡假者不分晴雨均能享受利用：

(4)多角經營的型態：美國人講究效率，『時間即金錢』的觀念甚重。即使商務旅行亦不忘觀光，或渡假兼開會，以及休閒兼社交的旅遊型態極爲盛行。所謂：

美國人是忙裡偷『閒』……開會兼渡假或會後儘情享樂。

日本人是忙裡偷『賢』……求知慾强、喜愛文化觀光。

中國人是忙裡偷『錢』……休閒中也想賺錢或省錢，故不太講究住宿品質。

三、日本渡假旅館分類

洋　RESORT HOTEL（渡假旅館）

(1)MOUTAIN HOTEL（山丘旅館）
(2)LAKE SIDE HOTEL（湖畔旅館）
(3)SEA SIDE HOTEL（海濱旅館）
(4)HOT SPR ING HOTEL（溫泉旅館）

式　SPORTS HOTEL（運動旅館）

(1)GOLF HOTEL（高爾夫旅館）
(2)SKI LODGE（滑雪小屋）
(3)MOBILLAGE（汽車旅館）
(4)CAMP BUNGALOW（露營平房）
(5)YACHTEL（遊艇旅館）
(6)BOATEL（汽船旅館）

日式：觀光地旅館、團體旅館、溫泉旅舍、國民旅館、國民休假村、國民保養中心、青年招待所、民宿、青年之家、福利寮、保養所：

四、日本人渡假型態：日人年輕的一代，女性喜愛旅行與流行，男性則追求開新車與運動。

(1)行動性：現代的休閒方式注重參加『動態』的各種活動，打破傳統的『靜態』休閒；尤其盛行自己創造的休閒活動方式，特別是年輕人及ＯＬ女性。
(2)日常性：由於生活緊張，任何人在任何時候，均希望隨時很輕易地去從事休閒活動。
(3)家族性：休閒已不分年齡、性別，而漸漸趨向於全家參與的型態，籍以享受天倫之樂。
(4)健康與自然性：强調與大自然接觸，以便强身養性。
(5)知識與文化性：日本人求知慾甚强，因而休閒也不忘求知。他們把休閒當作活動的圖書館與博物館。

五、**我國概況：**

目前台灣的休閒旅館所用名稱至爲繁多複雜，尚未有統一的分類與名稱。經常使用的有以下幾種希望有關當局早日訂定分類標準：

飯店、賓館、酒店、客棧、旅館、旅舍、旅社、會館、招待所、活動中心、休閒中心、國民旅舍（社）、香舍（寺廟）、農莊、山莊、別館、別墅民宿、俱樂部等：

六、**我國應有的渡假方式：**

綜觀美日的渡假特色，我們除了應吸取先進國的優點外，應積極開發適合我國人的休閒方式：即結合運動、教育及娛樂三者爲一體並强調自我發展（SELF）的空間以達成：

SOCIETY　促進社會和諧

ECONOMY　繁榮地方經濟

LIFE　提升生活品質

FINANCE　增加財政收入

七、**經營者應有的理念：**

1.應配合地方社會、文化建設與國家建設三者並行。

2.先與地方居民建立良好的公共關係、進而樂於支持與合作。

3.應保持生態環境的平衡發展、加以良好維護、以灌輸國民休閒教育。

4.重視保障旅客的安全措施與環境衛生設備，以提高休閒品質。

5.戶外、戶內體育活動兼備、以延長停留時間及提高付加價值的服務。

6.發展海陸空的休閒空間，以便航空業、旅行業及旅館業三者一體合作共同促進休閒產業。

7.採用多角經營：商務兼觀光、渡假兼開會、休閒兼社交以及單純的休閒渡假。

8.培養及訓練休閒旅館的員工，減少其流動率、充實福利制度及建造宿舍、以達成『安居樂業』。

9.塑造我國獨特的文化休閒特色、旅館的建築必須具備我國的傳統文化色彩與氣氛並加強智識性的活動，提供開闊、健康、文化性的休閒空間、以健全國民的身心及端正社會風氣。

八、未來的都市旅館：

室內設計特別強調㈠在家的氣氛㈡適切的空間㈢服務雖然自動化，但室內設計要有友善化，親切化，溫馨化及家庭化。

尤其商務旅館更要特別具備六個基本需求：㈠辦公設備的房間㈡現代化的商業服務中心㈢健身房㈣供應早餐及茶點的沙龍㈤專用登記櫃台㈥輕便的餐廳及運動酒吧。

九、未來的休閒旅館：

景觀設計強調保持自然美，防止噪音、空氣污染及超熱設備，如何節省能源人源並將當地的藝術、文化及美德優點表現出來。使旅館不只是停留的地方而是『享受旅遊美夢的樂園』。配合當地的天然文化魅力，讓顧客經歷神秘的發現、新奇的經驗、充分的享樂，以滿足其切望。至於房間的典型數爲三百五十間，大到足以開會，小到夠服務週到正好，並增加CLUB LOUNGE。

第二十一章　如何經營民宿

爲了想給有意經營農莊民宿的朋友們，對於投資經營民宿，事先有一個基本的認識，這裏想說明應考慮的事項，供作參考，希望他們能夠開創一個新事業。

一、經營的基本考慮：

㈠先確定經營的目的與動機：

1. 想當作副業經營，
2. 想好好利用自己的土地或建築物，
3. 想運用現有的資金，
4. 想當作全年性的副業，
5. 想當作正業經營。

㈡經營型態：

1. 想以大衆化的價格，提供較多的住客，經營大規模的民宿。
2. 想以大衆化的價格，提供小規模的，但要提高住用率。
3. 想以高價格，提供較有特色的民宿。

㈢資本：

1. 想借款多少？
2. 自己的資本佔多少？
3. 想向誰借款？
4. 借款的利息如何？
5. 償還期間多少？

二、立地條件：

㈠地點：

1.先檢討地點是否適當。

㈡立地分類與內容：

愼重考慮地點的將來性及民宿內容：

農園、海濱、溫泉、運動、料理、建築方式。

㈢競爭者：

附近的競爭者有多少？生意又如何？

三、顧客對象：

㈠性別：以男性爲主，或女性爲主，或兩性兼收？

㈡職別：⑴學生⑵領薪階級⑶家族成員⑷其他。

㈢團體或個人：⑴個人⑵二～四人⑶五～九人⑷十人以上。

四、經營方針：

先考慮經營和立地條件再決定營業方針，並調查顧客利用目的和動機：

㈠利用目的：

1.觀光。

2.山珍海味。

3.參加各種運動。

4.海水浴、登山。

5.其他休閒活動。

㈡營業天數：

1.全年性開放。

2.季節性開放。

㈢銷售方式：

1.强調設備或氣氛。

2.强調餐飲供應。

3.强調低價格，大衆化。

4.其他特色。

㈣宣傳、廣告：

1.利用看板。

2.報章、雜誌。

3.參加協會或連鎖。

4.其他方法。

五、設備：考慮利用顧客對象，經營期間，銷售方式後再決定規模大小。

㈠規模：

1.房間數。

2.廚房、浴室、洗手間等設備也應重視。

㈡設備：先考慮投資回收期間，再決定設備大小。

1.高級的。（大概回收期間五年）。

2.中級的。（大概回收期間二～三年）。

3.普通的。（大概回收期間二～三年）。

六、員工對策：

如果是小規模當作副業或兼業由家族成員去經營就不必考慮員工計劃或勞動條件等因素。

七、收支計劃：

應考慮檢討基本的經營收支平衡：

1.每天的銷售額有多少？

2.在銷售額當中，材料費佔多少比率？

3.在銷售額當中，用人費佔多少比率？

4.其他各項經費比率又佔多少？

5.對於投下資本額，銷售額佔多少？

八、投資報酬率：

穩定的財務情況，需要靠持續良好的獲利能力來維持，而良好的獲利能力，需要穩定的財務狀況作爲後盾，二者有相輔相成的關係。

要表示獲利與投資間的關係，就必須以「投資報酬率」，才能衡量投入的資源獲取多少的報酬，才足以表示整體的經營績效。

投資報酬率是「資產週轉率」與「純益率」兩個要素運作的結果，可以衡量資產，營業收入及純益三者的關係。其計算公式如下：

（投資報酬率＝資產週轉率×純益率）

$$\frac{\text{純益}}{\text{總資產}} = \frac{\text{銷貨收入}}{\text{總資產}} \times \frac{\text{純益}}{\text{銷貨收入}}$$

換句話說：

投資報酬率：一元之投資可以創造多少利潤。

資產週轉率：一元之資產可以創造多少營業額。

純益率：一元之營業額可以創造多少利潤。

至於回收期間的計算公式則如下：

$$\frac{\text{投下的總資本額}-\text{（目前的現金存款額）}}{\text{純利益（稅後）}+\text{折舊}} = \text{回收期間}$$

九、經營成果：

1.收益性：要看經營後，產生多少利益或虧損多少。

2.安定性：資金是否健全？目前是否安定？有無問題？如何對策？

3.成長性：每年收益性是否繼續增加。（每年至少要有百分之十的增加率），是否成長順利。

最後，再次檢討基本計劃，如果發現計劃內容的回收期間太長，而不能符合經營者的願望時，應重新檢討基本計劃，尤其是收支計劃中，各項經費的開支比率，是否妥當，必須使計劃容易執行，而獲得應有的成果，才是經營的最後目的。

在訂定計劃時，首先檢討做什麼（目標項目），做多少（目標水準），怎樣做（方針、策略）並要求達成方法是重要的。

過去經營旅館失敗原因大概可以歸納爲：

1.設計不當。

2.管理不善。

3.業務不振。

4.組織混亂。

5.保養不良。

6.財務不佳。

因此，計劃訂出後，爲了提昇效果，應該採取「計劃」、「實施」、「反省」的循環，不斷地計劃、不停地實施、不停地反省，才能發揮經營的整體績效，而事先預防重蹈上述經營旅館失敗的覆轍。

十、民宿的基本特性：

㈠地點與環境：應選擇景觀優美，環境幽靜，適合休閒及各種遊樂活動的地方。

㈡建築設計：爲維護風景地區的自然景觀，建築物應儘量利用地形並以當地的建材興建，同時外觀與色彩，應力求與自然景觀互相配合，才有特色。

㈢設備：重視舒適方便，清潔衛生與安全並具家庭氣氛。

十一、經營的特性：

㈠是服務業的一種：

1.商品是無形的：看消費者的感覺決定好壞。所以要處處考慮旅客的需要，要以創造性的行銷活動來吸引消費者。

2.生產與消費同時進行：要消費者來到現場，生產者才能進行生產。

3.商品的腐爛性高：消費者減少時，剩下的商品，無法出售，沒有辦法存庫等於腐爛。

4.商品的異質性：同樣的服務，會有不同的結果，很難保證每次服務都能達到規定的要求。

㈡供應彈性小：

1.投資大：固定資產佔百分之八十以上，所以投資報酬率不高。

2.季節性：有淡旺季的不同，無法連續生產。

3.量的限制：房間數固定後，無法臨時變動增減。

4.場所的限制：地點決定後，不能隨便轉移。

5.地點：好的地點比高明的經營更重要。

㈢家庭功能：因爲是提供住宿與餐飲，具有家庭的功能，要使旅客有賓至如歸的感受，必須重視服務。

㈣全天候的生意：整天待命，服務旅客。

十二、茲將開業的步驟簡列於後，供爲參考。

決定政策（檢討規模，經營型態，營業方針，服務方式及員工招募）—選定地點—市場調查（同業調查，顧客調查）—資金調度—工作進度

- 工作進度
  - 檢討建築結構—委託設計—簽訂工程合約—選定備品—工程完成—室內裝璜、看板廣告
  - 經營方針—決定菜單—實施宣傳計劃—決定服務方式—決定採購材料—決定帳簿、組織—開業計劃發函通知
  - 員工計劃—招募員工—決定錄取員工—實施員工訓練
- 開幕營業

結論：

民宿的經營與一般旅館經營最大不同的特色在於强調大衆化的合理收費與自助性的服務。設備雖不需豪華，但要注意安全與衛生設備，服務雖不甚精緻，但要富有家庭味、鄉土味及人情味的氣氛，更重要的是利用天然的資源，配以當地文化特色，除住宿與餐飲之外更應提供運動、休閒、娛樂等功能，讓住客能充分享受悠閒的情趣，奔放的自由而有賓至如歸的感受。

民宿興建的成功，完全依賴事前週密的計劃與得宜的管制，而經營的成敗，則有賴於業務的推廣與經營能力如何而定。然而所興建的建築物與設備，卻因時代的急遽變化，商品的經濟價值也隨著陳舊化，所以必須要不斷加以更新，附加獨特的經營方針及增加配合時代需求的機能、格調、與價值才能發揮其特色，吸引顧客的喜愛與競爭的能力，而繼續成長。

附錄一　餐廳服務用語

A La	時新的菜式
A La Carte	按菜單點菜
A La King	用奶油調味品調味的菜式，含辣椒、胡椒及蘑菇。
A La Mode	最時新的菜式，或有冰淇淋的點心。
American Service	美式餐食服務
Anchovey	鱠魚
Aperitif	開胃酒
Appetizer	開胃品
Aspic	肉類或雞肉凍子
Au Gratin	用調味汁，麵包屑及酥酪烤黃的菜式。
Au Jus	菜食附上天然果汁或肉汁
Au Naturel	簡單的餐食
Bake	焙
Baked Alaska	蛋白甜餅上之冰淇淋磚
Barbecue	整烤動物肉，如蒙古烤肉
Bavarian Cream	用蛋黃、牛奶、膠質、糖及生奶油製成的涼餅。
Bisque	濃湯
Bill of Fare	菜單（價目表）
Boil	煮
Boston Cream Pie	雙層乳蛋糕（波士頓派）
Bouillon	清燉肉湯
Bouillon spoon	湯匙
Braised	燉

Broil	烘烤
Broiled Lobster	烘烤龍蝦
Buffet Service	自助餐
Bus	在餐廳清潔桌面，移走空餐具及協助服務
Bus Boy	餐廳練習生（跑堂）
Butter Chip	奶油小碟
Butter Knife	塗奶油用刀
Butter pat	奶油小碟
Butter Spreader	塗奶油用刀
Cafeteria	自助餐
Canape	小方塊烤麵包開胃品
Capers	醃泡續隨子花蕾（調味品）
Carte Du Jour	今日菜單
Carry Out Service	外賣
Casserole	耐熱烤鍋
Cater	包辦酒席或餐食，大衆餐食
Caviar	魚子醬
Cereal Spoon	大湯匙
Change Tray	收銀盤
Chateaubriand	鐵扒牛柳
Cheddar Cheese	硬乾酪
Chive	蝦夷葱
Club Steak	小牛排
Coaster	杯墊子
Cocktail	開胃品（水果汁介殼類或酒類）
Cocktail Fork	開胃品用叉
Coddled Eggs	煮軟的蛋
Cole Slaw	甘藍菜片力醬汁等佐料
Compartment Dish	分格菜盤（上格盛菜，下格裝碎冰塊）

Compote	用糖漿煮的水果
Condiment	調味品佐料
Consomme	清湯
Contaminate	汚染
Cottage Fried Potatoes	鄉村式平鍋煎馬鈴薯
Cover	一人份的餐具，餐份
Course	一道菜或點心
Croquettes	炸肉餅
Croutons	油煎碎麵包片
Crumbing	掃去食品屑
Curry	咖哩
Demitasse	小杯咖啡
Demitasse Spoon	喝小杯咖啡用湯匙
Dessert Knife	點心刀
Dessert Fork	點心叉
Deuce	兩人坐桌子
Deviled	加辛辣調味品燒烤
Dinner Fork	餐叉
Drawn Butter	融化的奶油
Duchesse Potatoes	燜熟馬鈴薯
Eclair	塗有糖霜的長形小餅
English Service	英式餐桌服務
Entree	湯與主菜中間之菜
Filet	菲利（無骨之肉或魚片）
Filet Mignon	牛軟肉
Finger Bowl	洗指盂
Fish Fork	魚叉
Fish Knife	魚刀
French Dressing	法式配味醬
French Fried Ptatoes	油炸馬鈴薯

French Fry	油炸
French Service	法式餐食服務
Fricasse	細燉（以燉法煮之）
Fruit Cocktail	什錦水果作爲開胃品
Garnish	食物上之裝飾物
Gourmet	美食家
Hash Brown Potatoes	細切褐色馬鈴薯
Hollandaise Sauce	荷蘭醬（蛋黃，奶油及檸檬汁作成）
hors d'oeuvre	前菜　冷盤
Host	男主人或餐廳男接待員　男領檯員
Hostess	女主人或餐廳女接待員　女領檯員
Hot Top	保溫蓋子
House Policy	餐食作業規則或經營方針
Irish Stew	燉羊肉及蔬菜
Jus	果汁或肉汁
Lobster Thermidor	用白葡萄酒，蛋黃及白色調味汁
Lobster A La Newberg	新堡龍蝦
Lyonnaise Potatoes	炸洋葱馬鈴薯片
Macedoins	青菜水果凍
maitre d'hôtel	餐廳經理或主任
Marinate	烹飪前將魚肉泡在調味汁或加味酒中
Melba Toast	薄脆麵包
Menu	菜單
Meringue	蛋白甜餅
Mappy	水果盤
Newberg	酒，蛋黃及奶油作成的調味汁
New England Boiled Dinner	附加洋白菜，馬鈴　薯，蘿蔔及甜菜之醃牛肉
OBrien	附上辣椒之菜食

Omelet	蛋捲
Oyster Fork	牡蠣用叉
Oyster on the Half Shell	生蠔置於碎冰塊上
Pan Fry	平鍋炸
Parfait	雞蛋，奶油及香料混製之凍點心
Parfait Dish	同上點心盤
Parfait Spoon	同上點心用匙
Pastries	糕餅
Petits Fours	嬌小精美蛋糕
Pickle Fork	吃泡菜用叉
Pick-up Station	廚房內之出菜檯
Pie Fork	派餅叉
Poaching	煮去殼煮蛋（水波蛋）
Porter House Steak	上等牛排
Puree	蔬菜濃湯
Ragout	菜燉肉片
Roquefort Dressing	用羊乳酪製成之法式佐料
Saccharine	糖精
Salad Fork	沙拉叉
Saute	快炸
Scalloped	用奶油焙蔬菜
Seafood Coocktail	海鮮，雞尾開胃品
Season	調味
Service Plate	托盤
Service Stand	餐食服務台兼餐具台
Setting	餐桌上佈置餐具
Sherbet	果凍
Shoestring Potatoes	炸薯條
Side Dish	骨盤，分食盤
Side Order	正菜外加的菜、添菜

Side Work	服務顧客以外之額外工作
Side Towel	服務員掛在手臂上之服務用巾
Side Stand	餐食服務台兼餐具台
Silence Cloth	桌上舖的防音布
Simmer	慢煮
Sirloin Steak	最上等的牛肉
Souffle	蛋白牛奶酥
Soup Spoon	湯匙
Spotting	使用餐巾將桌上污點覆蓋起來
Station	廚房內之出菜台或餐廳內服務台
Steak knife	牛排刀
Steep	浸漬
Succotash	綠色扁豆及穀類混煮的印第安餐食
Sundae Spoon	聖代用匙
Table DHote	定食，套餐
Tartar Sauce	達達調汁（鱒魚調味汁）塔塔醬
T-Bone Steak	丁骨牛排
Tenderloin	菲利牛排
Thermidor	用白葡萄酒，蛋黃及白色調味汁
Tray Stand	放盤架
Turnover	銷售客數或銷售額　翻檯

附錄二　觀光慣用語

American Plan	美國式計價（房租包括三餐在內）
Agent	代理商
Airline Company	航空公司
Air-Pocket	氣渦
Assistant Manager	襄副理
Assistant Housekeeper	客房管理助理員
Apartment Hotel	公寓旅館
Air-Chute	氣送管
Airfield	飛機場
Arcade	地下街　室內街道（有頂蓋），商店街
Allowance Chit	折讓調整單
Baggage Allowance	行李限制量
Bath Room	浴室
Bath Tub	浴缸
Bath Mat	防滑墊
Bell Boy	待役，行李員
Booking	訂位
Bell Captain	行李員領班
Baby Sitter	看護小孩子的人
Banquet	宴會
Buffet	自助餐
Boatel	船舶旅館
Baggage Declaration	行李申報書
Bill	帳單
Bus Boy	練習生　跑堂

Bar Tender	調酒員
Carrier	運輸公司
Charters	包船、包機
Conducted Tour	導遊旅行團
Continental Plan	大陸式計價（房租包括早餐在內）
Coupons	服務憑單、聯單
Courier	跑差
Cabin	船艙、機艙
Check in	住進旅館
Check out	遷出旅館
Chef	主廚
Cloak Room	衣帽間
Coffee Shop	咖啡廳、簡速餐廳
Commission	佣金
Convention	集會、會議
Credit Card	信用卡
Cuisine	烹飪
Currency	通貨、貨幣
Custom	海關
Connecting Bath Room	兩室共用浴室
Concierge	旅客服務管理員（或服務中心）
Choice Menu	可以任選之菜單
City Hotel	都市旅館
Commercial Hotel	商用旅館
Chilled Water	冰水
Cashier	出納
Check Room	衣帽間
Customs Duty	關稅
City Ledger	外客簽帳
Catering Department	餐飲部

Control Chart	訂房控制圖
Control Sheet	訂房控制表
Complaint	不平、抱怨、申訴
Cancellation	取消、取消訂房
Complimentary Room	優待房租（免費）
Connecting Room	兩間相通之房間（內有門相通）
Deluxe Hotels	豪華級旅館
D.I.T.(Domestic Individual Tour)	本地旅行之散客
Dining Room	餐廳
Double Bedded Room	雙人房
Drug Store	藥房
Duo Bed	對床
Door Bed	門邊床
Don't Disturb	請勿打擾
Departure Time	出發時間
Daily Cleaning	每日清理
Dual Control	雙重控制系統或制度
Disembarkation Card	入境申報書（卡）
Direct mail D.M.	郵寄宣傳單
European Plan	歐洲式計價（即房租不
Excursion	遊覽
Executive Assistant Manager	副總經理
Executive House Keeper	房務管理主管
Elevator Boy(Girl)	電梯服務生
Escort	導遊人員
Excess Baggage	超量行李
Embarkation Card	出國申報書
Extra Bed	加床

First Class Hotels	第一流飯店
FIT(Foreign Individual Tourist)	國外旅行之散客
Full pension(American Plan)	美國式計價(即房租包括餐費在內)
Front Office	前台、櫃台、接待處
Full House	客滿
Floor Station	樓層服務台
Front Clerk	櫃台接待員
Foreign Conducted Tour	國外導遊旅行團
Foreign Exchange	外幣兌換
Flight Number	飛機班次
Food & Beverage	餐飲
Flight Delay	飛機誤時
Guaranteed Tour	鐵定按期舉行之旅行團
Guided Tour	導遊旅行
Greeter	接待員
Good-Will Ambassador	親善大使
Grill	烤肉館、餐廳
Guide Book	旅行指南
Guest History	旅客資料卡
Guest Ledger	房客帳
Hotelier	旅館業者
Hotel Representative	旅館業務代理商
Holly Wood Bed	好來塢式床
Hide-A-Bed	隱匿床
High Way Hotel	公路旅館
Holiday-Maker	假日遊客
Home Away From Home	家外之家(賓至如歸)
Hotel Coupon	旅館服務聯單

Hot Spring Resort	溫泉遊樂地
Harbor	港口
Hotel Chain	旅館之連鎖經營
Hospitality Industry	接待企業（旅館業）
Inclusive Tour	包辦旅行　一切費用計算在內之旅行團體（個人零用、醫藥費等私人性質者除外）
Inspectress	檢查員
Information Rack	資料架
Indicator	指示器
Inn	旅館、客棧
Inclusive Conducted Tour	包辦旅行團（全程有導遊人員）
Inclusive Independent Tour	包辦個人旅行團（只有觀光時隨有導遊人員）
Invisible Trade	無形的企業（觀光事業）
Itinerary	日程表
Identity Papers	身份證明文件
Informantion Office	詢問處
Land Arrangement	旅行之陸上安排
Lighting	燈光
Leisure Time	閒暇
Licensed Guide	有執照的導遊人員
Life Belt	安全帶
Laundry	洗衣廠
Limousine Service	機場與旅館間之定期班車
Line	客船、航機、電話
Lobby	大廳
Lost & Found	失物招領
Linen Room	被巾室

Modified American Plan	修正美國式計價（即房租包括兩餐在內）
Manager	經理
Message Slip	留言字條
Master key	通用鑰匙　主鑰匙(可啓開全樓門鎖者)
Make Up Room	清理房間
Make Bed	整床，做床
Morning Call	早晨叫醒服務
Motel	汽車旅館
Maid	客房女服務生
Menu	菜單
Money Change	兌換貨幣
Night Table	床頭几
Night Manager	夜間經理
No Show	有訂房而沒有來之旅客
Night Club	夜總會
Occupied Room	已住用之客房
Open Kitchen	餐廳內之簡易廚房
Occupancy	客房住用率
One-Way Fare	單程車資
Over Land Tour	經過陸地之旅行（例如旅客由基隆上岸經過陸地觀光再由高雄搭乘原來之輪船離開）
Over Booking	超收訂房
Off Season	淡季
Porter	行李服務員、服務生
Page	旅館內廣播尋人
Passenger	旅客
Passport	護照
Package Tour	包辦旅行

Private Bath Room	專用浴室
Pass Key	通用鑰匙
Personal Effects	隨身物品
Parking	停車場
Public Space	公共場所
Quarantine	檢疫
Resident Manager	駐館經理或副總經理
Reservation	訂房
Room Clerk	櫃台接待員
Room maid	客房女服務生
Room Number	房間號碼
Register	登記、收銀機、登記薄
Room Rack	客房控制盤
Room Controller	同上
Reception	接待
Room Service	房內餐飲服務
Rack Slip	控制盤上之資料卡
Residential Hotel	長期性旅館
Resort Hotel	休閒旅館
Recreation Business	遊樂事業、觀光事業
Rental Car	租車
Resorts	遊樂區
Room Rate	房租
Round Trip	來回行程
Routing	旅行路線、安排
Room Slip	配房通知單
Rooming Guest	安排房間，安頓客人
Supplemental Carrier	不定期船班
Single Room	單人房
Seasick	暈船

Subway	地下鐵路
Sleep Out	外宿
Suite	套房
Studio Bed	兩用床
Sofa Bed	沙發床
ShowerBath	淋浴，蓮蓬浴
Service Door	服務門箱（形如信箱，掛在客房門口，爲避免打擾住客每次開門，可將報紙、洗衣物等放入此箱。）
Schedule	行程表
Service Charge	服務費
Sight-Seeing	觀光
Snack Bar	快餐廳、簡易餐廳
Safe Box	保險箱
Tour	旅行團
Table d'hote	全餐，特餐
Tour Basing Fare	基本旅行費用
Tour Package	全套旅遊
Tourist	觀光客
Transfers	接送
Travel Agent	旅行社
Twin Room	雙人房
Transient Hotel	短期性旅館
Tax Exemption	免稅
Technical Tourisn	產業觀光
Tour Conductor	導遊員
Tour Manager	觀光部經理
Tour Operator	組織遊程的旅行社
Tourism	觀光事業
Tourist Industry	觀光事業

Travel Industry	觀光事業
Time Table	時間表
Travel Voucher(Exchange Order, Service Order)	旅行服務憑證
Travelers Cheque	旅行支票
U-Drive Service	私車出租
Unaccompanied Baggage	貨運行李
Unoccupied Or Vacant Room	空房
Uniform Service	旅客服務（包括：機場接待員，門衛、行李員、電梯服務員等，將旅客接到房內之一貫服務。）
Vacation	假期
Visa	簽證
V.I.P.	重要人物
Valuables	貴重物品
Vaccination Certificate	檢疫證明書
Waiter	男服務生
Waitress	女服務生
Wash Room	洗手間
Youth Hostel	青年招待所

附錄三　旅館慣用語

Adjoining Room	互相連接的房間
ASTA(American Society of Travel Agents)	美國旅行業協會
Air Curtain	空氣幕
Airtel	機場旅館
Airport Hotel	同上
Airmail Sticker	航空信戳
Automat	自動販賣機
Bell Room	行李間
Boatel	遊艇旅館
Bill Clerk	收款員
Bed Cover	床套
Baby Bed	嬰兒用床
Bell Hop	行李員
Bell man	行李員
Bath Robe	浴衣
Banquet Facility	宴會設備
Banquet Hall	宴會廳
Check in Slip	旅客進店名單
Commercial Hotel	商業性旅館
Continental Breakfast	大陸式早餐
Cafeteria	自助餐廳
Chamber Maid	房間女清潔服務員
Confirmation Slip	訂房確認單
Conventional Bed	普通床

Catering-Manager	餐飲部經理
Crib	小兒床
City Information	提供市內導遊情報
Cocktail Party	雞尾酒會
Cocktail Lounge	酒廊
Dinner Dance	晚餐舞會
Demi-Pension	房租包括兩餐在內
Duplex Room	雙樓套房
D.N.S.(did not stay)	沒有住宿
Emergency Slip	旅客進店臨時名單
Foot Board	床尾板
Franchise Chain	聯營旅館
Floor Clerk	各樓接待員
Floor Master Key	各樓通用鑰匙
Floor Maid	各樓女服務員
Front	櫃台
Foyer	休息室
Grand Master Key	通用鑰匙（全樓）
Grand Motel	汽車旅館
Gallery	樓座、走廊
General Cashier	出納員
Hall	大廳
Hotel.Information	提供旅館內各種設備的情報
Chain Hotel	旅館的連鎖經營
Hotel Machines	旅館用各種機器
Hotel Manager	旅館經理（客房部經理
Hotel Music	旅館內音樂
Half Pension	房租包括兩餐餐食在內
House Detective	旅館內警衛
Head Board	床頭板

Haberdashery	男用服飾品店
Hand Shower	手動淋浴
IFTA(International Federation of Travel Agencies)	國際旅行業同盟
Inside Room	向內的房間
Key Mail Information	櫃台（保管鑰匙、信件提供諮詢等服務）
Laundry Chute	洗衣投送管
Laundry list	洗衣單
Magic door	電動開關門
Mattress	床墊
Maid truck	女清潔員用車
Mail Chute	信件投送管
Main Dining Room	主要餐廳（旅館內的代表性餐廳）
Message	留言
Messenger	信差
Medicine Cabinet	化粧箱
Mixing Valve	混合水管（冷熱水同一水管）
Motor Court	汽車旅館
Motor Hotel	同上
Outside Room	向外房間
Pension	公寓
PBX(Private Branch Exchange)	連接外線之電話設備（電話總機）
Pillow	枕頭
Pin Cushion	針墊
Pneumatic Tube	氣送管
Porter Desk	行李間服務台
Portable Shower	活動淋浴蓮蓬
Room Indicator	房間狀況控制盤

Regular Chain	旅館連鎖經營
Reservation Clerk	訂房服務員
Service Elevator	員工電梯
Service Station	各樓服務台
Servidor	服務箱 (同 Service door)
Salad Bar	自助餐廳
Sheet Paper	紙墊
Shower Curtain	浴室帳簾
Sitting Bath	坐用浴室
Statler Bed	沙發床
Stationary Holder	文具夾
Sticker	行李標貼
Space Sleeper	壁床
Special Suite	特別套房
Semi-double bed	半雙人床
Semi-Pension	提供兩餐之房租
Semi-residential Hotel	半長期旅館
Terminal Hotel	終站旅館
Tariff	房租
Tourist Court	汽車旅館
Travel Information	旅遊服務
Trunk Room	行李倉庫
Tea Party	茶會
T.O.System	外宴 自助餐供應方式之一種，即由每一窗口供應每一道不同的餐食。
Tissue Paper	化粧紙
Travel Agent	旅行社
Valet List	熨衣單
Viking	自助餐

Voluntary Chain	自動參加旅館聯營
Wash Towel	浴巾
Wardrobe	衣櫥
Wagon Service	推車供餐服務
Yachtel	遊艇旅館

補充

BARTERING　以貨易貨

BIN CARD　存料卡

DNA DID NOT ARRIVE
FAMILIARIZATION TOUR (FAM TOUR)
熟悉旅館設備的旅行

OPR = OVERBOOKING PERCENTAGE RATE

PAR STOCK　標準存量

PAID OUT　代支

PPPN PER PERSON PER NIGHT

PRPN PER ROOM PER NIGHT

RNA ROOM NOT AVAILABLE 或 REGISTERED BUT NOT ASSIGNED

RVNB ROOM VACANT, NO BAGGAGE, SPATT SPECIAL ATTENTION

STOCK CARD　客房資料卡

TURN AWAY　拒絕 WALK IN 的訂房

附錄四　烹飪用語

BASTE（油潤）：用熔化之油，烤肉滴落之油，水及豬油潤濕食物。

BEAT（打）：用湯匙或攪拌器，使混和物拌勻或打入空氣。

BLANCH（燙）：用開水沖，排水後，再用冷水沖。

BLEND（混合）：將兩種以上的材料使混合。

BOIL（煮）：在沸騰的液體中烹煮。水平面的沸騰溫度是華氏二一二度。如煮蛋。

BRAISE（燉）：在小量的油中，將肉或蔬菜煮褐，然後加蓋。在少量液體中以溫火（華氏一八五——二〇〇度）慢慢煮。

BROIL（烘烤）：直接在熱底下或上面煮、烤(GRILL)。

烤爐烘烤：不加液體，不加蓋煮。

平鍋烘烤：在大淺鍋或平鍋中，不加蓋煮。一積油就除去，不加液體。

CARMELIZE（焦化）：將糖或含糖之食物加熱，直到變成褐色爲止。

CHOP（切）：用刀或切物器切成碎片。

CREAM（奶油化）：軟化酥油(SHORTENING)，或用湯匙，攪拌器，或手混合酥油與糖，直到軟化成奶油狀爲止。

DICE（切塊）：切成正方體塊狀。

DREDGE（撒塗）：用麵粉、糖或肉撒佈或外塗。

FRICASSEE（細燉）：以燉法煮之。通常用於切成細片的家禽或小牛肉。

FRIZZLE（煎炸）：在一小量油中煮至邊緣炸脆及捲曲。

FRY（油炸）：在熱油中煮，如使用少量油，稱爲炒炸 (SAUTEING) 或平鍋炸 (PANFRYING)，如用油半蓋食物，稱爲淺炸 (SHALLOW FRYING)，如用油完全蓋上食物，稱爲深油炸 (DEEP FAT FRYING)

GRILL（烤）：在不加蓋的熱淺鍋中煮，一積油就除去。

LARD（夾油）：用豬油條包覆未煮的瘦肉或魚類或以肉叉嵌入豬油條。

MARINATE（浸汁）：浸入法國佐料 (FRENCH DRESSING)。

MINCE（剁）：用刀子或切物機切或斬成碎片。

OVEN-BROIL（烤爐烘烤）：在烤爐中不加蓋煮。PAN-BROIL（平鍋烘烤）：在平鍋中不加蓋煮，一積油就除去。PAR BOIL（半煮）：在水中沸煮到部份煮熟。

PAN-FRY（平鍋炸）：在少量的熱油中煮。

PEEL（剝）：用刀子或削皮機剝皮。

RENDER（熬）：在低溫中慢慢加熱，使油脂熔化與肉分開。

ROAST（爐烤）：在烤爐中用乾熱烤肉。

SAUTE（炒炸）：只用少許油。

SCALLOP（焙）：切成碎片，用調味醬 (SAUCE) 或其他液體烘焙食物。

SEAR（焦燒）：用極强熱短時間內煮肉到表面呈現褐色。

SHRED（撕切）：用刀子，切片機或碎片機切或撕成薄條或碎片。

SIMMER（慢煮）：在蒸氣中用壓力或不用壓力煮。

STEW（燜）：在淹蓋或較少量的液體中慢慢滾燒。

TOSS（輕拌）：輕輕混合，通常用於沙拉材料。

附錄五　旅館會計用語

Revenue

Rooms

Includes revenue derived drom guest rooms and apartments rented for part day occupancy, a full day, a week or longer.

Rentals of public rooms, except those ordinarily used for food and beverage service, should be included in room sales.

Food

Includes revenue derived from food sales, whether from dining rooms, room service, banquets, etc. Sales do not include meals charged on officers' checks（management）

Beverage

Includes revenue from the sale of wines, spirits, liqueurs, juices, beers, mineral waters and soft drinks. Sales do not include beverages served on officer's checks（management）

Other Operated Departments

Includes revenues from minor operated departments such as telephone, laundry, casinos, barber shops, cigar and cigarette shops, beach clubs, etc., but excludes sales reported as "other income" below.

Store Rentals

Includes revenue from all shop rental space net of commission.

Other Income

Consists of office, club or lobby show-case rentals, concessions, commissions from auto rentals, garage, parking lot, salvage.

Cost of Sales

Food

Includes all food served to guests plus transportation and delivery charges, at gross invoice price less trade discounts. The cost of employees' meals should be charged to the respective deartment whose employees are sered. In other words, the cost of employess meals is mot a part of cost of food sold.

Beverage

Represents the cost of wines, spirits, liqueurs, beers, mineral waters, soft drinks, juices syrups, sugar, bitters and all other material served as beverages, or used in the preparation of mixed drinds, at gross invoice price ess trade dis-counts, plus delivery charqes.
The cost of employees' beverages should be charged to the respective departments whose employees are served. In other words, the cost of employes' beverages is not a part of cost of beverages sold.

Other Operated Departments

Includes the cost of sales, if any, in all minor operated departments, including the telephone department.

Salaries and Wages

Rooms

Includes salaries and wages of personnel of this department （front office, house-keeping, elevators, floors, doormen and porters）.

Food and Beverage

Includes salaries and wages of personnel in the department (purchasing, receiving, storage, preparation, service, dishwashing, cashiers, control).

Other Operated Departments

Includes payroll of telephone, and all other minor operated departments.

Administrative and General

Includes salaries and benefits of the manager's office, accounting office, night auditors, employment office, etc.

Advertising and Promotion

Salaries and benefits of employees in the advertising or sales manager's office.

Heat, Light and Power

Salaries and benefits of engineer, mechanics and yardmen.

Repairs and Maintenance

Wages and benefits of carpenters, painters,upholsterers, masons, etc.

Other

Salaries and Wages pertaining to other income as explained above.

Employee Benefits

Includes applicable payroll taxes, social insurance, vacation and holiday pay, employees' mesls, awards, social activities, pensions.

Other Operating Expenses

Rooms

Represents operating expenses of rooms department other than payroll and employee benefits (rooms' cleaning supplies, guest supplies, laundry and linen, reservation expense, paper supplies, travel agents commissions) .

Food and Beverage

Includes other operating expenses such as china and glassware, cleaning supplies, decorations, guest supplies, laundry, linen, music and entertainment menus and beverage lists, silver, uniforms, etc.

Other Operated Departments

Includes other operating expenses of minor operated departments.

Other

Operating expenses peartaining to other income as explained above.

Undistributed Operating Expenses

Administrative and General

Includes accountants' fees, cash overages or shortages, commissions on credit cards, collecticn charges, executive office expenses, general insurance, postage, legal expenses, trade association dues, traveling expenses, etc.

Advertising and Promotion

Includes advertising agency fees, cost of advertising in all media and applicable travel expenses and supplies.

Heat, Light and Power

Includes the cost of electrical bulbs and electrical power, fuel, mechanical supplies, steam, water, removal of waste matter, etc.

Repairs and Maintenance

Cost of repairing the building, electrical and mechanical equipment and fixtures, florr coerings, furniture, grounds and landscaping ,etc.

附錄六　旅館常用術語

A

accommodations	住宿設備
activity center (tour desk)	觀光・旅遊服務櫃台
alcove	凹室（擺放床舖或書架的地方）
annex	別館
amenity	旅館內的各種設備、備品
aperitif bar	飯前爲開胃輕酌的酒吧
atrium	中庭大廳

B

bachelor suite (junior suite)	小型套房或單間套房
ballroom	大宴會場
bay window	向外凸出的窗門
bed-and-breakfast (B&Bs)	（房租包括早餐）民宿旅館
bed-sitter	客廳兼用臥房
bell desk	行李員服務櫃台亦稱porter desk
beverage	飲料
bidet	浴室內女用洗淨設備
bistro	小型酒館
board room	豪華會議室
boutique hotel	小巧玲瓏的旅館
brunch	早餐兼賣午餐
budget-type hotel	經濟級旅館，日本稱爲BUSINESS HOTEL
buffet	自助餐
bungalow	別墅式平房

bunk bed	雙層床
business center	商務服務中心
business hotel	經濟級商務旅館
butler service	各樓專屬值勤服務員
C	
cabana	游泳池畔房間
canopy	天篷形的遮棚
casino	賭場
casual restaurant	普通餐廳
chain hotel	連鎖旅館
chalet	農莊旅館、民宿農莊
chateau hotel	城堡式旅館
company rate	公司特別價格
complex	綜合性旅館（有辦公廳、會議廳、旅館商店街等）
complimentary	免費招待
concierge floor	即V.I.P.樓
condominium	分戶出租的公寓大廈
conference room	會議室
conference suite	即board Room
consortium	爲共同宣傳、推廣、訂房，聯合組成的旅館團體
continental plan	房租包括早餐
convention hotel	有會議設備的旅館
corner room	位在角落的房間
corporate rate	同company Rate
courtesy bus	免費提供的交通車
courier service	國際快送服務
D	
deli (delly)	delicatessen之簡寫專賣熟菜或現成品的

	店
demitasse	小杯咖啡
dinette	小餐室
discotheque	DISCO舞廳
double up	一個房間睡二人
double-vanity	浴室內，有二個洗臉台
dress code	「服裝準則」高級餐廳事先通知顧客應穿著之服裝
duo bed	由SINGLE BED及SOFA BED組成的雙人用床

E

efficiency apartment	小套房（房間外有廚房及浴室）
emergency exit	安全門
English breakfast	AMERICAN BREAKFAST再加上穀類料理的早餐
escort	即TOUR GUIDE（導遊）
exchange order	服務憑証
exercise room	健身房
executive floor	另稱V.I.P FLOOR即貴賓樓
executive service	秘書服務(SECRETARIAL SERVICE)
extra bed	加床

F

family plan	兒童與家屬同住一個房間時，免費辦法
flagship hotel	旗艦旅館意即代表性旅館
flat rate	不論房間大小，價格都一樣
free allowance	團體客中准予免費招待的人數
free-sale	代理商可替旅館自由出售的房間
French door	左右開啓的門
frequent traveller	常來住的旅客
frigobar	小型酒吧又稱MINI-BAR

full board	即AMERICAN PLAN房租包括三餐在內
fully booked	客滿　訂房（位）額滿
function room	即banquet room宴會廳
G	
gazebo	瞭望台
grade	旅館分級制度，歐洲用五顆星，也有用Superior, first, deluxe, tourist 及 economy 等，而美國則分爲deluxe, first, standard及ecomony
grand open	旅館全部開業
gratuity	小費
grill	烤肉專門餐廳
gross price	包括佣金在內的房租
gourmet restaurant	高級餐廳
group rate	團體價格
guaranteed reservation	有保証的訂房（已支付保証金）或以信用卡保証
guest house	美式民宿，歐洲稱爲PENSION或B & B
gymnasium	同FITNESS CENTER（健身房）
H	
half board	同HALF PENSION
half twin	二人平分雙人房的房租
hall porter	行李員
handicapped	殘障者
happy hours	酒吧特價優待時間（通常爲下午5～7點）
head hostess	餐廳女性領班
head waiter	餐廳領班
health club	健身房

healthy menu	健康菜單
hideaway bed	隱藏在牆壁內的床，同MURPHY BED
high tea	即TEA TIME
highway hotel	公路旅館
holding time	訂房保留時間（通常保留到下午六時）
Hollywood bed	日間當沙發，晚間當床用
hospital hotel	療養旅館
hospitality room (suite)	開會中與會人員可以自由進出的接待室
hotel coupon	旅館住宿券
hotel directory	旅館指南書
hotelier	旅館經營者
hotel representative	旅館指定的代理商或代表
house officer	警衛
hydrotheraphy pool	治療用水池
I	
ice cube machine	自動製冰機
individual	個人客
inn keeper	中小型旅館經理
innovation	設備全部更新RENOVATION是部份更新
in-house movie	館內電影
J	
jaccuzzi	汽泡浴缸，按摩浴缸
junior suite	同SEMI SUITE小型套房
K	
king size bed	床長210cm，寬180cm的大床
kitchenette	簡易廚房
kosher	猶太人戒律的食物
L	
lanai	夏威夷式涼台

land operator	安排地上觀光事宜的旅行社
lock-out	自動上鎖，關在門外
lodge	獨立小屋
loft	頂樓房間
loggia	涼廊（房屋面向花園的部份）
lounge	接客廳
luggage storage	行李保管間
M	
main building	本館
maitre dhotel	餐廳經理
murphy bed	隱藏於牆壁中的床
message light	留言信號燈
mezzanine	中層樓
mini-bar	房內小型酒吧
N	
non stop check-out	不必前往出納付帳，即行離館，帳單後送，又叫 EXPRESS CHECK-OUT
nouvelle cuisine	新推出的菜肴
O	
occupancy	客房住用率
off-season rate	淡季特別價格
on-season rate	旺季房價
on-spot confirmation	當場即可確認訂房
open bed	同TURN DOWN即爲住客作開床服務以便讓住客隨時可上床（掀開床罩）
overbooking	超收訂房
P	
package rate	包辦旅遊的價格
page boy	行李員
pantry	餐具室

patio	西班牙式內院
pent house	屋頂套房（最高級套房）
per-person rate	按人數計算房租
podium	講台
poterage	行李搬運費
powder room	女用洗手間
Q	
quads	四人床
queen sizebed	床長200cm，寬150cm大床
R	
rate on request	議價的房租
reception clerk (receptionist)	櫃台接待員
reinstate	取消的訂房再恢復
renovation	更新設備
restaurant theatre	戲院餐廳
revolving restaurant	頂樓旋轉的餐廳
rollaway bed	掛有車輪，可以折疊的床
room account	旅館帳單
rooming list	房間分配表
room maid	女性客房服務員
room service	房內餐飲服務
S	
safety box	保險箱
schloss hotel	德國式城堡旅館
security guard	警衛
semi-suite	小套房
senior guest	高年齡顧客
service charge	服務費
shoemitt	擦鞋布

shuttle bus	來往市內、旅館、機場間的專用車
simultaneous translation	同步翻譯
single room surcharge	單人床追加房租
single use	雙人床只由一人佔用
snack bar	速簡餐廳
social director	公關經理
sofa bed	沙發兼床
soft open	同PARTIAL OPEN旅館部份開幕
solarium	日光浴室
spa	溫泉浴場
space availability chart	訂房控制圖表
space block	事先保留房間
special rate	特別房價
specialty restaurant	專業餐廳專品餐廳
split-level	不同高度的房間排成一列
star-hotel	用星分等級的旅館
station hotel	車站附近的旅館
studio room	房內有SOFA BED日間當沙發晚上當床用
suburban hotel	都市近郊旅館
suite	套房
T	
Takeout (tekeaway)	外賣
tavern	酒吧
teleconference	通過電視開會
terrace restaurant	屋外餐廳（街道餐廳）
toll-free	免費長途電話
tour desk	觀光、旅遊服務台
tour guide	導遊
tourist hotel	觀光旅館

tower	旅館分成低層樓（餐廳、會議廳等）與高層樓（TOWER即高層）
town house	城市中的公寓
triple beds	三張床的房間
triple decker	三層床
turndown service	同OPEN BED
U	
urban hotel	同CITY HOTEL
V	
valet service	洗衣、燙衣服務
valet parking	代客停車服務
vegetarian dish	素食
venetian blind	活動百葉窗
villa	別館或別墅
VIP-floor	貴賓樓，同EXECUTIVE FLOOR或CONCIERGE FLOOR
voucher	服務憑証
W	
wake-up call	叫醒服務
walk-in	事先無訂房，臨時來的旅客
weekday rate	平日房價
weekend rate	週末房價
wet bar	同MINI-BAR
wheel chair	輪椅
whirlpool bath	漩渦浴缸
wine bar	專賣葡萄酒的酒吧
wing	側翼。新館叫NEW WING 舊館叫OLD WING

附錄七——習題

第一章

一、試述古埃及三大文化與旅館發展的關係。
二、試述旅館的定義。
三、興建「國際觀光旅館」與「觀光旅館」所依據的法令有何不同？
四、解釋「HOTEL」一語的語源。
五、旅館可分爲幾類？
六、旅館房租計價方式有幾種？
七、客房的種類有幾種？
八、旅館的商品是什麼？
九、試述客房具有那些商品的特點。
十、試述服務的眞諦。
十一、目前台灣經營旅館的困境是什麼？應如何解決？
十二、說明「汽車旅館」所以如此發達的理由。
十三、MOTEL可分爲幾種？

第二章

一、運用組織應嚴守那些原則？
二、將來的旅館組織應如何加强？
三、將櫃台的一般組織以圖表示。
四、櫃台的主要任務是什麼？
五、房務管理的任務是什麼？

第三章

一、試述旅館訂房的來源。
二、訂房單位與櫃台應如何在作業上連繫？
三、通信訂房可分幾種？住宿契約與訂房契約有何不同？
四、旅館的聯鎖經營方式有幾種？
五、聯鎖經營的功用何在？
六、旅行社應如何改進其經營方式？

第四章

一、機場接待目的何在？
二、簡述櫃台辦理旅客住進之手續。
三、如何作好詢問服務？

第五章

一、試述櫃台設置有那些形態？
二、試述櫃台接待員的職務？
三、如何處理怨言？

四、客房控制報表有何作用？
五、房間檢查報表有何作用？
六、安排旅客住宿其他旅館應注意那些事項？
七、行李員的職務是什麼？
八、新任電話接線生應該注意那些事？
九、工商服務中心有何功用？

第六章

一、試述結帳的方式有幾？
二、試述團體客遷入手續。
三、試述團體客遷出手續。
四、簡述櫃台出納工作程序。
五、夜間接待員有那些任務？

第七章

一、如何處理「已住進旅客」的信件？
二、如何處理「非房客」的信件？
三、如何處理「已遷出旅客」的信件？
四、試述夜間經理的任務。

第八章

一、旅館會計的三大功能是什麼？
二、旅館會計具有那些特性？
三、登記卡的功用是什麼？

四、調換房間應如何處理？

五、如何把客房收入報表作得正確？

六、旅館的房租有那些稱法？

七、如何審核房租收入？

第九章

一、房務管理主管應具備那些條件？

二、領班的職務是什麼？

三、試述房間檢查報告的功用。

四、各樓服務台有何作用？

五、如何處理旅客遺忘物品？

六、如何決定布巾的儲藏量？

七、夜勤工作人員應注意那些事項？

八、如何防火？

第十章

一、營業額偏低的原因何在？

二、行政及總務費用爲何會增加？

三、餐飲部經常應作那些督導檢查？

第十一章

一、如何製作菜單？

二、有效的控制制度可以達到那些目的？

三、何謂「標準」？
四、試述有效的採購方法及步驟。
五、食物因儲存不當遭到損壞的原因有那些？
六、如何作出標準的食譜？
七、管理酒料有幾種標準方法？
八、觀光主管機關定期檢查旅館的目的何在？

第十二章

一、餐廳必備的條件是什麼？
二、按服務的方式餐廳可分幾種？
三、「ROOMSERVICE」應注意那些事項？
四、試述全餐的菜順序，並畫圖列出全餐餐具的排法。
五、試述法國式的服務方式。
六、服務技術應注意那些事項？
七、替客人選位應注意那些事項？
八、核查制度有幾種？
九、簡便餐廳發達的原因何在？
十、一般觀光客的共同心理是什麼？
十一、爲何宴會的方式普遍採用自助餐？

第十三章

一、如何創造餐廳的魅力？

二、顧客不歡迎的餐廳有那些原因?

第十四章

一、如何阻止員工離職他遷?

二、一位良好的經理應具備那些條件?

三、管理人員應有那些特性?

第十五章

一、旅館行銷目的何在?

二、如何選擇目標市場?

三、如何確定自己產品的市場形象?

四、組合產品有幾種?

五、如何建立顧客關係的策略?

六、如何爭取國際會議?

七、一流的旅館應具備那些條件?

八、比較歐洲及美國旅館經營的差異點。

第十六章

一、旅館實施電腦作業目的何在?

二、試述電腦中心主管的職責。

三、何謂統一會計制度?有何功用?

四、利益管理有那些內容?

五、旅館的商品有那些特性?

六、十個「S」的經營信條是什麼？

第十七章

一、「行銷」與「推銷」有何不同？
二、試述興建旅館前的市場調查五個步驟。
三、要成爲國際會議成功的旅館應具備那些條件？
四、「職前訓練」以採取何種方式較適宜？
五、如何改進櫃台作業？
六、如何改進訂房作業？
七、興建旅館應確定的先決原則是什麼？
八、分配公共場所時應注意那些原則？
九、出售產品的四個要素是什麼？
十、試述旅館商品內容演變的過程。
十一、今後我們的市場行銷重點應如何？
十二、旅館經營永不變的哲理是什麼？
十三、目前旅館市場面臨的五個課題是什麼？
十四、旅館經營的六大病源是什麼？
十五、說明旅館評鑑工作的意義。

第十八章

一、旅館內的灰塵是經過那些路線發生的？
二、吸塵的目的何在？

第二十一章

一、經營民宿的基本考慮是什麼？
二、試述民宿的基本特性。
三、民宿與一般旅館最大不同的特色是什麼？

第二十二章

一、試述休閒旅館各不同階段的行銷方法。
二、S.M.E.R.F. 代表什麼？
三、如何才能延長循環期保持一定水準。
四、研究階段循環的眞正意義何在？

三、委託專業者清潔有何優點？
四、強電與弱電如何區別？
五、空氣調節有何作用？
六、井水如何處理？
七、發生火災時，應如何處理？
八、列舉設備管理之重點。

第十九章

一、試述服務品質管理的意義。
二、如何評估無形的服務品質？
三、如何評估「人」對「人」的服務？
四、將來評估的方向應如何？
五、都市旅館有那些新機能？

第二十章

一、比較「都市旅館」與「休閒旅館」客房經營的差異。
二、比較「都市旅館」與「休閒旅館」餐飲經營的異同。
三、休閒旅館應特別加強何種措施？
四、經營旅館的「五氣」及「四S」是指什麼？
五、美國的渡假旅館如何分類？
六、我國經營休閒旅館應有的新理念是什麼？

第二十三章

一、試述餐飲業的特性。
二、列舉可行性研究的項目。
三、經營成功的條件是什麼？
四、說明失敗的原因。
五、平時如何突破？
六、不景氣時如何突破？
七、試述未來發展趨勢。

第二十四章

一、如何評估自我？
二、如何評估盟主？
三、試述連鎖經營的優缺點。
四、如何發揮十大魅力？
五、試述國際連鎖應考慮因素？

附錄八　善用飯店設備與服務的祕訣

㈠抵達及住宿登記

當您乘車前往飯店到達大門時，會有DOORMAN（門衛）前來爲您開車門，向您致歡迎詞；同時會有BELLBOY（PORTER行李員）前來爲您搬運行李，請先點清行李件數；如果您不放心或有貴重及易碎物品，可以自己拿，在櫃檯辦理CHECK-IN手續時，可以向櫃檯要一張HOTEL CARD（旅館名片），以防迷路時，可搭計程車回來或向路人詢問。拿了鑰匙之後BELLBOY會帶領您到您的房間，進入房間以後BELLBOY會一一爲您介紹房間內設備的使用方法，當BELLBOY離開前別忘了TIP（小費）。如果您是自己開車前往飯店，有些飯店有PARKING SERVICE（代客停車），您只要把車鑰匙和小費交給DOOR-MAN，就可以輕輕鬆鬆的C／I了。如果您有共室的室友，而在消費帳上要分開記帳的話，請先告訴櫃檯和出納，以便分開記帳。

㈡房間內應注意的事項

在房間裡，一般的設備都會有簡易的使用說明及房客須知。最重要的一點是要弄淸楚那些是免費使用，那些是付費使用，尤其是收看電視是否要付費，及收費標準，究竟有關荷包大事，不能不注意，如果不清楚可以問樓層的服務台或帶您來的BELLBOY。一般有關飯店設備及服務簡介，以及信封信紙明信片都會放在化妝台上的STATIONERY（文具夾）裡面。再就是電話使用說明一定要了解，尤其是櫃檯，總機，IN-FORMATION (CONCIERGE)及外線的號碼一定要知道，才不會常常跑櫃檯。進入房間以後千萬認清自己的位置和安全門的所在，最好實地探查一次逃生路線，以防緊急情況時需要。

(三)浴室內的常識

浴室裡面冷熱水的標識，一般C－cold是冷水，H－hot是熱水，但是在法語系國家的C－chaud則是熱水，F－froid才是冷水，千萬要先認清楚再使用，不要一時大意被燙到了才來叫冤枉。浴室裡面的大毛巾是洗浴完畢後擦乾及包裹身體用的，中型（一般大小）的是洗臉的毛巾，至於小方巾則是洗澡時塗抹肥皂擦拭身體用的。

歐式飯店的浴室內往往有一根很漂亮的繩子垂下來，如果您正在享受入浴之樂，奉勸您千萬不要一時好奇心大發拉它一把，否則您會"見笑"後悔，因爲那是條緊急呼救的喚人繩，您一拉，服務人員就會衝進來，那可就丟人囉！而有的浴室有一種類似馬桶，無蓋，使用時會有一股"噴泉"直沖而上的設備，那不是飲水器，而是女性用可淨身的衛生便器，那水可不能喝哪！在歐洲，有時在浴室鏡檯上放有類似修指甲刀的平滑金屬片，那是舌刮，您還是把它擺著別動爲妙。

自來水是不是能生飲也要弄清楚，有的飯店浴室內設有生飲專用的水龍頭，在歐洲則備有礦泉水。

有些飯店在浴室內還有一條晒衣繩，您的內衣可以晾在上面，切勿掛在燈罩上面，以免過熱燃燒發生意外。

㈣禮貌與安全

提醒您走廊也是公共場所，不要穿著睡衣或拖鞋亂跑。講話聲音要放低，除套房外，會客要在大廳，不要拉了訪客就往房間跑，會被誤會的。睡前把門鎖上，安全門閂上，有人敲門先問清楚或從SPYHOLE看清楚再開。出門時門要鎖好。

當您在房間裡不希望被人家打擾時，可以掛出D-N-D（請勿打擾DO NOT DISTURB）的牌子，需要服務生進來打掃房間，可掛出MAKE UP ROOM（請打掃房間）的牌子。

如果您不接電話，可通知總機NO CALL（不接電話）。有的飯店，客人可自行設定MORNING-CALL（早晨叫醒），不過最保險還是通知總機，由總機為您服務，當您離開房間，但仍在飯店內，也可通知總機將電話轉接至另一個房間或餐廳，游泳池……等；別忘了說聲謝謝！

㈤財物保管與處理

櫃檯出納則是您的私人財務總管。不是隨身必備的貴重物品，多餘的現金和有價證券及重要文件，您可以在櫃檯出納處開個保險箱（大部分是免費使用）寄存，護照正本若非必要，也一併寄存，隨身只帶影印本即可，避免遺失。當您現金用罄時，也可以在櫃檯出納兌換貨幣，但務必請您保留外匯兌換水單，以便在離境前能將餘數兌換回來。如果您的消費帳要分為公、私帳以利報帳時，請事先交待出納要記公帳的類別、項目、當您離開時會給您公、私帳分開的兩張收據。

在房間裡也會有小型對號保險箱，可以自行設定號碼使用；建議以出生年月日等易記憶的號碼來設定。

㈥外出前應交待事項

當您要外出，又怕有人來訪或來電，可將自己行蹤交待櫃檯或留言，請其轉告來訪或來電者，當然您不作任何交待，櫃檯也會幫您留口信，所以您千萬要記得出入大廳時順便在櫃檯問一聲"ANY MESSAGE FOR ROOM ###?"保證您不會漏掉任何訊息。如果您有郵電往來，可以在MAILING（郵電服務）處理。

㈦退房離館前應注意那些？

要退房離開時若尚有未收到的信件，可以留下下一站的地址（和FAX號碼），飯店方面接到信件後會儘快轉達給您。

假如您要暫時離開前往他處，將會再回來，不用的行李可以寄存在行李房，回來時再取回即可。國外飯店的KEY TAG（鑰匙牌）大都印有飯店信箱號碼，當您一時疏忽將鑰匙帶走，只要將鑰匙投入當地任何的郵箱即可寄回。若到了他國您可得自己花錢寄回去了。

退房離開前，千萬不要順手牽羊。房內物品中，牙刷、肥皂、信封、信紙、明信片是可以帶走的，其餘的東西如果覺得有紀念價值，可以向櫃檯購買，有的飯店設有紀念品專櫃，您可以在那兒洽購。

當您購物太多，可以事先打包寄回家，不要提在身邊；避免行動不便和遺失，損壞。

㈧餐廳的常識

至於到餐廳用餐，首先要了解餐廳營業時間，供應菜色，是否要事先訂位以免向隅，及該餐廳是否有服裝限制。一般來說正式餐廳必須要服裝整齊；而快餐廳，自助餐廳及速食店則較輕鬆些。用餐時注意餐桌禮節。在國外不流行划拳助興，這一套在國內啤酒屋使用可以，出國就不必帶了。

進入餐廳時不要直接闖進去找位子，而是告訴服務人員有幾位用餐，等候帶位入座；如果有事先訂位，請告訴服務人員訂位者姓名及人數。點菜時若有男士在場，女士們可將想點的菜色告知男士，由男士來點菜，女士不宜直接向服務生點菜。呼叫服務生時，不宜高聲叫喊，而是等服務生走過附近時以輕微手勢或低聲叫MISTER或MISS召喚其前來。

假若您難得慵懶一下，不想勞動您一雙玉足移駕到餐廳。可以！您只要動動您的青葱，撥個電話到ROOM SERVICE（客房餐飲服務）點餐，您便可以在房裡享受一頓輕鬆自在又羅曼蒂克的餐點了。價錢大約比在餐廳內享用高10～20％左右，當然送餐來的時候別忘了小費！

㈨在酒吧裡品酒

一般在酒吧裡面品酒是比較輕鬆的一面，服裝可以輕便一些不必太拘謹。有的國家不准女人單獨進入酒吧，必須有男士的陪同才行，這些禁忌必須先了解才可以。品酒是細細啜，慢慢喝，淺嚐即止，不要作大口入喉的牛飲，讓老外笑我們老土，笑我們烏龜吃大麥。

雞尾酒(MIXED DRINK)不知道如何點用時，建議您男士點MARTINI，女士點MANHATTAN，較爲適合；有些混合飲料有其特別的含意或暗示，不明白的人千萬不要隨便點酒，以免引起不必要的誤會。

參加酒會先要了解酒會的性質及要請的對象，注意服裝是否適宜，以免貽笑大方。在飯店裡的餐廳，酒吧用餐，飲酒，除非有特別規定，一般是不必馬上付現，可以憑房間鑰匙或HOTEL PASS (KEY CARD)記到房客帳，於退房時一併結清就可以」。

(十)乘坐電梯

*爲安全起見，女性不要單獨乘坐電梯，有男士陪同比較好。

*乘坐電梯應該女士和長輩先行。

*美國，日本和我國一樣，由地面算起1.2.3.……樓但歐洲則地面算基層樓，一樓(FIRST FLOOR)指的是二樓，以此類推。

(十一)使用其他設備應注意

1.服務時間
2.服務內容
3.是否收費
4.是否要預約
5.是否有特別限制，如：男女，年齡等

(十二)活的旅遊百科字典

如有以下問題，在美，日可問大廳副理(ASSISTANT MANAGER)，在歐洲問CONCIERGE（在大廳有專用櫃檯，專爲旅客解決問題，提供服務的人。）

1. 觀光旅遊，交通工具的安排。
2. 租車服務。
3. 戲院和體育活動買票事宜。
4. 機位，機票預約及確認。
5. 支票，外幣兌換問題。
6. 自由時間的打發。
7. 餐館的介紹。
8. 其他旅館的訂房。
9. 秘書和翻譯的安排。
10. 速記，打字事宜。
11. 購物介紹。
12. 醫院，醫生介紹。
13. 公證人介紹。
14. 遺失物的尋找。
15. 代僱看小孩的保姆。

大廳副理（或CONCIERGE）有如您的私人顧問，各項疑難雜症都可以向他求協助。

(十三)聰明的使用方法

1.利用淡季住房：可以享受各種接待和無微不至的服務。

2.利用離峯時間消費。如酒吧有HAPPY HOUR的優惠時段。

3.多利用大廳的COFFEE SHOP約會，談生意，甚或相親，消費不高，卻可收意外佳效。

4.善用行李間的服務。在國外，有的行李間備有禮服，領帶；如果您服裝不夠正式，可向行李間臨時借用。

5.加入臨時的VIP會員，可享有很多的優待辦法。

6.利用機場電話臨時訂房。在國外機場往往有各大飯店的專用免費電話，您可以利用此電話臨時訂房，並在機場等候PICK-UP（接機）即可。

7.有些飯店訂房時可利用對方付費的專線電話。

8.注意C／O（退房）時間。問淸楚延遲退房是否要加收費用。

9.國外飯店使用電壓和國內不甚相同，若自備吹風機，電鬍刀等用品，記得也要帶變壓器110／220 V和變換插頭。

10.口袋裡隨時準備一些零錢，給小費用。

11.如果您在早上很早就要C／O，爲避免擁擠等候，您可以在前一天晚上先辦理結帳手續。

（十四）發生火警時

1. 切勿驚慌亂跑，應認清火源方向，將毛毯打濕覆在身上，並以濕毛巾掩住口鼻，以貼地的低姿勢向反方向逃生。
2. 火警時絕勿使用電梯，而利用防火梯逃生。
3. 若往下的通路被火勢封住時，要儘速上頂樓陽台，等候救援。
4. 睡前將浴缸放入1/3的水，一方面可以調節濕度，一方面若不幸火警可及時按前三步驟自救。

（十五）結論

現在您已經了解飯店裡的各項設施與服務；飯店的一切是爲您而設，善加利用，您就是飯店裡的皇帝與皇后，好好享受飯店高貴而悠閒的氣氛和我們的服務，祝您愉快！

第二十二章　休閒旅館發展過程與行銷

旅館是一個多采多姿的行業，處在今日變化多端的環境下，旅館正面臨著新的挑戰與考驗，在激烈的競爭中，旅館競爭目標之轉變，影響到顧客階層的亦替與行銷策略的變化。

任何一家旅館在其發展過程中，必有一定的循環規律，也就是所謂的：Hotel Life Cycle。在此，擬舉美國渡假旅館為例加以說明，以便作為將來有意興建休閒旅館的業者參考。

我們把它的發展過程分為六個期間。了解其過程的變化，在於如何去把握不同的顧客類型並對於行銷策略的擬定有莫大的俾益。

第一節　發展初期（第一階段）

在遠離都市的郊外交通尚不十分發達，興建一家小型渡假式旅館「甲」，顧客屬於走時代尖端的類型，該地的魅力是自然與文化，就是遠離繁雜的鬧市人羣，欲享受大自然新鮮的空氣安寧，旅館不必提供特別的娛樂設備，樸素的裝璜，但必須富有文化傳統的氣氛，價格也不太計較，餐廳的菜單不必由豪華奢侈的魚子醬等所構成，只有簡單的蔬菜類或三明治等簡便餐食，已足足有餘。然而這種旅館由於受到季節性的影響，在淡季裏非關門停止營業不可。此時期，觀光客不太多所以對當地的社會影響也不大。

論及旅館之發展過程中，要特別注意其行銷方法與策略是隨著階段的進展，越趨複雜而經費也越加增漲。第一階段的顧客，大部份利用電話直接向旅館訂房間，所以行銷經費僅限於電話費用或分送顧客或他們的親戚朋友的「直接郵寄」（D、M），而促銷活動也以口頭傳達為主，雖然宣傳旅館的知名度在初期需要一番的努力，卻無需雇用專任的推廣業務人員。同時，顧客對會議、宴會等的需求等於零，因為來此地的目的在於想脫離會議、宴會、團體集會或其他商業性活動，享受一片寧靜、獲得心曠神怡之效。

第二節　興盛期（第二階段）

該渡假地的評價與知名度，漸漸地提高而被肯定。遊客也漸有增加之勢。結果，在附近又建立了另一家中型旅館（乙）。原有的旅館「甲」，不得不雇用專任業務專員來加強行銷活動。

首先採取的措施是「全年營業」，為了應付季節期間的生意，增加會議場所的設備，不過需求卻相反地要求在旺季舉辦者多，所以營業量並不太多。另一個開源方法就是開闢團體旅行市場，對象為批發商酬謝績優零售商之旅行團。

原來為走時代尖端而來欲享受寧靜住宿的顧客自然離開此地而另找其他的渡假地。代之而起的新顧客是由大都市近郊的新居民組成的，花費剛賺來不久的錢，所以對新興的旅行市場特別有興趣。應付他們，旅館不但須增加新的娛樂設備，並將原有的裝璜改換成為更豪華的格調，而餐廳的菜單也列入魚子醬等高級菜餚，營業開始繁榮起來。在行銷方面費用日見增加而投入之資金也隨著高漲。原來對消費者的直接廣告減少，取而代之的是對旅行社或績優招待旅行團企劃者之促銷活動費用。換言之，需要以「折扣」來設定價格。然而一般的顧客對旅館所提供的一切服務仍然感到滿意而且尚有支付的能力；所以營業照樣非常順利。

第三節　過渡期（第三階段）

再度地，旅館業專家來作市場調查，發現乙家的旅館客房佔用率竟然高達百分之八十，而其他旅館之獲利率也相當高，所以又在對面蓋了一家「丙」旅館，就這樣本地的旅館面臨著新的競爭而進入變化多端的第三階段的過渡時間。

不過，第一階段的顧客仍然把當地視為第二階段的渡假地，所以在會議，宴會等集會很少的旺季裏，還是繼續來此渡假。

直到第三階段的新顧客日漸增加時，原有的上層客人又移到別的渡假地。更糟的是，由於新旅館的增加，第二階段的顧客也被爭取到新的旅館。結果，最初在此地興建的旅館，第一次遭到開幕以來，首次在旺季裏出現空房的現象。在行銷活動中，為要在激烈的競爭中戰勝，非擴大業務推廣部門的組織不可，一方面增印精美的簡介，並須依賴批發旅行業開拓新客源了。行銷活動操縱在外人手中，必須支付多額的佣金成本自然提高，更不能因淡季而關門不營業。原有的顧客、績優酬謝旅行團又另找新鮮的渡假地去了，形成更須依賴會議或宴會等的生意。

不久，旅館再也無法負擔裝璜豪華的保養費用。餐廳的菜單種類，由魚子醬改為小龍蝦，但旅館本身仍然誇口提供一流的服務，所以大都市近郊的客人仍然繼續來此渡假，只是顧客多的僅在夏季或假日的旺季，其他日子生意都很清淡。全盤看起來，營業成績平平。

第四節　競爭期（第四階段）

新的旅館又出現三家，旅館增加的結果，僅僅依賴原有的行銷方法已經無法再使客房住滿，面臨客房住用率的降低，利益率減少的情況下，解救的方法就是開拓另一個市場來源，亦即「包辦旅行團」。由旅館規定撥出多少專用的房間，並以五折或六折的折扣提供房間給每星期固定利用包機來的包辦旅行團。諸如各種體育團體，以代替會議，宴會等之生意。從此，原有的績優酬謝旅行團也日漸消聲匿跡。

第五節　轉變期（第五階段）

進入此十階段的旅館，除了包辦旅行團之外，其他的顧客均被拒於圈外，美國旅行業者曾把這種包辦旅行團分成五種類：簡稱其為S．M．E．R．F亦即一般社會團體（S），軍人（M），教育團體（E），宗教團體（R），親睦團體（F）等。一般說起來，這些團體在社會經濟方面收入較低，所以如有一家旅館因這種團體佔多數，則無形中會降低其高級旅館的形象。

要防止從第五階段進入第六階段，除非發生天災地變或市場情況產生鉅大變動之外，並無法避免。美國亞德蘭市原屬於第五階段的渡假地，但由於市場激起大變化而形成一個賭博城，使許多旅館有的恢復到第三或第四，甚至於起死回生到第二個階段，即是一個很好的例子。但在邁阿米，情況就不同了，只有在旺季始能發現第四階段的顧客，其餘大部份已進入第五階段。

第六節　沒落期（第六階段）

昔日的輝煌光景已不復存在，旅館門前可羅雀，旅館只有改成年老人的公寓或拆除改作停車場，或作其他用途。

旅館經營的發展循環，大部份是不可避免的，然而仍有些旅館始終保持在一定的階段上，這是由於他們知道為了要延長循環期必須繼續努力㈠加強、更新，或提高硬體、軟體及人性服務三方面的品質與設備。㈡增加市場行銷費用。㈢尤其要重新發現新的魅力、塑造新的形象與定位並加以大力去宣傳。㈣同時應設法降低成本、減少不必要的開支。以便尋找新的發展機會。

總之，研究階段循環的真正意義在於了解本身的旅館目前究竟處在那一階段，以便確立最有效的行銷計畫，而在市場性格變化的競爭發生時，才能決定是否為保持目前的地位而奮戰到底或迅速採取行動，進入另一階段依賴市場的力量打勝仗。

本省在民國六十二年至七十一年間，由於經營不善，管理不當而關門倒閉之旅館竟有二十家之多。由此可見，經營旅館是一項無比的挑戰。經營者除必須具備優越的經濟頭腦，豐富的經驗外，觀念的革新，新知的吸收，現況的改良，更是經營者必備的理想。

成功的經營惟有依賴其服務品質的高低，硬體設備的機能及行銷策略來取勝!!

第二十三章　如何經營餐廳

第一節　餐飲業是什麼行業？

—餐飲業的特性—

1. 投資適切性
2. 地點適中性
3. 同業競爭性
4. 員工專業性
5. 經營複合性
6. 商品易腐性
7. 時間限制性
8. 產銷兼營性
9. 服務敏感性
10. 市場複雜性

簡言之：

餐飲業是出售食物、飲料、服務和氣氛的感性和理性的行業。

其商品包括：有形的設備和餐飲。無形的服務和氣氛。

第二節　該不該開餐廳？

—如何作可行性的研究—

1. 立地條件
2. 法令規章
3. 商圈型態
4. 週邊環境
5. 同業競爭
6. 異業競爭
7. 供需狀況
8. 設備項目
9. 行銷策略
10. 財務計劃
11. 人事計劃

12. 進度計劃
13. 自我分析
14. 發展前景
15. 綜合評估

第三節　怎樣作生意才能成功？

—經營成功條件—

1. 地點適中、規模恰當
2. 資金充足、調度有方
3. 廚藝專精、菜餚別緻
4. 設備安全、講究氣氛
5. 專業管理、人事協和
6. 品質優越、服務滿意
7. 控制成本、價格合理
8. 重視員工、士氣高昂
9. 行銷高明、掌握市場
10. 研究發展、創意領先

第四節　爲什麼會失敗？

—失敗原因—

1. 不明法令
2. 太過自信
3. 租金太貴
4. 股東不和
5. 缺乏專業
6. 人才難找
7. 不求創新
8. 浪費成本
9. 沒有制度
10. 溝通不良

第五節　生意不好，要怎樣作才好？

—如何突破瓶頸—

(1) 平時：

1. 保持餐飲水準、不斷創新口味

2. 獨創特殊風格、吸引顧客再來
3. 建立形象口碑、加強顧客關係
4. 推廣行銷文化、掌握市場利基
5. 成本控制得當、維持貨眞價實
6. 設立資訊系統、廣集趨勢情報
7. 提升員工素質、力保服務品質
8. 分解產品構成、定位區隔市場
9. 強調人物訴求、採取驗照管理
10. 利用行銷迴歸、策略開拓客源

(二)—預防危機—

1. 先行健康檢查
（分析SWOT）
2. 決定預防方法
（採取何種策略）
（A）減肥（節減策略）
（B）吃補（補強策略）
（C）運動（突破策略）

—求生存的三法寶—

1. 關係的建立
2. 觀念的溝通
3. 市場的開發

(3)—不景氣時—

1. 保持市場區隔、開發新產品以爭取獨佔優勢。
2. 降低目標營業額以便萎縮時仍有利可圖。
3. 守勢經營策略、改成積極攻勢策略。
4. 如果賣價不高、生意又清淡、應即改善品質及服務。
5. 參觀同業作法、以便改造自己經營體質。
6. 策略性調整價格、但要提供附加價值。
7. 縮小經營規模、專精於中心招牌菜色。
8. 加強訓練員工、提高工作士氣、實行全面行銷文化。
9. 考慮加盟連鎖或共同聯合廣告。
10. 物美價廉外，應重視衛生、安全、營養及人性服務。

第六節　將來的方向是怎樣？

—未來發展趨勢—

1. 專業、制度化
2. 個性、主題化
3. 連鎖、自動化
4. 速食、外食化
5. 外賣、多角化
6. 企業、國際化
7. 衛生、營養化
8. 設備、安全化
9. 服務、品質化
10. 作業、標準化

經營理念

（A）（五口）

口味、口碑、口袋、口氣、口才

（B）（五意）

創意、誠意、滿意、生意、如意

（C）（五安）

安全、安康、安心、安穩、安定

（D）吸引顧客六要素

SIMPLE（簡單）

SERVICE—服務—

IMAGE—形象—

MENU—菜單—

PRICE—價格—

LOCATION—地點—

EMPLOYEE—員工—

結論：廿一世紀由於受到⑴經濟成長穩定⑵國民所得水準提高⑶講究精緻的生活品質⑷職業婦女人數激增⑸人們提早退休、壽命延長⑹工作時間縮短、假期增多⑺流動人口頻繁⑻國際間交流密切等影響因素，餐飲業仍有很大發展空間。其經營成敗完全取決於「行銷策略」，所以在這場激戰中必須找出自己求生存的空間（市場定位），並要長期持續奮鬥，不斷創新求變自我充實、加強經營管理，才能有所突破，而成爲最後的勝利者。

第二十四章 餐飲連鎖經營

餐飲連鎖經營已成爲目前台灣最熱門而引人矚目的經營方式之一。尤其是國際性連鎖店，近年來更是一波又一波湧進台灣市場，與本國業者競相爭霸，而國內業者也勵精圖治，力爭上游，自行開發新品牌與系統，使整個餐飲市場百家爭鳴，百花齊放，成果輝煌，更爲蓬勃發展。

這種制度雖然對於想初次進入餐飲界服務或經營的人，不必冒很大風險，認爲只要學習現成的整套經營寶典，就有成功的機會固然有些幫助，但並不保證將來的經營必能一帆風順。這仍然要看個人的經營理念、經濟條件，以及是否全心投入的努力奮鬥之精神和意志而定。

當然，最後成功的關鍵，還是在於未加入之前，應該對這種制度作深入仔細的評估，透徹了解其合約規定內容、優點和缺點，並自信未來具有發展潛力，而最後再去請教專家意見並實地觀摩幾家經營的實況與分析他們的營業報表等資料後，確實認爲滿意才來投資，否則仍是一種冒險行爲。

如果評估後，仍然沒有自信，卻又想投入餐飲界自我發揮的話，建議先在商譽盛旺、形象健全、服務親切的餐廳，就業服務一段時期，學習體驗、經營的原理、原則及服務顧客的經驗後，再次重新評估，自然會更有心得及信心。

本文想針對那些有意參加連盟的讀者，提供作者的實際經驗與過去教學的理論及參考資料，希望藉此，能及早掌握經營的優勢與秘訣，盡己所能，發揮自我，並能持續努力奮鬥，充實自己，不斷創新，提升形象，加強顧客服務。使顧客滿意，才能邁向成功之大道。

第一節 如何評估是否投資

餐飲業是一個多采多姿，富有挑戰性的行業，但並非人人都能適應，所以在加盟前，應先作全面性的評估自己，並看看是否能加以調適，所謂：「知己知彼，百戰百勝。」是邁向成功的第一步。

評估自我

一、你確實了解連鎖的優點和缺點了嗎？

二、你有無經營餐廳的經驗？

三、你有興趣及欲望想成功地經營餐飲業嗎？
四、你願意按照所規定的程序去經營嗎？
五、你有足夠的時間去照顧你的事業嗎？
六、你覺得和別人一起工作快樂嗎？
七、你有良好的溝通技巧嗎？
八、你能順利參加並完成訓練課程嗎？
九、你有良好的組織能力嗎？
十、你能承擔財務上的風險嗎？

評估盟主

一、你已經詳讀並了解有關文件嗎？
二、你對合約期限滿意嗎？
三、你同意規定在文書中，自己應盡的責任嗎？
四、你同意使用盟主的商標及所有權嗎？
五、你了解作業手册的內容及正確的用法嗎？
六、你同意盟主的廣告政策嗎？
七、你了解所規定的會計及記帳手續嗎？
八、你同意終止合約內規定條款嗎？
九、你了解並同意合約內規定不可與盟主競爭的條文嗎？
十、你對訓練計劃及開店服務覺得滿意嗎？

評估連鎖餐廳

一、你喜歡連鎖餐廳的觀念，產品及服務嗎？
二、你相信有關品質、價值，服務和清潔的標準嗎？
三、你熟悉菜單內的項目而且自信這些項目是受歡迎的。
四、你認爲該地點是適合提供那些產品和服務的嗎？
五、如果能按照所定程序及步驟去作業，你覺得很輕鬆嗎？
六、你喜歡盟主所規劃的餐廳內色彩、裝潢、座位、交通路線和其他設備嗎？
七、你對餐廳的平均收益性滿意嗎？
八、你覺得支付給盟主的所有費用都合理的嗎？
九、你有自信可以請到有能力稱職的人員在你餐廳服務嗎？
十、該餐廳在你選的地區有發展潛在力及競爭力嗎？

經營任何一行生意均有其利弊所在，重要的是決定之前，看清楚形勢並透徹研究各方面所提供的資料加以分析。只要總部管理系統組織健全，並能操作正確，人力調配資源運用、材料採購及財務控制以至廣告宣傳分攤等問題處理得當，仍然利多於弊。

第二節　連鎖經營優缺點

現在就讓我們來看看連鎖經營的優點和缺點，加盟主必須注意的是，不要只看表面的加盟條件，如加盟金、投資額、獲利率等，更重要是長期的考慮，即能否長期經營及長期獲利，所以要慎選連盟體系才是成功之道。

一、對加盟店而言：

㈠優點： 1.塑造形象，樹立品牌；2.作業系統完整可循；3.積極輔導，管理嚴密；4.標準規格，控制品質；5.分散風險，加強信心；6.節省成本，提高利潤；7.互相評估，檢討改進；8.分擔廣告，有利行銷；9.滿足個人創業欲望；10.市調研發，經驗豐富。

㈡缺點： 1.無法達成原來期望；2.授權有限，無自主性；3.廣告行銷，不切實際；4.合約契金，負擔昂貴；5.依賴性強，不易發揮；6.作業單調，缺乏挑戰；7.合約規定，牽制過多；8.良莠不一，影響整體。

二、對盟主而言：

㈠優點： 1.容易擴充，壯大連盟；2.中央集權，購買力強；3.制度統一，作業靈活；4.同盟形象，影響地方；5.共同研習，加強協調。

㈡缺點： 1.推行新政，不易接納；2.財務不穩，影響商譽；3.挑選盟店，用心良苦；4.溝通不易，聯繫困難。

第三節　如何發揮十大魅力

許多人在考慮加盟體系時，只注意到他們的知名度，其實，更重要的是如何應用他們的成功魅力。所以真正成功的連鎖企業，除了具備下列十大魅力之外，更要能達成必備的經營四要素，那就是㈠經營理念、㈡企業識別、㈢商品服務，以及㈣管理制度等是否健全統一，共同一致。

十大魅力

一、形象提升力；
二、人材培育力；
三、資金融通力；
四、地點吸引力；
五、商品開發力；
六、情報蒐集力；
七、市場調查力；

八、廣告行銷力；
九、成本控制力；
十、系統應用力。

了解以上各種評估要點之後，讓我們來作一個綜合性的最後總評估。

綜合評估

一、管理嚴密，組織健全？
二、確有把握，創造利潤？
三、據理力爭，減輕負擔？
四、決心投入，刻意經營？
五、不讓盟主，藉口解約？
六、情甘意願，遵守合約？
七、透徹了解，利害關係？
八、深入分析，經營資料？
九、如不續約，即能脫手？
十、多方請教，認為滿意？

第四節　如何掌握消費趨勢

一、健康飲食，營養價值；
二、新鮮可口，經濟方便；
三、現場烹調，衛生安全；
四、服務品質，顧客權利；
五、防患意外，環境保護；
六、殘障施設，禁菸特區；
七、飲料成份，菜單內容；
八、廣告宣傳，言行一致；
九、高齡社會，設備特殊；
十、抱怨處理，建立關係。

影響未來發展因素

一、教育普及，提升生活；
二、科技發達，創新產品；
三、觀光往來，文化交流；
四、年輕族群，追求流行；
五、人口集中，工商都市；
六、所得增加，改變消費；
七、家庭結構，雙薪收入；
八、單身貴族，外食方便；
九、重視休閒，關心品質；
十、高齡市場，潛力頗大。

第五節　國際連鎖應考慮因素

廿一世紀是連鎖業及服務業進軍國外開拓市場的國際化年代。近幾十年來我們在這些行業的成功發展經驗正是應用在開創海外市場的成熟時機，不過在展開國際連鎖時，應特別注意：一、連鎖制度的系統化，二、商品組合當地化，三、愼重選擇合作對象，四、事前作詳密的市場調查，五、了解當地稅法、六、風俗習慣，七、完整的計劃，八、適當時機，九、完整的訓練制度及十、派駐經營指導人才。

只要我們肯在事前作充分的準備，妥善的規劃，並選擇在當地具有影響力的合作伙伴用心去開發，必有一番新景象的。

除外，更應考慮到該地的：一、政治環境，法令規章；二、語言文化，傳統習俗；三、民族口味，服務方式；四、人口結構，經濟狀況；五、原料來源，供應管道；六、宗教禁忌，用餐禮節等重要事項。以降低失敗的風險。

國際連鎖是我們將來必走的路線，而我們也會成爲國際舞台的新主角，其成敗在於：凡事預則立，不預則廢，所以我們必須事先要作詳密的準備和妥善的規劃。

結論

廿一世紀是一個充滿著變動性、機會性、挑戰性及獨特性的大時代，由於以下的變動因素：一、經濟成長趨穩，二、所得水準提高，三、講究生活品質，四、職業婦女激增，五、就職人員提早退休，六、重視健康管理，壽命延長，七、工作時間縮短，八、享樂休閒活動，九、人口流動加速，十、國際觀光交流頻繁，促使餐飲業更具廣大的發展空間。尤其，在兩極化消費型態中，仍以連鎖業最具潛力。

當然其經營成敗完全取決於經營者是否能不斷提升服務品質，樹立獨特風格，掌握市場趨勢，創新口味，嚴密控制成本，訂價合理公道，地點方便舒服，並加強培育員工，發揮敬業樂群的美德。

尤其，應該在影響未來發展的關鍵性問題上，如一、市場行銷，二、管理制度，三、新訂法令，四、人力資源，五、生產技術，六、食材供應，以及七、保護消費者權利等方面，積極配合時代潮流與消費者的需求，努力改進求變，才能成爲最後的勝利者。

最後，想引用麥當勞連鎖店創辦人：ＫＲＯＣ先生的一句名言與大家共勉：「假如你只想爲賺錢而去工作的話，你絕不會成功的，但如果你能夠熱愛自己所做的工作，而且事事以顧客爲第一去關心的話，『成功』必定是屬於你的了。」

國家圖書館出版品預行編目資料

旅館經營實務/ 詹益政著. --初版. -- 臺北市：揚智文化 , 2001[民 90]
面； 公分.

ISBN 957-818-342-9（平裝）

1.旅館業 – 管理

489.2 90017144

旅館經營實務

著　　者☞ 詹益政
出 版 者☞ 揚智文化事業股份有限公司
發 行 人☞ 葉忠賢
責任編輯☞ 賴筱彌
執行編輯☞ 黃清溱
登 記 證☞ 局版北市業字第 1117 號
地　　址☞ 台北縣深坑鄉北深路三段 260 號 8 樓
電　　話☞ （02）8662-6826
傳　　真☞ （02）2664-7633
法律顧問☞ 北辰著作權事務所　蕭雄淋律師
印　　刷☞ 鼎易彩色印刷股份有限公司
初版三刷☞ 2008 年 9 月
I S B N ☞ 957-818-342-9
定　　價☞ 新台幣 680 元
網　　址☞ http://www.ycrc.com.tw